中华民族体质表型调查方法

金　力　席焕久　谭婧泽　主编

科学出版社

北　京

内 容 简 介

本书为科技基础性工作专项“中国各民族体质人类学表型特征调查”的成果之一，全面详细地介绍了多项体质人类学表型特征调查的方法标准和技术规范、体质人类学表型调查时的现场选点和质量控制、遗传资源标本采集和运输储存的规范流程等相关内容，目的是制定一套规范的调查方法和技术流程标准，以供更多的科研团队开展相关科研调查参考。全书共 10 章，包括现场调查与标本采集、形态测量表型、形态观察表型、生理表型、生化表型、疾病相关表型（调查问卷）、语音表型、面部及体部特征图像、皮肤及附属器表型、牙齿表型。

本书可供人类学、遗传学、法医学、人体工效学等研究者参考。

图书在版编目（CIP）数据

中华民族体质表型调查方法 / 金力，席焕久，谭婧泽主编. —北京：科学出版社，2024.1

ISBN 978-7-03-077367-8

Ⅰ. ①中… Ⅱ. ①金… ②席… ③谭… Ⅲ. ①体质人类学-调查方法-中国 Ⅳ. ①Q983

中国国家版本馆 CIP 数据核字（2024）第 002063 号

责任编辑：沈红芬 / 责任校对：张小霞

责任印制：肖 兴 / 封面设计：黄华斌

科学出版社 出版

北京东黄城根北街 16 号

邮政编码：100717

http：//www.sciencep.com

北京中科印刷有限公司 印刷

科学出版社发行 各地新华书店经销

*

2024 年 1 月第 一 版 开本：787×1092 1/16

2024 年 1 月第一次印刷 印张：11 1/2 插页：2

字数：260 000

定价：98.00 元

（如有印装质量问题，我社负责调换）

#《中华民族体质表型调查方法》

编 写 人 员

主　编　金　力　席焕久　谭婧泽

编　者　（按姓氏汉语拼音排序）

李立安　李咏兰　彭倩倩　谭婧泽

汪思佳　王笑峰　温有锋　袁子宇

张海国　张梦翰　张唯一　郑连斌

前　　言

一、体质表型特征调查简介

表型，又称表现型，或称性状，是指生物体在基因（内因）和环境（外因）的交互作用下表现出来的各种生物学特征。表型组是指某一生物体从胚胎发育到出生、成长、衰老及死亡过程中，形态、功能、行为等从微观的分子、细胞水平到宏观的个体水平乃至群体水平所表现出的全部性状。表型可分为物理表型（结构类特征）、化学表型（组成类特征）及生物表型（功能类特征）。表型组学则是一门在基因组水平上系统研究某一生物在各种不同自然环境条件下所有表型的学科，研究表型间的关系、表型与基因型之间的关系，探究表型层面的因果关系，证实复杂性状的遗传基础等。

人类表型组学研究在近十几年进入了高速发展期，整合表型组学、基因组学、细胞组学、蛋白组学、代谢组学等多组学方法对人体生理及病理进行综合分析，开展个体化预防、治疗及康复已成为生命科学关注的热点。人类表型组学已成为继基因组学之后在生命科学研究领域的又一引领相关学科发展的前沿科学，精密测量与全景解析人类表型组特征，将系统解构表型-基因-环境之间的互作机制，明确宏观表型与微观表型之间多维度、跨尺度、高精度的关联，解析人类生命及健康密码，推动人类真正实现精准健康管理，为人类健康保驾护航。

体质人类学表型特征是指人的外在或内部、生理或病理的生物学性状，主要包括头面部和体部的观察与测量性状，以及人体功能类、生理生化类、疾病相关类、语音类等表型特征。我国特有的人群遗传结构与环境因素共同塑造了中华民族独特的体质表型特征及其丰富的多样性。全面系统地刻画个体和群体的体质人类学表型特征是人类了解自我的重要基础。调查中国 56 个民族人群的体质表型特征，全面获取国人体质信息资料，采集相应的遗传资源样本，建立共享数据库和样本库，将为精确绘制中华民族表型组图谱、深入解析体质特征的多样性及表现特点、系统揭示各种表型的发生和发展机制奠定核心基础，也将为生物医学、司法鉴定与国家安全、人体工效学、特殊职业人群选才等相关应用领域提供基础数据支撑。

世界强国都长期高度重视国民体质特征的调查。美国、日本和欧洲国家已建立本国人群体质特征的详细数据，为其维护国家安全、设计制造军民装备、制订国民健康计划等发挥了关键作用。复旦大学吴定良院士是中国体质人类学的奠基人，在他的主导和参与下，曾两次制订计划进行大规模体质调查，但均因故中断。直至 20 世纪 80 年代，以复旦大学领衔，我国体质人类学的研究逐渐恢复，并逐步形成了锦州医科大学、天津师范大学、内蒙古师范大学等优势团队。但这些研究主要是少量群体特征的横断面调查，缺乏系统性、全面性、共享性，因此亟须扩展调查指标、统一标准规范、提高数据精度、更新调查数据。

中国人群体质表型特征调查与研究，是基于大数据分析的设计原理，获得迄今人类体质特征最完整的表型组数据，构建全面反映中华民族从个体到群体表型多样性的数字化样本库和信息库，为基于中国人群的大数据研究和分子机制层面的科技创新提供基础平台和必要资源，为启动“中国人群表型组研究计划”提供基础数据和遗传样本支撑。

二、体质表型特征研究的意义

（一）体质人类学表型特征是人类了解自我的重要基础

系统地研究人类所有表型特征的集合，即表型组，可以更全面有效地理解遗传、环境等内在及外部因素对人体生理和病理性状等各类表型特征的影响，具有重大的科学意义和广泛的应用价值。

体质人类学表型特征的调查内容包括“描述性”“测量性”“检测性”等指标。“描述性”指标主要是根据一定的标准对人体进行表型特征的观察，如头发的形状、硬度和颜色，皮肤的颜色，虹膜的颜色，鼻根、鼻梁（鼻背）、鼻尖、鼻基底及鼻翼的外观特征，颧骨突出的程度和面部扁平的程度等。“测量性”指标则是应用某些仪器对人体各部位的尺寸（线性度）和角度进行测量，如头的长度、宽度和高度，面的宽度和高度，眼、鼻、耳的长度和宽度，身高、体重，臂、腿及其他各部分的长度和围度等。“检测性”指标是利用一些仪器设备，通过检验人体的血液、尿液、粪便等，检测人体的肝功能、肾功能、基础代谢、营养状况等生理生化和遗传学指标。另外，还有应用一些专业的仪器设备，检测握力、听力、视力、肺活量等人体的功能性状；利用语音学的发音等辅助手段，收集和检测各人群的声调、音系、字音等语音学特点等。

（二）调查采集中国各民族体质人类学表型特征是一项重要的科技基础性工作

调查中国56个民族人群的体质表型特征，全面获取国人体质信息资料和表型组数据，并采集相应的遗传资源样本，建立共享数据库和样本库，是一项极其重要的科技基础性工作，将为精确绘制中华民族表型组图谱、深入解析体质特征与变异、系统揭示各种表型的发生发展机制奠定核心基础，也为生物医学、司法鉴定与国家安全、人体工效学、特殊职业人群选才等相关应用领域提供基础数据支撑。

（1）为研究中国人群的体质特征与变异提供基础数据。

（2）为研究中国人群变异和演化规律提供支撑。

（3）为大规模研究中国人群表型特征与基因型的关系奠定基础。

（4）为政府决策和全民健康保障服务。

（5）为司法鉴定和国家安全提供基础数据。

（6）为与人体相关的各类应用开发、设备制造提供基础支撑。

（三）我国缺乏各民族人群的体质人类学表型特征基础数据

1. 缺乏共享机制 各测量单位对标本的编目、数据采集、保存状况和研究深度情况各异，单位之间缺乏沟通与协作，未形成有效的共享机制，造成资源的浪费。

2. 数据难以对比 目前国人体质数据多采集于 20 世纪 80 年代，即便是近期的数据，也因时间不一、方法不一、样本大小不一、指标不一等诸多因素，数据难以比对，已不能代表当代中国人的体质特点，导致不能产出有影响力的科研成果。

3. 数据系统性差 对材料信息和数据的获取仍然停留在简单、片段、各自为主的体质资料收集层次上，种类单调，单纯注重单个群体的数据分析，资料、信息与数据的系统性很差，导致分析、推论十分困难，发挥不了基础数据的作用。

（四）开展我国人群体质人类学表型特征调查迫在眉睫

我国人群资源丰富，根据第七次全国人口普查统计数据，我国总人口 14.4 亿。同时，我国又是一个多民族国家，拥有 56 个民族，绝大多数民族的体质类型属亚洲蒙古利亚人种的范畴，其中以东亚人种成分占绝对优势，同时也含有不同程度的北亚和南亚人种成分；此外，居住在西北地区的少数民族中也混杂着一部分高加索人种的体质性状，这些因素造就了我国人群体质特征的多样性。但是，到目前为止，尚无一个全面系统的国人体质数据库。

此外，自 20 世纪 80 年代起，随着我国社会经济的飞速发展，人口流动迁徙规模越来越大，不同族群间基因交流日益频繁，导致一些民族群体的体质特征正在或已经发生变化。尤其是人口较少的少数民族，他们特有的民族体质特征正在减少或消失，或产生了新的民族体质特征。因此，为保留和拯救国人体质信息，全面系统地采集中国现代人群体质表型和生物标本，建立国人体质表型数据库和生物标本库的工作迫在眉睫。通过构建可共享的中国各民族人群体质表型数据库和生物标本库，可为基于体质人类学特征开展大数据研究和分子层面的科技创新提供基础数据支撑。

科技基础性工作专项“中国各民族体质人类学表型特征调查”，将布局采集我国 56 个民族人群的体质表型特征。这一基础性工作的开展将使我国率先在国际上启动人类表型组研究计划，系统布局人类表型组研究，全面调查中国自然人群的表型组特征，将精细解构表型–基因–环境的内在机制和网络互作，深入刻画健康和疾病人群的表型特征，阐明人类表型跨尺度关联的遗传机制和环境因素，创制先进技术标准，开拓原创前沿研究，引领生命科学的跨越式发展。这项工作将在人类学、遗传学、法医学和国防科学领域的个体鉴别方面具有非常重要的应用价值，为推动构建人类健康共同体和精准医学带来进步动力，并将支撑人口健康这一国家重大需求。

三、体质表型特征研究的内容和实施方案

（一）研究内容

“中国各民族体质人类学表型特征调查”项目，由科技部立项（项目编号为 2015FY111700），并由复旦大学生命科学学院伦理委员会批准（伦研批第 14117 号），遵循受

试者知情同意的原则，采用随机整群抽样方法，开展体质表型特征调查和生物标本采集。该项目联合国内优势单位，针对我国 56 个民族，选择 18～80 岁人群，对总计约 4.2 万人开展体质人类学表型特征的调查，并同时采集生物标本（血液或唾液）。

研究内容具体细化为确定调查对象、设定代表人群、确定调查指标和内容、统一工作标准、建设体质表型数据库、建设生物标本库、完成数据产品和调查报告等。

1. 确定调查对象 被调查对象为我国 56 个民族的健康成年人，年龄范围为 18～80 岁。按照中国人口信息研究中心的划分方式，并参考世界卫生组织的年龄分期标准，每一调查点的对象按照青年（18～34 岁）、中年（35～44 岁）、壮年（45～59 岁）、老年（60～80 岁）分为四个组，男女比例 1∶1。被调查对象在调查点有 5 年以上的居住史，少数民族身份的确定是要求三代以内没有族外婚姻，调查将获得每位被调查对象的书面知情同意。

2. 设定代表人群 项目主要从人群代表性、少数民族构成、人口比例、工作量等几个因素考虑，计划调查约 4.2 万人标本量，包括江苏泰州市、河南郑州市、广西南宁市 3 个地区的汉族代表人群和 55 个少数民族群体。建立完整的各民族体质人类学表型数据库和遗传资源标本库，确保全面覆盖并完整刻画中国各民族人群的体质特征和群体概貌。

3. 确定调查指标和内容 体质人类学表型包括形态测量表型、形态观察表型、生理表型、生化表型、疾病相关表型（调查问卷）、语音表型、面部图像（2D 和 3D）提取表型、皮肤（肤纹、汗腺、毛发等）表型、牙齿表型等，同时采集所有被调查对象的生物标本（血液或唾液）。通过对我国 3 个汉族代表人群和 55 个少数民族人群体质表型特征调查，将首次获得中国各民族群体较完整的体质人类学表型组数据和生物标本。

4. 制定现场工作标准和规范、建立项目协同工作平台 统一表型指标名称和调查内容；编制《调查员工作手册》和《体质表型图谱》，统一技术标准、测量仪器、测量方法和工作流程；制定统一的生物标本采集、分装、保存、运输和储存标准；制定统一的质量控制方案和标准，用于项目的全程质量控制；建立统一的标本编号，覆盖标本采集、知情同意书、调查问卷、生化检测、仪器测量等全过程或项目，便于数据汇交和隐私保护；建立项目协同工作平台，用于项目的数字化远程管理，实时了解项目进展。

5. 体质人类学表型数据库的建设 建立体质人类学表型共享数据库的目的，一方面是为国家建立一个能够保存国人体质表型数据的平台，另一方面是为国民经济发展、体质人类学相关领域研究提供交流共享平台。数据库由内部管理系统、文件管理系统组成，须有可视化界面、简单统计分析、数据的上传下载等功能。建成后将和国家基础平台中心对接，在科技主管部门的指导下进行管理和长期维护。

6. 生物标本库的建设 生物标本库是依据标准化操作流程集中收集、处理、保存、管理和分发人类遗传资源与信息资源的专门平台。依据项目的总体设计，需完成约 4.2 万人遗传资源标本的采集，建立 3 个汉族人群和 55 个少数民族人群的实体标本库。标本库将采用标准化管理制度进行管理，按照国际生物与环境标本库协会（ISBER）的工作手册及复旦大学生物标本库管理规范进行标本库的管理，同时建立标本共享机制。

7. 体质人类学表型数据上传、加工和数据产品制作 对所有采集和已有部分数据进行清理加工，并保证按时上传所采集的有效体质表型数据，及时编写和出版体质表型调查相关书籍。

（二）实施方案

项目围绕任务目标和主要内容，并考虑承担单位的工作基础和优势，设置如下六个子课题，对各子课题划分任务如下：

课题一：中国主要少数民族体质人类学系统表型特征调查 承担单位为中国人民解放军总医院，合作单位为复旦大学泰州健康科学研究院、中央民族大学、中国科学院上海营养与健康研究所、复旦大学、北京大学口腔医院、北京邮电大学。课题任务：对 7 个主要少数民族，包括壮族、维吾尔族、蒙古族、藏族、苗族、回族、朝鲜族，每个民族约 1000 人、共计约 7000 人，进行体质人类学系统表型特征调查，对所采集的数据进行清理、加工、录入，汇交数据和生物标本，编写调查报告。

课题二：中国汉族体质人类学系统表型特征调查 承担单位为复旦大学，合作单位为复旦大学泰州健康科学研究院、中国人民解放军空军总医院、中国科学院上海营养与健康研究所、北京大学口腔医院。课题任务：对 3 个汉族地区，包括江苏泰州市、河南郑州市、广西南宁市，每个地区选取约 1000 人、共计约 3000 人，进行体质人类学系统表型特征调查，对所采集的数据进行清理、加工、录入，汇交数据和生物标本，编写调查报告。

课题三：阿尔泰语系少数民族体质人类学基础表型特征调查 承担单位为锦州医科大学，合作单位为西北民族大学、河北师范大学、南阳理工学院。课题任务：对我国阿尔泰语系（包含少量印欧语系）的 17 个少数民族约 11 400 人，进行体质人类学基础表型特征调查和标本采集，对所采集的数据进行清理、加工、录入，汇交数据和生物标本，编写调查报告。

课题四：藏缅语族和南亚语系等少数民族体质人类学基础表型特征调查 承担单位为天津师范大学，合作单位为大连医科大学。课题任务：对我国藏缅语族及部分南亚语系的 20 个少数民族约 12 200 人，进行体质人类学基础表型特征调查和标本采集，对所采集的数据进行清理、加工、录入，汇交数据和生物标本，编写调查报告。

课题五：壮侗、苗瑶语族少数民族体质人类学基础表型特征调查 承担单位为内蒙古师范大学，合作单位为广西医科大学、厦门大学。课题任务：对我国壮侗、苗瑶语族（包含少数其他语系）的 11 个少数民族约 8400 人，进行体质人类学基础表型特征调查和标本采集，对所采集的数据进行清理、加工、录入，汇交数据和生物标本，编写调查报告。

课题六：中国各民族体质人类学表型特征数据库、标本库平台建设 承担单位为复旦大学，合作单位为锦州医科大学、复旦大学泰州健康科学研究院、公安部物证鉴定中心。课题任务：进行体质人类学调查指标的标准化技术规范制定工作，对每个调查现场进行技术指导和质量控制，建立中国各民族体质人类学表型特征数据库，建立中国各民族遗传资源库，出版体质表型调查相关书籍。

四、体质表型特征研究的总体目标和研究成果

（1）开展 10 000 个核心代表人群（3 个汉族和 7 个少数民族）的系统表型特征调查和生物标本采集，开展 32 000 个一般代表人群（其他少数民族）的基础表型特征调查和生物标本采集，完成我国 56 个民族约 4.2 万人的体质人类学表型数据调查和生物标本采集。

（2）建立一个可共享的中国各民族体质人类学表型数据库，建立一个可共享的中国各民族遗传资源标本库。

（3）制定一套体质人类学表型特征调查的方法标准和技术规范。

（4）完成中国 56 个民族体质人类学表型特征的调查报告。

（5）出版中国 56 个民族体质表型调查的相关书籍。

（6）培养一支高素质的体质人类学专业调查队伍。

五、关于《中华民族体质表型调查方法》

《中华民族体质表型调查方法》是计划出版的 3 本书籍中的第一本，全面详细地介绍了多项体质人类学表型特征调查的方法标准和技术规范、体质人类学表型调查时的现场选点和质量控制、遗传资源标本采集和运输储存的规范流程等相关内容，目的是制定一套规范的调查方法和技术流程，为今后更多科研团队开展相关科研调查提供参考。

本书共分为十章，具体内容和撰写者如下：

前言：撰写者为金力、席焕久。

第一章：现场调查与标本采集。本章由复旦大学泰州健康科学研究院、复旦大学和天津师范大学负责，撰写者为袁子宇、谭婧泽、郑连斌。

第二章：形态测量表型。本章由天津师范大学和锦州医科大学负责，撰写者为郑连斌、温有锋。

第三章：形态观察表型。本章由内蒙古师范大学负责，撰写者为李咏兰。

第四章：生理表型。本章由锦州医科大学和复旦大学负责，撰写者为温有锋、王笑峰。

第五章：生化表型。本章由中国人民解放军总医院负责，撰写者为李立安、张唯一。

第六章：疾病相关表型（调查问卷）。本章由中国人民解放军总医院和复旦大学负责，撰写者为李立安、张唯一、王笑峰。

第七章：语音表型。本章由复旦大学负责，撰写者为张梦翰。

第八章：面部及体部特征图像。本章由中国科学院上海营养与健康研究所负责，撰写者为汪思佳、彭倩倩。

第九章：皮肤及附属器表型。本章由中国科学院上海营养与健康研究所和复旦大学负责，撰写者为汪思佳、彭倩倩、张海国。

第十章：牙齿表型。本章由复旦大学负责，撰写者为谭婧泽。

金　力　席焕久

2023 年 6 月

目　　录

第一章　现场调查与标本采集

第一节　现 场 调 查

一项研究的调查工作通常包括从选择的样本人群中收集有关信息，而样本人群应能正确代表所要研究的目标人群。对样本中的个体，按调查计划收集一系列的信息，并以规定的格式记录结果，以便进一步分析研究，从中得出结论，解答某些特定问题。

现场调查是调查研究的核心部分之一，包括招收和训练一批合格的调查员，准备各项询问指令，确保现场监督和质量控制及调查结果的有效性。

调查的成功与否取决于调查员的工作质量。在此期间，要有 1 名质量控制人员（简称质控员）与调查员保持密切联系。质控员负责维持现场调查工作按标准流程和规范的技术操作方法进行，帮助调查员解决主要难题，并确保调查质量。此外，质控员还要定期抽查所有调查员 15%～20%的工作情况和数据，以做到有效性检查及确保资料的完整和准确。

一、调查员的作用与准则

（一）调查员的作用

调查资料是借以获得研究结论的依据，测量、观察、取样是研究过程的关键环节，而这些工作都需要调查员完成。调查员是研究队伍中必不可少的成员，调查研究的水平取决于调查员的工作质量。因此，可以毫不夸张地说，调查员是整个调查小组的“眼睛”和“耳朵”，起到把信息探求者和信息提供者联系起来的桥梁作用。调查员在调查期间通过测量、观察、取样记录的资料必须准确完整，使相关内容没有偏差或不被歪曲。

（二）调查员的工作准则

（1）调查员必须训练自己的耐心，认真负责，服从质控员的领导，自觉完成本职工作。

（2）调查员在调查过程中，应自觉运用培训的调查方法，保证调查顺利完成。

（3）调查员应认真学习《调查员工作手册》和《体质表型图谱》，必须诚实、负责，遵守职业道德，绝不弄虚作假。

（4）对调查中的疑难问题，调查员应及时向领队或质控员报告。

（5）调查员应尊重被调查对象的意愿，不冒犯被调查对象的禁忌。调查员进行测量、取样等工作时，应操作规范、动作轻柔，避免给被调查对象造成不适或损伤。

（三）调查员的道德准则

调查员必须具备良好的职业道德，做好保密工作，不泄露与工作相关的任何信息，特别是不得泄露被调查对象的个人信息及体质表型数据信息。调查期间的所见所闻，只局限于研究小组内交流，研究小组的每位成员对被调查对象的相关信息，同样负有保密的道德责任。如果在工作期间突发意外情况，调查员应及时向质控员和领队汇报，做到及时有效处理。

调查员同时还须做好对被调查对象的知情同意工作，并协助签署知情同意书。调查员有责任向被调查对象简单介绍所检测的项目和指标，告知所做检测不会造成身体伤害，也无须支付任何费用，有关被调查对象的所有信息、表型数据和遗传标本信息等均属绝对保密资料，仅用于科学研究和监管部门查询。同时，调查员须签署保密协议书，保证不泄露与工作相关的任何信息。

二、调查员的挑选与培训

（一）调查员须具备的条件

1. 调查员必须有较高的工作热情 体质人类学表型调查是一项辛苦、单调、重复性高的工作，而且面对的被调查对象形形色色，身体状况和年龄差异都很大。因此，调查员必须保持较高的工作热情，要有极大的耐心，使工作顺利进行且保质保量地完成。

2. 调查员必须有认真负责的工作态度 调查资料真实可信，是调查的最基本要求。调查员必须具有科学求实的精神、认真负责的工作态度，杜绝在调查过程中出现敷衍了事、弄虚作假、编造数据等现象。

3. 调查员必须认真学习相关知识和参加实践培训 调查员必须认真学习《调查员工作手册》和《体质表型图谱》，积极参加理论知识培训和实践操作培训，熟练掌握工作流程和技术操作，必须树立科学求实的观念，练就精湛的技能，客观公正地测量和记录各项表型指标，确保数据的准确性和完整性。

4. 调查员必须具备职业道德 调查员必须具备良好的职业修养和职业道德，要遵守为被调查对象保密的原则，做好被调查对象的知情同意工作，不得泄露被调查对象的个人信息，以及与调查工作和体质表型数据相关的任何信息。爱岗敬业、诚信守则是调查员的基本职业道德。

（二）调查员培训

由于需要调查的体质表型特征内容丰富，调查群体数量多，样本量大，涉及地域广泛，相应参与调查的团队和人员较多，为实现所有调查点调查标准的统一，必须开展严格的调查培训。

培训内容主要包括理论知识培训和实践操作培训。理论知识培训是指对调查员进行与调查项目相关的背景知识培训，旨在让调查员更深入地了解所调查项目或指标的目的和意义。实践操作培训是指某类调查项目或指标的专家及长期研究者或操作者，对调查员进行示范性培训。

培训程序如下：

1. 理论知识培训　项目组专家负责编写统一的《调查员工作手册》和《体质表型图谱》，在固定时间和固定地点，开设体质表型调查培训班，按照手册和图谱由专业指导老师对所有参与人员进行系统培训。培训内容主要包括生物伦理、信息保密、问卷调查、体质表型测量的内容和技术操作、仪器设备操作，以及生物标本采集、运输和储存等。

2. 示范实践操作培训　模拟实际调查场景，让被培训人员扮作被调查对象，由专业指导老师当场为调查员示范每一项体质测量指标的实施过程、问卷调查的询问、仪器设备的操作步骤，以及生物标本的采集、运输和储存方法等。

3. 互相实践操作练习　由被培训人员两两配对，互相扮作调查员和被调查对象，根据调查表中的表型指标，参照《调查员工作手册》和《体质表型图谱》，以及参照专业指导老师的示范操作，相互进行实践操作练习，直至熟练掌握每一项指标的测量。在练习过程中，要随时纠正被培训人员不符合规范的语言和行为。

4. 调查员调查质量考核　由专业指导老师进行调查员的考核，以保证调查员熟练掌握仪器设备的操作，以及对体质表型指标的测量和观察，从而确保实际调查中数据的准确性和完整性。

5. 小样本实际调查训练　小样本实际调查训练是在正式开展调查工作前对调查内容的实际测试，这一步非常关键。挑选某一调查点作为小样本实际调查预实验的场所，所有指导老师及被培训人员均要参加。在当地招募大约 50 名被调查对象，实地开展调查训练。被培训人员有疑问可以当场询问指导老师，而指导老师也可以及时发现问题并予以纠正。

经过理论知识和实践操作培训、实践操作练习、调查质量考核及小样本实际调查训练，调查人员通过考核才能算作合格，才能被派至各参与单位的调查队伍，开展实地调查工作。

三、现场工作前的准备

（一）被调查对象的选择

根据课题组的抽样选定调查工作点，一般为城市社区或乡镇自然村。然后与相关部门取得联系，由他们帮助宣传和动员，招募合适的被调查对象。选择被调查对象的要求：被调查对象的籍贯为该省、自治区、直辖市，并在调查地域居住 5 年及以上，年龄在 18～80 岁，身体状况良好，无明显外部形态缺陷、传染病、精神疾病等，按照中国人口信息研究中心的划分方式，并参考世界卫生组织的年龄段划分标准，被调查对象的年龄按照青年（18～34 岁）、中年（35～44 岁）、壮年（45～59 岁）、老年（60～80 岁）分为四个组，每个年龄组的例数相当，男女性别比为 1∶1。

（二）工作宣传与动员

根据各个调查点所制订的现场工作计划，在当地社区居委会或村委会等有关部门的协助下，在选定调查点进行必要的宣传和动员工作，使调查点内的被调查对象对调查工作的目的和内容、现场调查方式、地点和时间等有较为全面的了解。为提高工作效率，应做到有的放矢。现场调查正式启动时，应在社区居委会或村委会有关人员的协助下，按照定点、定时、定人的原则，分批招募被调查对象参加调查。对所选定的调查点，集中调查队的力量，选定一个完成一个，分片滚动式地开展现场调查。

（三）现场调查点的选择与布置

现场调查点的选择应根据每个调查队的人员数量及项目情况而确定，一般要求设置在当地居民熟知、交通方便，且空间较大、房屋较多，有水、电、办公桌椅等基本设施的地方，如社区卫生保健站、村委会或学校。一些大的调查队由于所涉及的项目和工作人员较多，现场调查点的面积应至少达到 500m^2，并有若干独立的房间，以避免不同项目之间的干扰，影响调查质量和现场工作。现场调查点的房屋应宽敞明亮，周边无明显环境噪声干扰。每个工作人员的桌上应放置醒目的标识牌，标明具体调查项目，以便被调查对象识别。在现场调查点的入口处，可张贴介绍调查工作的墙报和其他健康教育墙报，供被调查对象等待时阅览。

（四）调查队人员组成与分工

现场工作共分三大部分，包括信息登记和签署知情同意书、标本采集及分离分装、各项体质表型调查。现场调查队的人员组成和搭配要合理，以提高工作效率。调查队的规模一般为 20～50 人，其中领队 1 或 2 人，负责联络和沟通、现场指挥及协调等工作；质控员若干人（每 10～15 名调查员设立 1 名质控员），专职负责检查操作规范化和数据准确性；信息登记和签署知情同意书 1 人；采集遗传学标本（血液或唾液）1 人（当地医院有资质的医生或护士）；标本分离分装 1 人；其余按各项体质表型调查实际所需配备人员。

（五）仪器设备安装及保管

体质调查项目较多，各类仪器设备大小、性能各异，不同调查项目所需房屋条件、空间及平台不同，均要提前准备。大型设备应在工作正式开始之前，选定合适的房间安装并调试，设备安装固定后不再移动，保持至工作结束。小型仪器由调查员自行保管。每天工作结束后需检查仪器的性能及仪器是否齐全。

每位调查员都必须穿医用工作服（白大褂），胸前佩戴工作人员胸牌，工作时携带《调查员工作手册》和《体质表型图谱》，以备所需。

四、现场调查

（一）入选对象登记及签署知情同意书

对于符合入选标准并自愿参加体质表型调查的对象，需进行登记并签署知情同意书。知情同意书和体质表型调查表上均贴有与标本采集管相一致的编号标签，由专人负责身份信息登记及签署知情同意书。在签署知情同意书之前，应告知被调查对象知情同意书的大致内容和检测项目，并告知被调查对象其所拥有的权益。在征得被调查对象同意后，让其在知情同意书上签名或按指印。

（二）标本采集

遗传标本的采集是调查工作的重要内容之一，有些调查队采集的是血液标本，有些采集的是唾液标本。被调查对象在采血前一定时间内必须禁食或空腹，使用真空采血管，采血工作由当地有资质的医生或护士完成。唾液标本采集前，要求被调查对象在 30min 内未饮食及未咀嚼口香糖，使用裂解液离心管，采集一份标本用于提取遗传物质。无论是血液采集还是唾液采集，所有标本采集管上均应贴有与知情同意书和体质表型调查表编号相一致的标签。标本采集及分离分装的具体操作流程详见本章第二节。

（三）体质人类学表型调查

体质人类学表型特征调查内容包括形态测量表型、形态观察表型、生理表型、生化表型、疾病相关表型（调查问卷）、语音表型、面部及体部特征图像、皮肤及附属器表型、牙齿表型等，各表型的详细调查内容见第二章至第十章。

五、质量控制

（一）质量控制的统一性工作

（1）设立质量控制组。在调查工作组领队的领导下设立质量控制组，由若干名质控员组成，每 10～15 名调查员设立 1 名质控员，负责检查各项调查工作操作步骤的规范化，以及各项数据的准确性。

（2）统一方法。为调查方案的设计、预调查、调查问卷、体质表型测量、数据管理等各环节确定统一的操作步骤和质量控制方法。对现场调查工作日程安排、体质测量实施方案、实验工作程序、调查结果反馈、各调查点应完成的任务清单应做统一要求。

（3）统一调查物品。统一配备《调查员工作手册》和《体质表型图谱》；统一提供符合计量标准的体重秤或体重测量仪、体脂测量仪、血压计等；统一提供现场所需试剂、实验耗材及标本保存和处理工具，如采血针、注射器、负压采血管、离心管、便携式离心机、标本冻存箱等；统一提供规格和精度一致的关键测量仪，如直角规、弯角规、纤维卷尺、马丁身高仪、皮褶厚度计等。

（4）统一知情同意书和体质表型调查表。制定统一的知情同意书和体质表型调查表，对调查员统一进行培训及考核。

（二）质控员的质量检查

（1）质控员应定期或每天检查场地、测量工具、人员配备是否合乎要求等。

（2）质控员必须时刻在工作场所内巡视，发现调查员未按规定步骤开展工作时应及时予以纠正。

（3）质控员须检查所有已完成的调查表，发现漏填、错填、字迹不清、数据明显不符合逻辑者，应及时要求调查员复测和更正。对调查项目中不符合要求的，当即作为不合格者予以剔除。

（4）质控员应做随机抽样复测，每天抽测3～5名调查员的工作，如误差在允许范围内则通过，如误差超过允许范围则及时提出，查找原因并予以纠正。

（5）质控员应在每张调查表上签字，合格者、不合格者分别存放，并在专用记录本或登记表上记录当天参加调查的工作人员。

（6）质控员必须根据“三严”（严肃的态度、严密的方法、严格的要求）原则进行质量检查，及时发现并有效解决问题。

（三）测量误差的控制

1. 误差 在测量过程中，无论怎样改进实验方法、提高仪器精度和测量人员水平，测量值与真值之间总会存在一定差异，这种差异就是误差。常用绝对误差与相对误差表示：

$$\text{绝对误差} = \text{测量值} - \text{真值}$$

$$\text{相对误差} = \frac{\text{绝对误差}}{\text{真值}} \times 100\%$$

前者反映测量值偏离真值的大小与方向，单位与测量值相同，一般取一位有效数字；后者反映测量值偏离真值的相对大小，没有单位，一般取两位有效数字。

误差一般分为以下几类：

（1）系统误差：这是由系统产生的误差，在相同条件下绝对误差大小和符号保持恒定或按一定规律变化，有时称为恒定误差。由于测量工具不准，或测量人员掌握标准偏高或偏低，或测量人员不良的观测习惯，或环境、温度、湿度影响，或测量方法不成熟，或实验条件不达标等，使观察和测量结果呈倾向性偏大或偏小，这就是系统误差。系统误差会影响原始资料的准确性，应尽量避免。如已发生，应查明原因，及时予以校正。

（2）随机误差：在收集资料过程中，同一对象同一部位的多次测量结果不完全一样，这种误差往往没有固定的倾向，有高有低、起伏不定，称为随机误差。随机误差是许多偶然因素引起的综合结果，其平均值随观测次数的增加而逐渐趋近零，随机误差表示测量结果的精确度。随机误差是不可避免的，但应努力做到仪器性能及操作方法稳定，将其控制在允许范围内。

（3）抽样误差：消除了系统误差并把随机误差控制在允许范围内，样本均数（率）与总体均数（率）间仍存在差异，这是抽样引起的差异，称为抽样误差。一般来说，样本量越大，抽样误差越小；总体情况越接近，准确性越高。但实际工作中往往不可能观察太多的研究对象，只能对一个较小的样本资料进行分析研究，因此要科学抽样。抽样误差有一定的规律，要运用这个规律进行调查设计与资料分析。

（4）疏失误差或过失误差：这种误差也叫错误，是一种与事实不符的明显误差，如测量仪器不稳、读错数据、记错数据、操作不规范、运算错误等。含有疏失误差的测量值称为坏值或异常值，应重新测量；若不能重新测量则应剔除。

此外，因选择对象标准不一引起样本变异过大，以及分组不当、各组所在时空条件不同等都可以引起误差。一般来说，测量中产生误差的因素至少来自 4 个方面：测量仪器本身，测量定位与标志，测量对象的标准位置和测量人员本身对测量的理解等。系统误差与随机误差是两种产生原因不同、特点相异的测量误差，在测量中合称为综合误差，它能较全面地说明测量的质量。测量误差应降至最低限度，一般来说体部测量误差不宜超过 2～3mm，身高和其他测量值较大的项目，允许误差为 4～5mm。

2. 可靠性分析与准确性分析　可靠性是由准确性和精确性决定的。研究对象内的误差就是不可靠性，一般由两种成分组成：测量误差或不精确性、生理差异。前者亦称测量的技术误差，主要来自测量与记录技术方面的误差，后者不是直接测量所得。

不可靠性首先来自测量对象本身的误差，在测量过程中有时使测量误差超过生理差异。例如，体重的波动与胃排空程度及机体含水量有关，一般身高在 24h 内变化 15mm，早晨身高值最大，起床后 3h 身高压缩程度最大，所以几天内或 1 周内重复测量体重、几小时内重复测量身高也是必要的，进而评估测量数值的可靠程度。

准确性是获得真值的程度，指多次分析结果的平均值与实际值的相似程度，通过比较训练有素的测量者的测量结果来评价，最简单的评价就是做 t 检验。若存在系统误差则要仔细检查测量技术中存在的问题。一般在研究中需要对同一组所有测量人员做一次重复性测量，以用于观察测量者之间的误差。若测量者之间、同一测量者对某测量项目不同时间的测量值之间的误差过大，就要改进测量工作。测量的可重复性程度、多次测量结果的集中程度可反映准确性。

无论是可靠性还是准确性都取决于研究目的。不一定都需要大样本，多数情况下 50 例样本就能满足；若研究不同亚组（如孕妇和婴儿），样本量应大，样本的选择应有代表性。

3. 统计资料的收集与整理　测量与观察项目和表格要经过周密的设计，若事先没有做好设计，或填写不科学、考虑不周全，就会影响资料整理、录入与统计分析，最终影响调查与测量质量。应注意以下几点：

（1）项目选择数量要合适。研究者常存在“既然收集材料不妨多收集一些，也许将来有用”的心理。若项目繁多，这可能会使测量者厌烦而降低调查与测量质量。做一次调查需要大量的组织工作，耗费大量的人力、物力与财力，项目过少或过多都会造成浪费，因此要恰当选择数量。

（2）调查内容要与分析要求相吻合。分析的内容应在调查记录中找到，防止调查表的内容在分析中用不上，也要防止准备分析的内容没有调查记录，直到调查结束后才想到。必要时可做预调查，根据预调查情况调整调查内容。

（3）要避免模棱两可或可能误解的问题。语言表达要准确而不引起误解，对于严格要求年龄的内容要按出生日期计算实足年龄，否则易引起误差。数字标写要规范。

（4）记录要准确和完整。问卷中无论是肯定或否定的问题都要填写，记录时不能缺项；按数据设计的精度和有效数字填写；要随时检查记录表，发现缺项和差错及时补救；测量的时间（年月日）要写清；调查员要按规定签字，以便查找。

4. 仪器的校正与选择 测量仪器要校核准确、经久耐用、操作方便，刻度容易读出。测量必须准确，因此在新仪器开始使用前及以后每次使用前，都需要用合适的标准量度加以校核。

在测量中，不仅要选择符合要求的仪器，而且要注意维护校正。仪器不准，测量再仔细、精度再高，其结果也是不可信的，要定期校准检测仪器的精密度。测体重时要用精密度高的体重秤或体重测量仪。体重秤水平放置，用前调至零点，用标准砝码校准准确度（50kg）和灵敏度（体重±0.1kg）。若借助测量场地的墙面进行工作，还需要用铅锤测试墙面是否与地面垂直。对于比较精确的电子秤，也要定期用标准砝码进行校正。可参考其他仪器的校正法：先找 15 位受检者，每位测 3 次，计算其精确度，当值＜1%时，才视为稳定。

测量仪器在不使用时应擦拭干净，有的需要涂上一薄层油脂如凡士林等，存放在干燥的橱柜中，注意防止测量仪器生锈。

第二节 标本采集

一、血液标本采集

（一）血液标本

根据要求，需采集被调查对象的静脉血液 10ml，用于生化检测和 DNA 提取。收集每位被调查对象的两管血液标本，每管 5ml，其中一管为抗凝血，另一管为非抗凝血。抗凝血主要用于保存和抽提 DNA，血液标本的处理：分离红细胞、白细胞和血浆。其中，白细胞用于提取 DNA，DNA 标本分 2 管保存。非抗凝血主要用于血清学生化指标检测，其凝血块也作为遗传资源加以保存。所有标本均应放置于−20℃或−80℃冰箱长期保存。

后续分装及处理流程见图 1-1。

（二）血液标本采集、分离、运送和保存

1. 血液标本采集 血液标本采集将在被调查对象登记后进行，通常由 1 或 2 名工作人员（当地有医学资质的医生或护士）负责。要求被调查对象在采血前禁食或空腹，故采血在早晨统一进行。使用 8ml 负压采血管，分别采集抗凝血液（EDTA 抗凝剂）和非抗凝血液各 5ml。采血后可直接将采血管放入离心机进行离心，当场分离成血清、血浆、白细胞等，以减少中间环节和发生溶血的可能性。

（1）采血步骤：采血时工作人员必须穿工作服（白大褂）、戴口罩、戴塑胶手套，避免发生交叉污染。

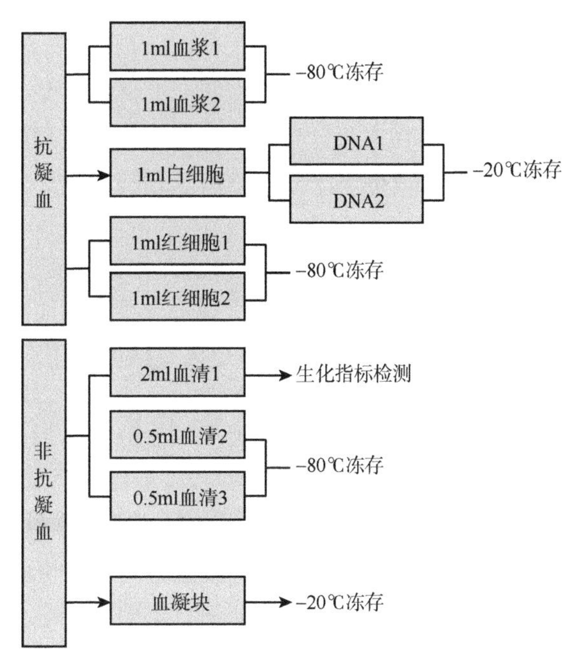

图 1-1　血液标本分装及处理流程

嘱被调查对象取坐位，取出负压采血管及其他采血所需器材。在正式采血前，先核查并确认采血管上的编码与被调查对象的知情同意书及体质表型调查表编码是否完全一致（可重点核查后几位数字），如有不一致，应予以纠正。采血前还应询问和记录被调查对象最后一次进食至采血时的时间间隔。

选左侧手臂，并嘱被调查对象挽起衣袖，然后在手臂上部捆扎止血带。若静脉血管不明显，可嘱被调查对象紧握拳头数次。在确定静脉穿刺部位后，用酒精棉球对穿刺部位皮肤进行局部消毒。

取出一次性针头，去掉一端的保护外壳，将其旋转固定到持针器顶端，然后将采血管小心套入持针器内，放入时注意保持管盖与针头内端的距离（0.5～1cm），以免刺破后真空失效。去掉针头另一端的套管，暴露针头并进行静脉穿刺。

静脉穿刺成功后，将采血管略微用力向前推动，使固定在持针器内的针头刺破采血管橡皮管盖。一旦采血管的管盖刺破，由于管内外压力差，血液将自动被抽吸到管内。

抽满一管血后，松开止血带，从持针器内拔出采血管，并将其上下轻轻颠倒 8～10 次，以便管内的抗凝剂与血液充分混合，防止发生凝血（处理过程中，切勿左右晃动或振摇采血管，以免发生溶血），然后拔出针头并用干棉球轻压在采血部位。

采血完成后，在采血部位用普通胶布将止血干棉球固定，叮嘱被调查对象轻压采血部位的棉球，3min 后如果没有流血就可以去除棉球。最后，将使用过的一次性针头、持针器及消毒棉球等物品放入统一提供的密封塑料桶内，并在每天的现场工作结束后运回区域中心进行统一处理。

在调查表上相应栏目中注明采血完成情况。如采血失败，也一并注明，同时注上采血者的工作编号，以便日后进行质量评估和考核。

（2）血液标本临时保存：每天开展现场调查前，准备好当天采血所需的便携式冷藏箱。箱底及四周放置降温用的冷藏袋，现场调查所采集的标本将临时保存在手提冷藏箱中。

血液标本采集后，为防止标本在离心分离前发生溶血，应在现场第一时间对标本进行分离，然后存放在冰柜内。以上血液标本采集、分离及存放流程都必须在当天完成，以免反复冻融对标本产生影响。

（3）采血注意事项：负压采血管依靠管内的真空负压采集血液，少数情况下（1%左右）由于采血管密封不佳或库存期过长等原因，可能出现采血管失效而无法正常使用。在现场工作过程中，如遇到类似的情况（采血管不抽吸血），可直接取备用的空白采血管进行替换。血液标本采集后，由专人负责重新打印编码，贴在新的采血管上。

由于肥胖或静脉显露不明显而导致采血失败者，不能轻易放弃，应更换手臂或部位再次静脉穿刺采血，以确保采血成功率。

2. 血液标本分离 对被调查对象进行静脉血液采集，并对标本进行分离处理，抗凝血分离成两份血浆、一份白细胞、两份红细胞，非抗凝血分离成三份血清及血凝块。

（1）抗凝血分层的原理：血液中的物质根据各自的密度不同，在离心力的作用下进行分层。在血液分层实验中，抗凝管中的血液分为两部分：上面的部分是血浆，呈淡黄色、半透明；下面的部分是血细胞，其中呈暗红色、不透明的是红细胞，红细胞与血浆之间有很薄的一层白色物质，是白细胞和血小板；血浆和血细胞的体积大约各占全血的一半。

非抗凝血分层的原理：没有加入抗凝剂的非抗凝血管中上层是淡黄色半透明的血清，下层是暗红色的血凝块，体积大约也是各占一半。

（2）血液标本分离前的准备

1）穿工作服（白大褂）、戴口罩和手套。

2）准备消毒过的实验台、低速离心机、便携式冷藏箱，–30～–20℃冰柜。

3）离心机转速调到4000转/分，时间15min。

（3）抗凝血的分离步骤

1）把采集的抗凝血管放入离心机，保持离心机的平衡，4000转/分，离心15min，此时可以给冻存管贴上标签、排列顺序。

2）等离心机停稳后，取出抗凝血管。注意取抗凝血管时动作要轻柔，避免摇晃。

3）打开冻存管管盖，用一次性吸管吸取上层血浆，分装2管（1ml/管），立即盖上管盖，放置于–30～–20℃冰柜中冻存。注意吸血浆的时候要慢，防止吸到白细胞。

4）打开冻存管管盖，用一次性吸管吸取中间层白细胞，分装1管（1ml/管），立即盖上管盖，放置于–30～–20℃冰柜中冻存。注意一定要吸干净，以免浪费白细胞。

5）打开冻存管管盖，用一次性吸管吸取红细胞，分装2管（1ml/管），立即盖上管盖，放置于–30～–20℃冰柜中冻存。

（4）非抗凝血的分离步骤

1）把采集到的非抗凝血放在血管架上，如果室温高于25℃则常温静置30min，室温低于25℃时采用37℃水浴30min，然后把非抗凝血管放入离心机，保持离心机平衡，4000转/分，离心15min，此时可以给冻存管贴上标签、排列顺序。

2）等离心机停稳后，取出非抗凝血管。注意动作要轻柔，避免摇晃。

3）打开冻存管管盖，用一次性吸管吸取上层血清，分装 1 管（2ml/管），立即盖上管盖，送生化检测。另外分装 2 管（各 0.5ml/管），立即盖上管盖，放置于冰柜中冻存。注意吸的时候要慢，防止吸到下面的血凝块。

3. 血液标本运送　标本的运送是指在现场采集并处理完标本后，将标本从采集地转运到临时储存地和长期储存地的过程，这个过程的操作对保证标本的质量很重要。

标本在现场处理完成后，暂时存放于–30～–20℃的冰柜中冻存。但在调查工作结束后，应迅速转运至长期储存地按照相关要求储存。转运过程如果小于 6h，一般选用 4℃保鲜运输的方式，采用保温箱加生物冰袋维持温度；如果大于 6h，一般采取低温运输的方式，采用保温箱加干冰的方式，干冰的量取决于标本量的大小、保温箱的容积大小、运输时间的长短等。

如果到较为偏远的少数民族地区进行采样，离长期储存地较远，这种情况一般采取先就近临时储存再集中运送的方式将血液标本转运到长期储存地。就近临时储存也需要按照冻存要求进行，一般暂时冻存于–30～–20℃冰柜中。

用于生化指标检测的标本要及时送至指定的检测机构，一般要求 4℃保鲜运送，不能进行冻融。

4. 血液标本冻存　血清、血浆、红细胞一般使用–80℃的超低温冰箱储存；DNA 标本一般使用–20℃或者–30℃的冰箱进行储存，有条件者也可以储存于–80℃冰箱中。血凝块一般储存于–20℃冰箱或冷库中。如果需要检测血凝块中的 DNA，建议在采集后的一年内进行 DNA 提取。

有两份标本备份的情况下，一般采取一份标本一个储存单元的原则。如果储存两份血浆，血浆 1 储存在 1 号冰箱，血浆 2 储存在 2 号冰箱。其他标本的储存方法类似，这样有利于减少标本的冻融次数，提高标本储存的安全性。

二、唾液标本采集

唾液作为无创且易于采集的生物标本，可以比较有效地反映口腔菌群的组成。唾液采集方案如下：

（1）确保被调查对象在收集唾液前 30min 内未饮食、未咀嚼口香糖。

（2）事先准备含有 2ml 裂解液的离心管。

（3）收集唾液前先要刺激唾液腺分泌，如用舌尖抵住上腭，帮助被调查对象按摩两侧颊部，并嘱其勿吞咽唾液，2min 后口腔内大约有 5ml 唾液。

（4）嘱被调查对象将唾液含于口中，轻柔地刷洗两颊约 10s。

（5）打开离心管瓶盖，让被调查对象低头、张口，使唾液自然沿下唇流出。

（6）当离心管满 4ml（即收集了大约 2ml 的唾液）时，将管盖盖紧，上下翻转 8～10 次，使其充分混匀。

（7）提取 DNA，放入–20℃冰箱内冻存备用。

第二章　形态测量表型

第一节　形态测量表型简介

一、形态测量表型研究的意义

人体形态测量学是体质人类学研究的基础学科，主要通过对人体活体或骨骼整体或局部的测量来探讨人体的特征、类型、变异和发展规律，是了解人类在系统发育和个体发育过程中各种变化的基本方法之一，能帮助人们了解古代及当代不同种族体质构造的异同和不同生活条件下人体的变化规律。

人类活体测量根据人体的部位分为头面部和体部测量，还包括皮褶厚度测量、关节活动度测量等。人体测量学不仅对人类学的理论研究具有重要的意义，而且在日常生活、工业、国防、医疗卫生、法医、教育、体育及美术雕刻等方面有实用价值。

头面部测量是对人的容貌特征进行量化的过程。人的容貌是头面各部位形态特征的综合。头面部特征与体部特征相比，较少受环境因素影响，更多受遗传因素作用。国外有关儿童体格发育的双生子研究资料显示，大多数头面部指标具有同民族的类似性，而不同民族或种族间常具有一定的差异，且头围、头长、头宽等头面部指标有一定的遗传倾向。在印度地区的家系研究中发现，考虑到社会经济状况和营养状况的交互作用时，头长、头宽、面宽、鼻高和鼻宽的遗传度在 21%～72%。采用头面部测量大数据可以分析随年龄增长头面部特征变化的规律，对美容、医疗、生产企业（如眼镜制造业、制帽企业）等有一定的实用价值。

人的体部特征是由遗传、环境、劳作方式、饮食成分、生理等多种因素共同决定的。由于上述因素对体部特征的作用交织在一起，因此分析体部特征的形成原因比较困难，需要对族群的遗传结构进行分子人类学研究，还要详细了解族群生活的环境特点，对族群的社会因素进行详细记录和分析。通过对族群体部指标的测量和体部指数的计算，可以得到族群的体质数据。但真正得出族群的体部特征，还需要和其他族群的体部资料进行比较。由于不同族群在遗传和社会因素方面可能存在一定的差异，故不同族群之间体部特征也可能存在差异。体部测量，可以分为高度测量（包括立姿高度测量、坐姿高度测量）、宽度与深度测量、围度与弧长测量、功能测量及其他测量。高度测量值反映人体处于立姿或坐姿时各个测点与地面的垂直距离，宽度与深度测量值反映人体水平方向、矢状方向生长的水平，围度测量值反映身体某一个截面的周长大小。

一些测量指标（如腰围）和指数（如身体质量指数、腰身比）可以用来评估超重、肥胖。体部测量指标可以通过特定的公式计算，得出量化的体型数据。上臂最大围与上臂围之差反映上臂肌肉的发达程度，呼气与吸气胸围差反映肺活量的大小。人体的很多体部指标可以从不同的方面反映人体发育的程度和某些机能状态。

二、活体形态测量

（一）活体形态测量的目的、内容和任务

活体形态测量是用于研究活体形态特征的一系列测量方法。

活体形态测量的内容主要包括直线测量，弧线测量，角度测量，面积测量，肌力、体重、体成分和一些生理常数（如肺活量、血压等）的测量等。

活体形态测量的主要任务是通过测量来了解人体各部分尺寸或角度的大小，以便对人体特征进行数量上的分析。

要获得精确的测量数据，在测量时必须严格遵守一系列规定，如被测者的姿势、正确的测点、在皮肤上进行测点标记、精密的测量仪器和统一而正确的测量方法。

在活体形态测量中，头的定位极为重要。活体测量的标准平面（法兰克福平面）是由三点来决定的，即左、右耳屏点和右眶下点。

（二）活体形态测量的注意事项

（1）被测者必须是发育正常和健康的个体。除特殊目的的研究项目外，发育异常、身体有畸形和患有疾病的个体应除外。

（2）同一性别组的被测者应集合在一起测量。

（3）除调查目的是比较左右两侧的不对称性之外，一般只需测量右侧，具体项目的侧别要根据研究目的而定。

（4）要注意测量时间。身高在一天中变化较大，站久了身高会变矮，因此身高的测量最好在早晨，若在中午或下午，则在测量前应令被测者休息 10～30min。

（5）进行体部测量时，被测者应赤足，穿薄衣裤，不戴帽。

（6）活体形态测量一般采用直立姿势（坐高及头部等部分测量项目可采用坐姿），头部保持在法兰克福平面的标准位置（法兰克福平面，又称眼耳平面，由左、右耳屏点和右眶下点决定的平面，当其与水平面平行时，即处于标准位置）。测量时，采用立姿还是卧姿，对测量结果影响较大。一般规定，3 岁以下的幼儿一律采用卧姿（仰卧于测量板上），3 岁以上的被测者则采用立姿。

（7）必须采用准确的测量仪器和统一的测量方法，严格按规定确定测点（必要时可在皮肤上做标记）和进行操作。测量时只可轻触测点，不可紧压皮肤以免影响测量值。

（8）进行围度测量时，需用纤维卷尺。卷尺的位置应与被测部位的纵轴相垂直，同时不可施加过大的力。

（9）在测量仪器上读数时，测量者的视线应垂直于测量仪器上的标尺部分，不可斜视，否则会产生测量误差（有时误差可达 0.5mm）。记录者要复述测量者的读数以免误记。

（10）线性测量的单位应一致，一般以毫米为单位。

（11）撰写研究报告时，测量者应对测量方法和所用仪器详细说明。

（12）人体测量工作者不可仅满足对测量理论的理解，还应在实验室内长期练习，掌握技术，熟练操作。

第二节 测量仪器和测量指标要求

一、主要的测量仪器

人体测量仪器是人体测量工作中不可缺少的工具，直接关系到测量结果的准确性。因此，人体测量仪器要具备精准方便、经久耐用的特点。

（一）直脚规

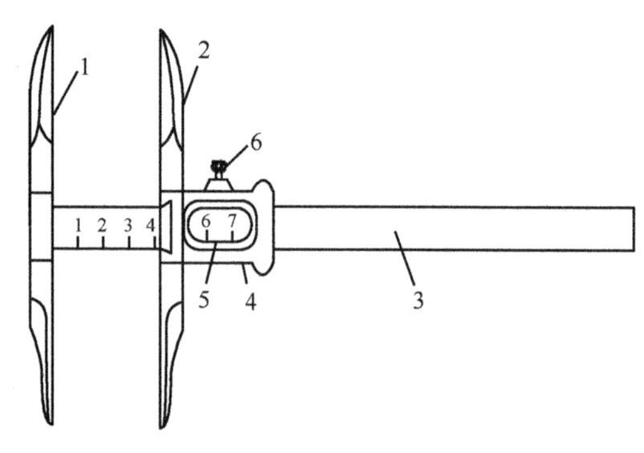

图 2-1 直脚规（邵象清，1985）

1. 固定脚；2. 活动脚；3. 主尺；4. 尺框；5. 游标；6. 紧固螺钉

直脚规是人体测量中使用最多的一种仪器，主要由固定脚、活动脚、主尺和尺框等组成（图 2-1）。直脚规根据有无游标读数分为两种：Ⅰ型，无游标读数；Ⅱ型，有游标读数。Ⅰ型直脚规根据测量范围不同又分为ⅠA 及ⅠB 两种。

固定脚与活动脚的一端呈扁平鸭嘴形，主要用于测量活体；另一端尖锐，主要用于测量骨骼；将活动脚反装还可以进行高度和深度测量。

直脚规的主尺双面刻线，测量范围因类型而异。表 2-1 为直脚规的主要测量参数。

表 2-1 直脚规的主要测量参数 （单位：mm）

型式	测量范围	分度值	分辨能力
ⅠA 型	0～200	1	0.1
ⅠB 型	0～250	1	0.1
Ⅱ型	0～200	0.1	0.1

注：分辨能力适用于带数字显示的直脚规。

（二）弯脚规

弯脚规是一种应用较广的人体测量仪器，可用于活体和骨骼的测量，主要由左弯脚、右弯脚、主尺及尺框等组成。弯脚规的主尺测量范围为 0～300mm，分度值为 1mm，可测量 300mm 范围内的直线距离（图 2-2）。

（三）纤维卷尺

纤维卷尺就是常说的皮尺，或称为软尺或拉尺（图 2-3）。由玻璃纤维制成，外涂塑料尺面，尺面上标印刻线，材质柔软，不会伤及皮肤，可卷起携带，顶端为使用方便黏附金属薄片。它有两个单位，一面是寸（有英寸和市寸），另一面是厘米。纤维卷尺用于测量胸围、腰围、臀围、上下肢围度等。

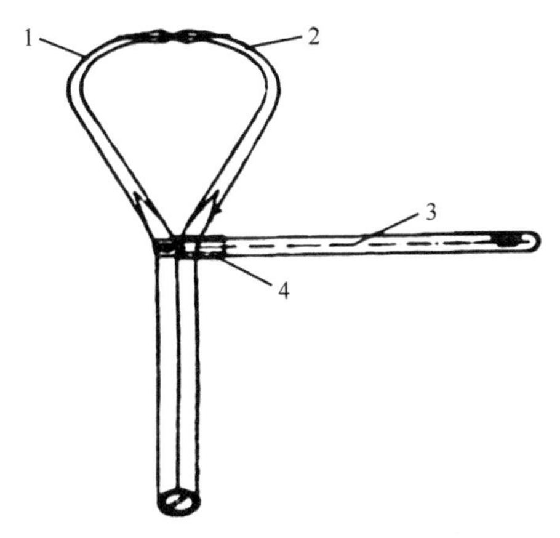

图 2-2　弯脚规（邵象清，1985）

1. 左弯脚；2. 右弯脚；3. 主尺；4. 尺框

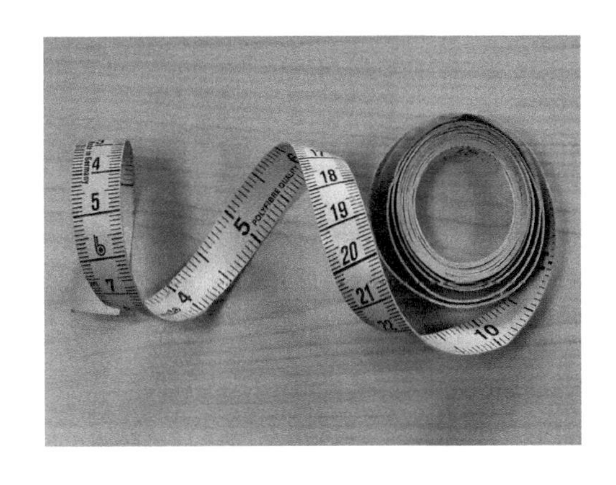

图 2-3　纤维卷尺

（四）人体测高仪与圆杆直角规

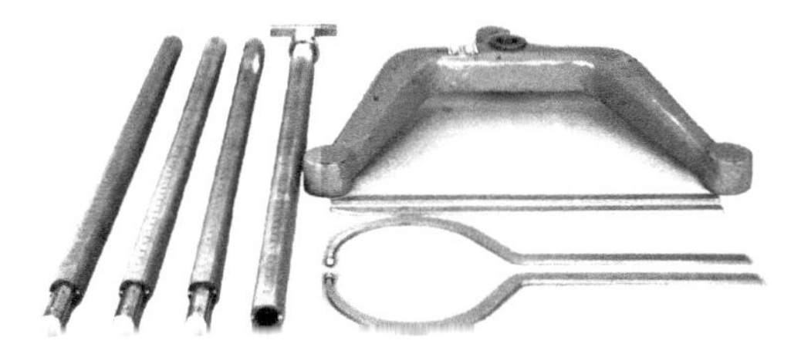

图 2-4　人体测高仪及附件（席焕久和陈昭，2010）

人体测高仪又称马丁测高仪，是一种应用十分广泛的人体测量仪器，由主尺杆、固定尺座、活动尺座、管形尺框、两支直尺与两支弯尺等组成（图 2-4）。

主尺杆由 4 节相互套接的金属管（每节长 500mm）及固定装配在第 1 节金属管顶端的固定尺座组成，测量范围为 0～2000mm，刻线“0”自地面开始，可测量身高、坐高和体部的各种高度等。第 1 节金属管与固定尺座装配固定后的总长度为 510mm，固定尺座内可插入直尺或弯尺。

直尺共有两支，若将一支直尺插入活动尺座内，可测量人体各种高度；若将两支直尺分别插入固定尺座和活动尺座内，与第 1、2 节金属管配合使用时，即可构成圆杆直脚规，可测量人体各种宽度。在圆杆直脚规上再接上第 2 节金属管，可使测量范围增至 950mm。

弯尺也有两支，若将两支弯尺分别插入固定尺座和活动尺座内，与第 1、2 节金属管配合使用，即可构成圆杆弯脚规，可测量人体各种宽度和厚度。

底座为铸铁制成的使主尺杆保持与地面垂直的辅助构件，在中间开一孔，人体测高仪在此处插入，直抵地面。

（五）皮褶厚度计

皮褶厚度计是用于测量人体皮褶厚度的仪器，主要由把柄、上下测臂、接点、刻度盘及压力调节旋钮组成（图 2-5）。

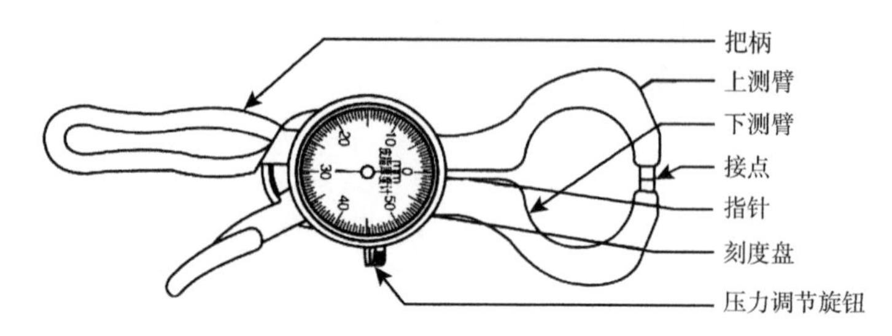

图 2-5 皮褶厚度计（席焕久和陈昭，2010）

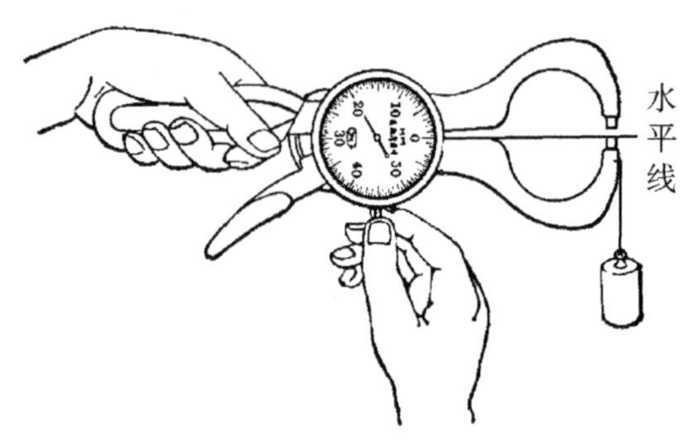

图 2-6 皮褶厚度计压力的校正（席焕久和陈昭，2010）

测量前应先调整仪器与校正压力，将指针调整到刻度盘上的零位，再将皮褶厚度计两个接点间的压力调节至国际规定的 $10g/mm^2$ 范围内，校正方法如图 2-6 所示。左手持皮褶厚度计使其呈水平位置，在皮褶厚度计的下测臂顶端小孔中挂上重 200g 的砝码，使下测臂基部与顶端的接点处于同一直线。观察刻度盘内指针的偏离情况，若指针处在 15～25mm 范围内，表明两接点间的压力符合 $10g/mm^2$ 的要求；若指针超过 25mm，表明接点压力不足，须转动压力调节旋钮增加压力至 15～25mm；若指针不到 15mm，表明压力过高，须转动压力调节旋钮校正指针至规定的范围内。允许指针有±5mm 的误差。

二、部分指标的测量要求

（一）体重

测量前排空大小便，被测对象站在体重秤或体重测量仪的中心台上，体重均匀分布于两足，脱鞋、厚衣、厚裤。体重每天的差异可达 2kg（成年人），所以要记录称重的时间。体重的测量者间参考误差见表 2-2。

表 2-2 体重的测量者间误差（席焕久和陈昭，2010）

年龄/岁	均数/g	标准差/g
5～10	1.2	3.2
10～15	1.5	3.6
15～20	1.7	3.8
20 岁以上	1.5	3.6

测量时男女均应穿薄的衣裤、赤足。体重秤放在平地上，校准零点，令被测对象自然站立在秤台中央，测量者添加砝码，移动游码至刻线尺杆平衡后读数。

为了保证测量结果的精确，必须测量身体的净重，因此在冬季测量体重的室内必须有暖气设备，使测量严格按规定执行。

在寒冷季节室内如无保温设备，可采用下列方法：

（1）在测量体重时可着一些简单并已知其重量的浴衣或工作衣，测量后将数值减去所着衣服的重量，即为净重。

（2）根据年龄、性别和衣服种类，先求出各种衣服的平均重量。测量时，同时记录被测对象所着衣服种类，整理测量资料时，再减去每件衣服的平均重量。

（二）身高

使用测高仪前要检查是否放置平稳，用直角尺检查活动尺座上的直尺与立柱是否垂直。

测量身高时，人体测高仪上需要有与测高仪垂直的水平板，达头部的最上端，被测对象一般赤足，穿薄衣裤，不戴帽。

被测对象站在地板上，体重落在双足上，头处于法兰克福平面，臂自由下垂于躯干两侧，掌心向内，足跟并拢，足尖分开呈 60°，肩部与臂靠紧垂直板。膝外翻者，膝内侧相接触但不重叠，足分开。对足跟、臀、肩胛和颅后不能同在垂直面上的被测对象，只要臀和足跟、颅后在一个垂直平面上即可。

检查时，要求被测对象深吸气不改变重心并维持直立姿势，水平板要压弯头发达头顶点，记录至刻度最近的 0.1cm 并标明测量时间。

测量双下肢不等长者，先把短侧肢体逐渐用木板垫起，使骨盆达水平位为止（用髂嵴判断），记录垫起的高度。身高的测量者间误差见表 2-3。

表 2-3　身高的测量者间误差（席焕久和陈昭，2010）

年龄/岁	均数/mm	标准差/mm
5～10	2.4	2.1
10～15	2.0	1.9
15～20	2.3	2.4
20～55	1.4	1.5
54～85	2.1	2.1

（三）坐高

测量坐高需要特殊的坐高椅，有可调的搁脚板，以免小腿前后摇动影响坐高。被测对象坐直，双足与肩同宽。双手放松置于膝盖上，双膝后方接近椅子边缘但不接触，被测对象尽可能坐直，头在法兰克福平面上。测试时让被测对象做深呼吸，待呼气后进行测量，记录至刻度最近的 0.1cm。测量时应保持测高仪垂直，以适度的力保证测高仪标尺置于正中矢状面上并与头顶点相触。

（四）胸部宽深

胸宽：测量者宜站在被测对象前方，大弯角规的尖端抵于两侧腋中线第 6 肋上，防止滑入肋间隙，记录至刻度最近的 0.1cm。

胸深：被测对象自然站立，双臂置于躯干两侧，先定位第 4 胸肋关节，在双侧第 4 胸肋关节之间的胸骨上画一条水平标记线。测量者站在被测对象的右侧，大弯角规一头放在双侧胸肋关节连线水平的胸骨中线上，另一尖头放在与此水平面相对的棘突上，记录至刻度最近的 0.1cm。

（五）围度

一般用纤维卷尺测量，零端起点的一头置于左手，另一端置于右手，因为零端起点的一头所置位置会影响测量误差。除头颈围外，其余围度（如胸、腹、臀、大腿、小腿、踝、臂的围度）测量都在身体直立位时进行，使卷尺与被测对象的长轴垂直并与地面平行。

头围取头部围度最大值，而颈围取最小值。测量头围时卷尺要紧紧压住头发与软组织；测量其他围度时卷尺紧贴身体表面而不能太紧，以防压凹皮下组织，应反复测量以确保卷尺未在皮肤上压出凹痕。

测量胸围时，被测对象应安静站立，两臂下垂，均匀平静呼吸。测量者面对被测对象，将卷尺上缘经双肩胛骨下缘绕至胸前双乳头的中心点上缘进行测量。对于乳房正处于发育期的少女，以胸前锁骨中线第 4 肋为测量水平。在被测对象呼气末记录读数，为平静状态下胸围。被测对象做最大深吸气，终末测其吸气胸围，稍停再做最大深呼气，终末测其呼气胸围，两者之差为呼吸差胸围。围度的测量者误差限度见表 2-4。

表 2-4 围度的测量者误差限度（席焕久和陈昭，2010）

围度	限度/cm
头	0.2
颈	0.3
胸	1.0
腰	1.0
腹	1.0
臀	1.0
大腿	0.5
小腿	0.2
踝	0.2
臂	0.2
前臂	0.2
腕	0.2

若超过规定限度，需重复测量一次并记录，测量头围的卷尺前方宜紧贴于眉弓上方，后方以最大围为度，记录至刻度最近的 0.1cm。

测颈围时，卷尺置于喉结的下方，卷尺与颈长轴垂直即可，不一定为水平位，对皮肤压力宜小但应使卷尺完全与皮肤接触，测量时间应少于 5s，以免引起被测对象不适。

（六）皮褶厚度

皮褶包括皮肤和皮下组织，后者由含有中性脂肪的脂肪细胞及血管、神经等结缔组织构成。皮褶厚度是反映身体营养状况的一种指标，也是推算人体组成成分的重要指标。通过皮褶厚度的测量，可以了解皮下脂肪的厚度，揭示皮下脂肪分布类型，判断个体的胖瘦程度和推算人体组成成分。有学者研究表明，前臂皮褶厚度在研究与糖耐量有关的脂肪分布类型中具有重要意义。皮褶厚度值增大增加了患高血压、糖尿病、心血管病、胆结石、关节炎、各种癌症和其他疾病的风险。

测量者以右手持皮褶厚度计，使其两测臂张开，以左手拇指与示指紧捏并提起所测部位的皮肤。捏起的皮肤应包括皮肤和皮下组织，但绝不可将肌肉一并提起（为检查肌肉是否被提起，可令被测对象收缩这一部位的肌肉。若肌肉被提起，则捏起的皮肤和皮下组织即会随肌肉收缩而滑脱）。将皮褶厚度计两测臂钳住距离手指捏起部位 1cm 处的皮褶，皮褶两侧边缘平行时再测量，逐渐放开皮褶厚度计的把柄，读出刻度盘上指针所示的数值并记录。同一部位应测量两次，记录两次测得的均值，两次读数之差＞2mm（或读数＞25mm 时，两次读数相差＞10%），须重复测量。释放压力应逐渐加大，以免引起被测对象不适，测量应在压力释放后 3s 完成。若皮褶厚度计加压力超过 4s，则会获得较小的测量值，这是因为组织中的液体受到了挤压所致。

皮褶厚度的测量定位一般不标记，只有需要时才标出具体的位置，如研究皮褶厚度计间的测量差异，或测量大腿中部、肱三头肌（上臂中点）皮褶时，一定要标出测量的部位。测量小腿内外侧皮褶厚度时，要与同一水平的围度（小腿最大围水平）结合起来才能获得横断部位的数据。在测量区域，皮肤的自然纹理要与皮褶长轴平行。

在进行皮褶测量时，除了塑料的皮褶厚度计外，压力要分别加到两测臂上。塑料皮褶厚度计不工作时，测臂要分开；使用时，张开测臂在皮褶上逐渐加压，记录数值。不论用哪一种皮褶厚度计，都要重复测量几次，最终取平均值。

皮肤厚度本身产生的误差很小，误差主要来自皮下组织，水肿时导致的误差较大。对于肥胖者，不可能平行夹起皮褶，尤其是腹部，在这种情况下，需要两个人操作，一位测量者用两手夹起皮褶，另一位测量者用皮褶厚度计进行测量，但其值往往偏大。对于体重减轻较多者，皮褶松弛，皮下组织柔软、有移动性，会随测量次数增加而不断产生低测量值。

皮肤和皮下脂肪的伸缩性与皮下水分含量、年龄、体型及个体状态有关，一般说来，年轻人由于组织水分较多，皮褶有较大的伸缩性。水分过多，如水肿时也会影响皮褶的伸缩性。

第三节　头面部测量

一、头面部主要测点

（一）头部主要测点（图 2-7、图 2-8）

1. 眉间点（g）　两侧眉弓间的隆起部（眉间）在正中矢状面上（从侧面观察）向前最突出的一点。确定此点时，被测对象头部必须保持在眼耳平面。

2. 发际点（tr）　前额发际与正中矢状面的交点。秃顶者或发际特别高者，确定此测点较困难，一般可放弃。当发际中部有尖突时，确定此点不受尖突的影响。

3. 头顶点（v） 头处于眼耳平面时，头顶部在正中矢状面上的最高点。

4. 头后点/枕后点（op） 头部在正中矢状面上向后最突出的一点，即离眉间点最远的一点，可由眉间点测量头长时求得。

5. 额颞点（ft） 额部两侧颞嵴之间距离最近的一点，是颞嵴弧最向内侧的点。通常位于眉毛上外侧缘上方，可用手指按摸来确定。

6. 头侧点/颅侧点（eu） 头的两侧最向外突出的一点。用弯脚规测量头宽时，其两脚端点的位置即为头侧点。

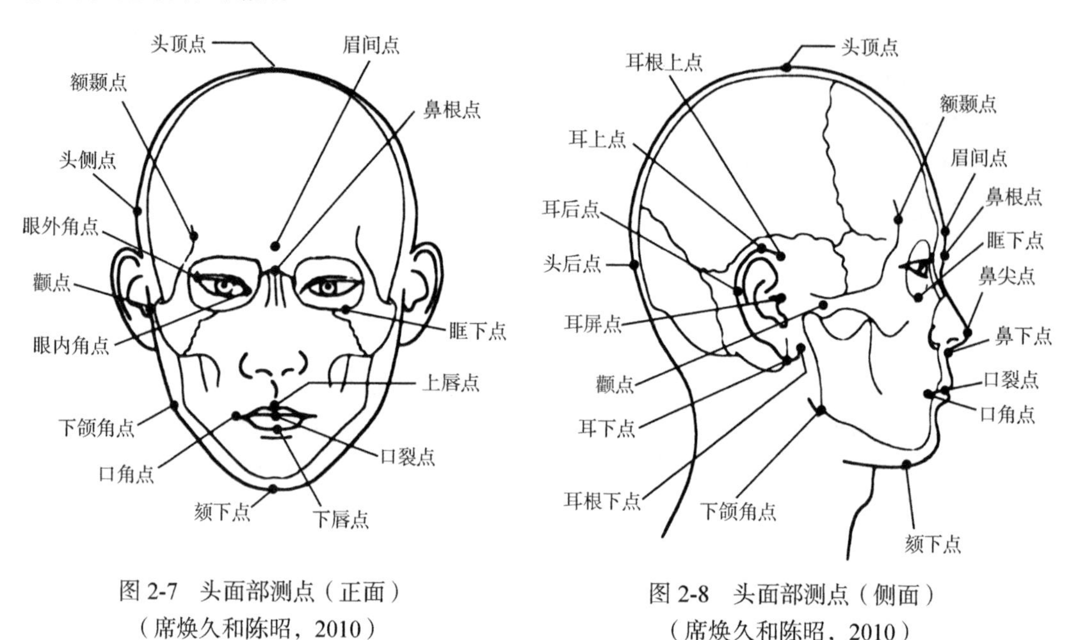

图 2-7 头面部测点（正面）
（席焕久和陈昭，2010）

图 2-8 头面部测点（侧面）
（席焕久和陈昭，2010）

（二）面部主要测点

1. 鼻根点（n） 位于鼻的上部，为额鼻缝和正中矢状面交点，通常位于鼻凹点上方几毫米处。确定方法：将拇指和示指按在鼻根部（鼻背最凹处稍上方），用示指触摸鼻根外侧部的骨缝，然后由此横向正中线的部位以探得此测点。

2. 耳屏点（t） 耳屏上缘与前缘相交之点，为测量耳上头高和确定眼耳平面的重要测点。

3. 鼻尖点（prn） 头部固定于眼耳平面时，鼻尖最向前突出的一点。

4. 鼻下点（sn） 鼻中隔下缘与上唇皮肤部相接的最深点。

5. 上唇点/上唇中点（ls） 上唇皮肤部和移行部（上红唇）交界线与正中矢状面的交点。

6. 口裂点（sto） 上下唇正常闭合时，其闭合缝与正中矢状面的交点。

7. 下唇点/下唇中点（li） 下唇移行部（下红唇）下缘与正中矢状面的交点。

8. 口角点（ch） 当口正常闭合时，在口裂的两侧外角，上下唇移行部在外侧端相接之点。

9. 颏下点（gn） 头部固定于眼耳平面时，颏部在正中矢状面上最低的一点。

10. 眼内角点（en） 眼正常开度时，上下眼睑缘在眼内角的相接之点，通常位于泪阜的内侧。

11. 眼外角点（ex） 眼正常开度时，上下眼睑缘在眼外角的相接之点。注意：该点在眼白的外侧角处，而不在眼外角皮肤皱褶处。

12. 颧点（zy） 颧弓上向外侧最突出的一点，一般在颊部的后外方，有时在接近外耳处。

13. 鼻翼点（al） 鼻翼最外侧点。

14. 下颌角点（go） 下颌角向外最突出的点。

15. 耳上点（sa） 头部保持眼耳平面时，耳郭上缘最高的一点。

16. 耳后点（pa） 头部保持眼耳平面时，耳郭后缘向后最突出的一点。

17. 耳下点（sba） 头部保持眼耳平面时，耳垂向下最低的一点。

18. 耳根上点/耳上基点（obs） 耳郭上缘附着于头侧部皮肤的一点，即耳郭基线的上端，在耳郭与头侧部皮肤之间的深凹上。

19. 耳根下点/耳下基点（obi） 耳垂下缘附着于颊部皮肤的一点，即耳郭基线的下端。

20. 耳前点（pra） 头部保持眼耳平面时，在耳根上点和耳根下点的连线上与耳后点等高的一点。

21. 乳突点（ms） 乳突外表最低的一点。

二、头面部主要测量指标

（一）长度测量（图2-9～图2-11）

1. 头长/头最大长（g-op） 眉间点（g）至头后点（op）的直线距离，用弯脚规测量。测量者将弯脚规固定脚的一端置于眉间点，活动脚置于枕部，然后在正中矢状面上移动，测得的最大数值即为头长。

2. 鼻长（n-prn） 鼻根点（n）至鼻尖点（prn）的直线距离，用直脚规测量。

3. 容貌耳长（sa-sba） 耳上点（sa）至耳下点（sba）的直线距离，用直脚规测量。

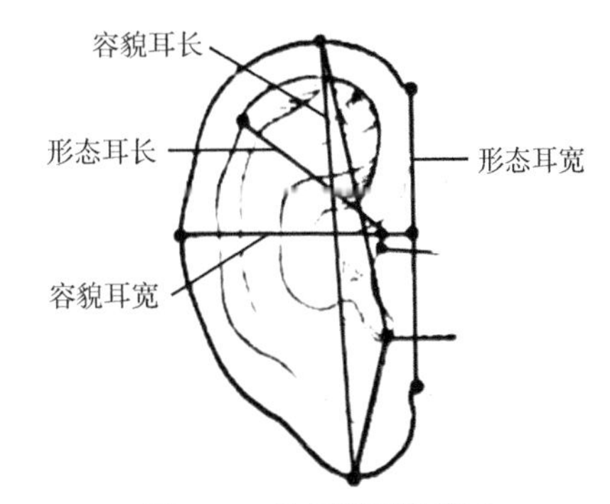

图2-9 耳郭的测量指标
（席焕久和陈昭，2010）

（二）宽度测量

1. 头宽/头最大宽（eu-eu） 左、右头侧点（eu）之间的直线距离，用弯脚规测量。测量者立于被测对象的后方，将弯脚规的两脚轻轻接触于头侧壁，然后上下、前后移动弯脚规，测得的最大数值即为头宽。左、右头侧点应在同一水平面和同一冠状面上。

2. 额最小宽（ft-ft） 左、右侧额颞点（ft）之间的直线距离，用弯脚规测量。先用手指在颞线上探触额颞点，然后用弯脚规两脚的圆端轻轻接触这两点测量。

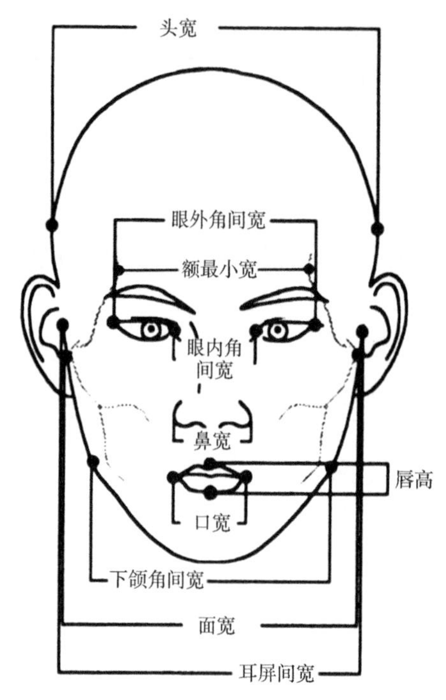

图 2-10 头面部宽度测量指标
（席焕久和陈昭，2010）

3. 耳屏间宽/两耳屏间宽（t-t） 左、右侧耳屏点（t）之间的直线距离，用弯脚规测量。

4. 两外耳间宽/两耳外宽 左、右两外耳最突出的点之间的直线距离，用直脚规测量。

5. 乳突间宽（ms-ms） 左、右侧乳突点（ms）之间的直线距离，用弯脚规测量。

6. 面宽（zy-zy） 左、右侧颧点（zy）之间的直线距离，用弯脚规测量。测量者立于被测对象的前方，先探得颧弓向外侧最突出的部分，将弯脚规两脚的圆端靠上测量。测量时，注意左、右侧颧点应在同一冠状面上。

7. 下颌角间宽（go-go） 左、右侧下颌角点（go）之间的直线距离，用弯脚规测量。

8. 眼内角间宽/两眼内宽（en-en） 左、右侧眼内角点（en）之间的直线距离，用直脚规测量。测量者用右手将直脚规两直脚的扁平钝端靠近被测对象的左、右眼内角点，但不与该测点接触；以左手的拇指和示指与右手一起持握直脚规，左手的其他三指轻轻接触被测对象的颊部。测量时，被测对象会不断地眨眼，应在被测对象张开眼直视正前方时测量。

9. 眼外角间宽/两眼外宽（ex-ex） 左、右侧眼外角点（ex）之间的直线距离，用直脚规测量。直脚规钝脚朝上，尖脚朝下，以免刺伤眼睛。

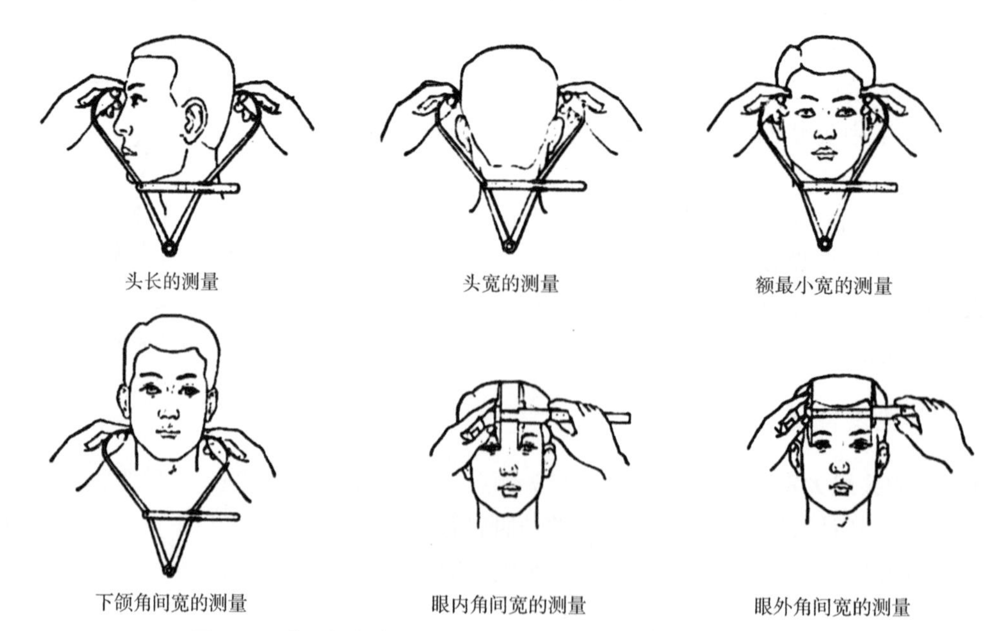

图 2-11 头面部长度和宽度测量指标（席焕久和陈昭，2010）

10. 鼻宽（al-al）　左、右侧鼻翼点（al）之间的直线距离，用直脚规测量。

11. 口宽/口裂宽（ch-ch）　左、右侧口角点（ch）之间的直线距离，用直脚规测量。在自然闭口的状态下测量。

12. 容貌耳宽（pra-pa）　耳前点（pra）至耳后点（pa）之间的直线距离，用直脚规测量。

（三）高（深）度测量（图 2-12、图 2-13）

1. 耳上头高/头耳高　头部固定于眼耳平面时，自头顶点（v）至眼耳平面的垂直距离，用带耳高针的活动直脚规测量或用间接法由身高减去耳屏点高。

耳上头高是投影距离，在测量时应将圆杆直脚规固定尺座的直尺调节至 200mm 长，活动尺座的直尺调节至 20mm 长，把固定尺座的直尺紧靠头顶部，活动尺座的直尺尖端恰抵耳屏点。

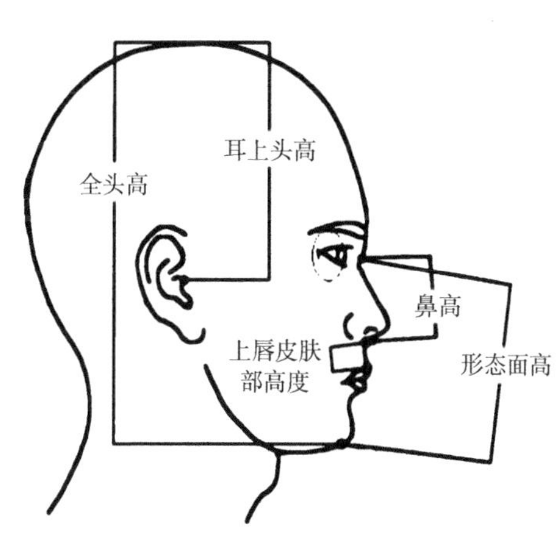

图 2-12　头面部高度测量指标
（席焕久和陈昭，2010）

2. 全头高　头部固定于眼耳平面时，自头顶点（v）至颏下点（gn）的直线在冠状面上的投影距离，用圆杆直脚规测量。测量者位于被测对象的右侧，测量时圆杆直脚规的圆杆中轴应与眼耳平面垂直，被测对象牙齿咬合。也可用间接测量法，即身高减去颏下点高。

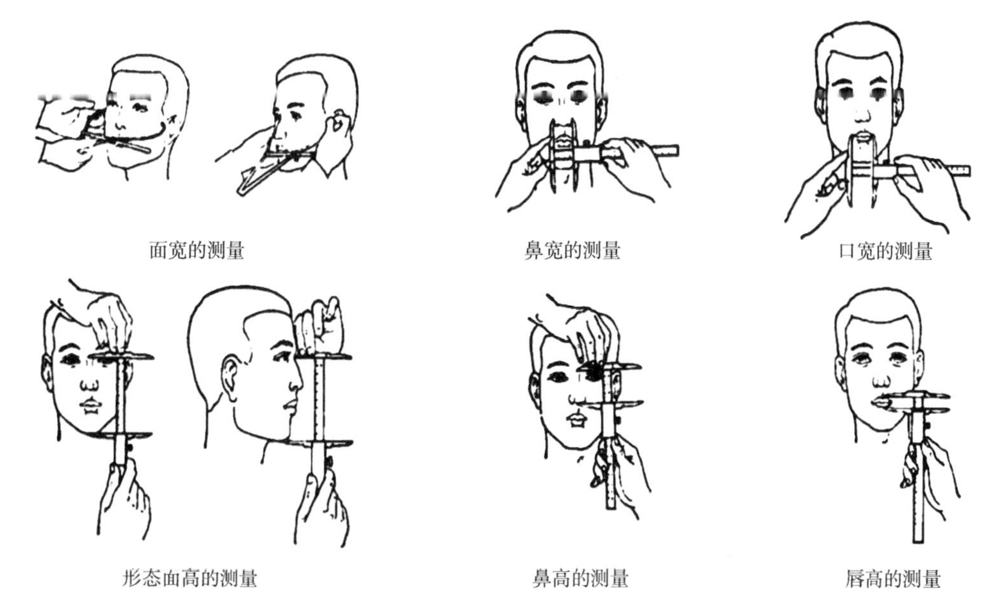

图 2-13　头面部宽度和高度测量指标（席焕久和陈昭，2010）

3. 容貌面高（tr-gn） 发际点（tr）至颏下点（gn）的直线距离，用直脚规测量，要求被测对象牙齿咬合。

4. 形态面高（n-gn）：鼻根点（n）至颏下点（gn）的直线距离，用直脚规测量。因本项测量的上位测点鼻根点是根据头骨上的固定测点而确定的，所以称为形态面高。

5. 鼻高（n-sn） 鼻根点（n）至鼻下点（sn）的直线距离，用直脚规测量。

6. 鼻深（sn-prn） 鼻下点（sn）至鼻尖点（prn）的连线在眼耳平面上的投影距离，用直脚规测量。

7. 鼻翼高度 从鼻翼下缘到鼻翼沟的最大垂直距离，用直脚规测量。

8. 鼻下至颏下点高（sn-gn） 鼻下点（sn）至颏下点（gn）的直线距离，在唇自然闭合状态下用直脚规测量。

9. 上唇皮肤部高度（sn-ls） 鼻下点（sn）至上唇点（ls）的直线距离，用直脚规测量。

10. 唇高（ls-li） 上唇点（ls）至下唇点（li）的直线距离，用直脚规测量。

三、头面部主要体质指数和分型

（一）头长宽指数/头指数

$$头长宽指数/头指数=\frac{头宽}{头长}\times 100$$

头长宽指数分型见表 2-5。

表 2-5 头长宽指数分型

型别	指数
超长头型	≤70.9
长头型	71.0～75.9
中头型	76.0～80.9
圆头型	81.0～85.4
超圆头型	85.5～90.9
特圆头型	≥91.0

（二）头长高指数

$$头长高指数=\frac{耳上头高}{头长}\times 100$$

头长高指数分型见表 2-6。

表 2-6　头长高指数分型

型别	指数
低头型	≤57.6
正头型	57.7～62.5
高头型	≥62.6

（三）头宽高指数

$$头宽高指数=\frac{耳上头高}{头宽}\times 100$$

头宽高指数分型见表 2-7。

表 2-7　头宽高指数分型

型别	指数
阔头型	≤78.9
中头型	79.0～84.9
狭头型	≥85.0

（四）额顶宽度指数

$$额顶宽度指数=\frac{额最小宽}{头宽}\times 100$$

额顶宽度指数是通过额部和头部两种宽度的关系来表示额部的宽窄程度。此值越小，则额部越窄。

（五）头面宽度指数

$$头面宽度指数=\frac{面宽}{头宽}\times 100$$

（六）形态面指数

$$形态面指数=\frac{形态面高}{面宽}\times 100$$

形态面指数分型见表 2-8。

表 2-8　形态面指数分型

型别	指数	
	男性	女性
超阔面型	≤78.9	≤76.9
阔面型	79.0～83.9	77.0～80.9
中面型	84.0～87.9	81.0～84.9
狭面型	88.0～92.9	85.0～89.9
超狭面型	≥93.0	≥90.0

（七）容貌面指数

$$容貌面指数=\frac{容貌面高}{面宽}\times 100$$

容貌面指数表示面部容貌的长宽关系。此值越小，则面部越短。

（八）颧额宽度指数

$$颧额宽度指数=\frac{额最小宽}{面宽}\times 100$$

（九）头面高度指数

$$头面高度指数=\frac{形态面高}{耳上头高}\times 100$$

（十）鼻指数

$$鼻指数=\frac{鼻宽}{鼻高}\times 100$$

鼻指数分型见表 2-9。

表 2-9 鼻指数分型

型别	指数
特狭鼻型	≤39.9
超狭鼻型	40.0～54.9
狭鼻型	55.0～69.9
中鼻型	70.0～84.9
阔鼻型	85.0～99.9
超阔鼻型	100.0～114.9
特阔鼻型	≥115.0

（十一）唇指数

$$唇指数=\frac{唇高}{口宽}\times 100$$

（十二）容貌耳指数

$$容貌耳指数=\frac{容貌耳宽}{容貌耳长}\times 100$$

第四节 体 部 测 量

一、体部主要测点

（一）躯干部主要测点（图 2-14、图 2-15）

1. 头顶点（v） 头的位置处于眼耳平面时，在正中矢状面上头顶部的最高点。

2. 胸骨上点/胸上点（sst） 胸骨柄上缘的颈静脉切迹与正中矢状面的交点。在胸骨上点处，常可见到一个深凹，即胸骨上凹，所以此测点较易确定。但要注意，胸骨柄上缘与胸骨柄前缘之间是逐渐移行的，并无明显界限，要将指尖插入胸骨上凹，从上方向下方叩压，以正确觅得此测点。

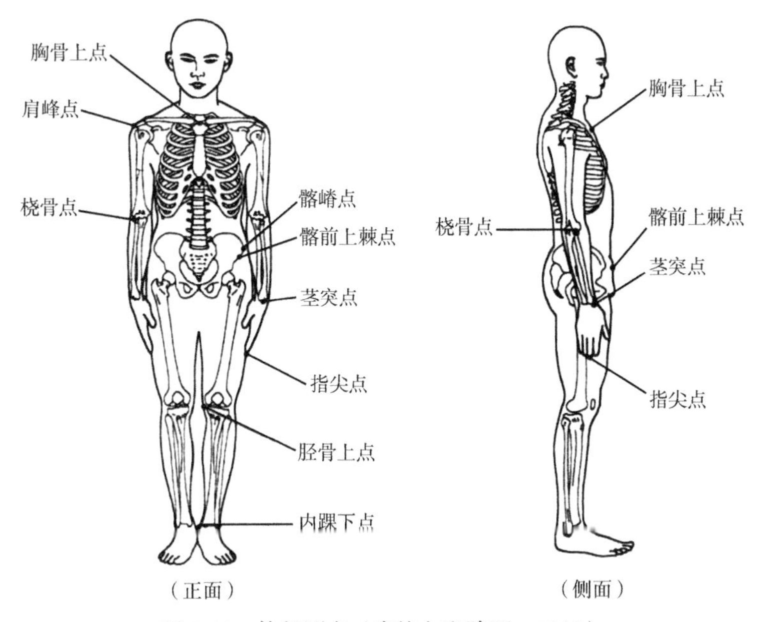

图 2-14 体部测点（席焕久和陈昭，2010）

3. 肩峰点（a） 肩胛骨的肩峰外侧缘上最向外突出的一点，用示指和中指沿着肩胛冈从后内方向前外方触摸，易找到此测点。也可用下述方法确定肩峰点：令被测对象外展上肢，可见肩峰部呈现一个皮肤小凹，然后用示指按压此凹，并令被测对象放下上肢，此时很容易确定此测点。

4. 乳头点（th） 乳头的中心点。仅在儿童、男性和乳房不下垂的女性确定此测点。

5. 脐点（om） 脐的中心点。

6. 髂嵴点（ic） 髂嵴最向外突出的一点。

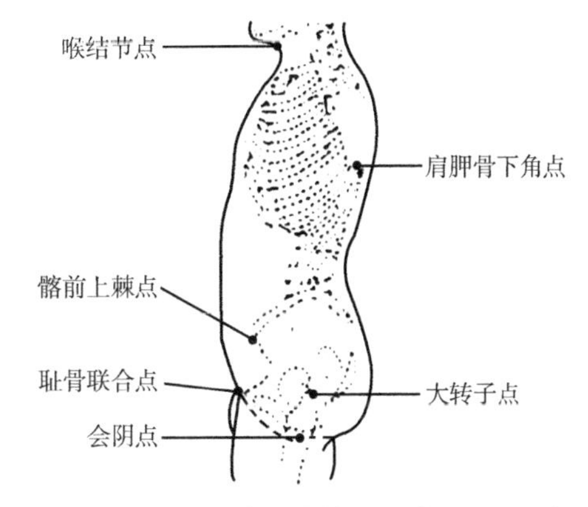

图 2-15 躯干测点（席焕久和陈昭，2010）

7. 髂前上棘点（is.a） 髂骨的髂前上棘向前最突出的一点。令被测对象大腿屈曲，在腹股沟线的上方用拇指从下往上按压髂前上棘，即可觅得此测点；或用手指沿髂嵴向前摸得此点。

（二）上肢主要测点（图 2-14、图 2-16）

1. 桡骨点（r） 桡骨小头上缘的最高点。在上肢下垂、手掌朝向内侧时，肘关节背面的外侧有一个小凹，在此凹中很容易找到肱桡关节，确定桡骨小头上缘的最高点即为桡骨点。或令被测对象的前臂做旋前旋后动作，此时桡骨小头很容易触及，即可确定桡骨点。

2. 桡骨茎突点/茎突点（sty.r） 桡骨茎突的最下点。拇指外展时，拇长展肌、拇长伸肌、拇短伸肌肌腱之间形成一个三角形深窝，在此三角之底易找到此点。

3. 尺骨茎突点（sty.u） 尺骨茎突的最下点。屈腕时在尺骨茎突端很容易找到此点。

4. 桡侧掌骨点（mr） 第 2 掌骨小头向桡侧最突出的一点，通常位于第 2 掌指关节的近侧端数毫米处。

5. 尺侧掌骨点（mu） 第 5 掌骨小头向尺侧最突出的一点。

6. 指尖点（da） 中指尖端最向下的一点，也称中指指尖点（daⅢ）。其他各指指尖点分别称为拇指指尖点（daⅠ）、示指指尖点（daⅡ）、环指指尖点（da Ⅳ）、小指指尖点（daⅤ）。

（三）下肢主要测点（图 2-14、图 2-17）

1. 胫骨上点/胫骨点（ti） 胫骨内侧髁的内侧缘最高的一点。令被测对象屈曲膝部，在膝部髌韧带的内侧探得股胫两骨之间的凹窝，再用手触摸胫骨内侧髁上缘，则很容易确定此测点。

2. 胫侧跖骨点（mt.t） 直立时，第 1 跖骨小头向内侧最突出的一点。

3. 腓侧跖骨点（mt.f） 直立时，第 5 跖骨小头向外侧最突出的一点。

4. 内踝下点/内踝点（sph） 胫骨内踝尖端最向下方的一点。

5. 足跟点/足后跟点（pte） 足跟向后最突出的一点。

6. 趾尖点（ap） 直立时，足尖向前最突出的一点，常在蹞趾或第 2 趾上。

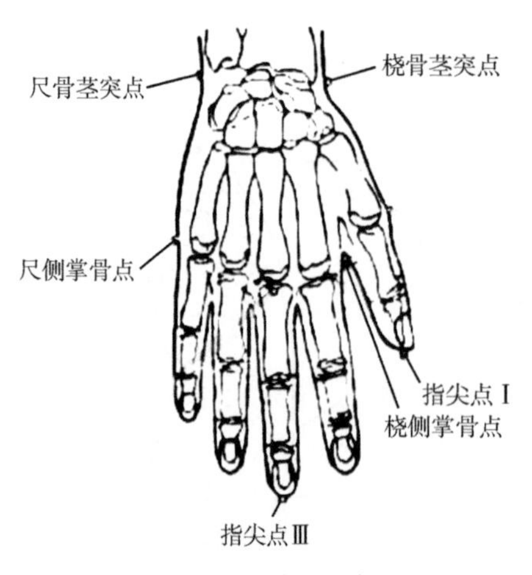

图 2-16 手的测点
（席焕久和陈昭，2010）

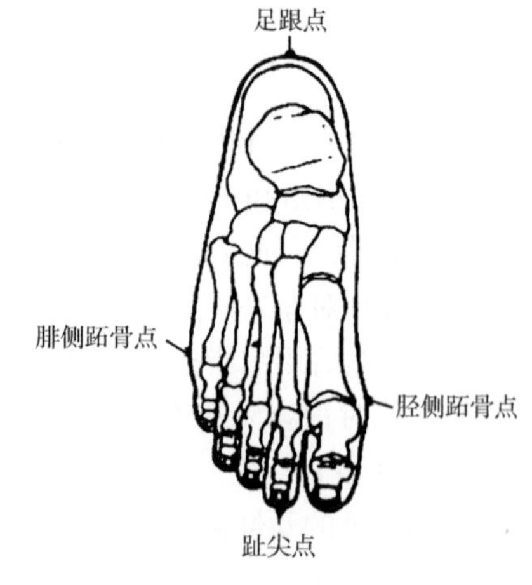

图 2-17 足的测点
（席焕久和陈昭，2010）

二、体部主要测量指标

（一）立姿高度测量（图 2-18、图 2-19）

1. 身高 头顶点（v）至地面的垂直距离，用人体测高仪测量。测量方法：被测对象赤足，取立姿。测量者站在被测对象的右侧，将人体测高仪滑座上的直尺与被测对象的头顶接触，接触的松紧程度要适宜，头发蓬松者要压实，头顶有发辫、发结者要解开发辫或取下发结，在滑座小窗上缘正确读出身高测量值。人的身高在早晨比傍晚要高，劳累时比静息时要矮，因此勿在傍晚和劳累时测量。身高分型见表 2-10。

表 2-10 身高分型

型别	身高/mm	
	男性	女性
很矮	≤1499	≤1399
矮	1500～1599	1400～1489
亚中等	1600～1639	1490～1529
中等	1640～1669	1530～1559
超中等	1670～1699	1560～1589
高	1700～1799	1590～1679
很高	≥1800	≥1680

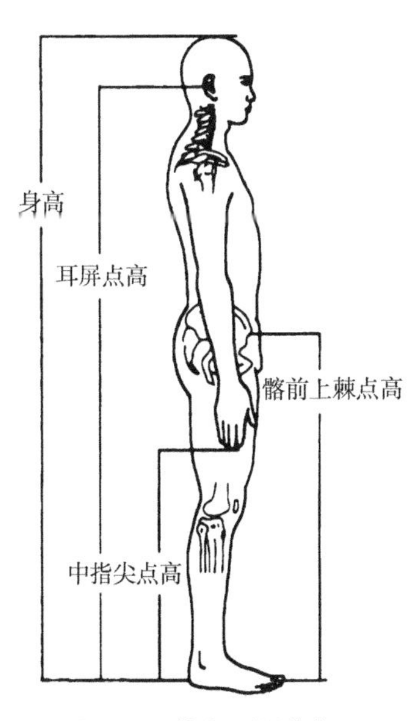

图 2-18 体部测量指标 1
（席焕久和陈昭，2010）

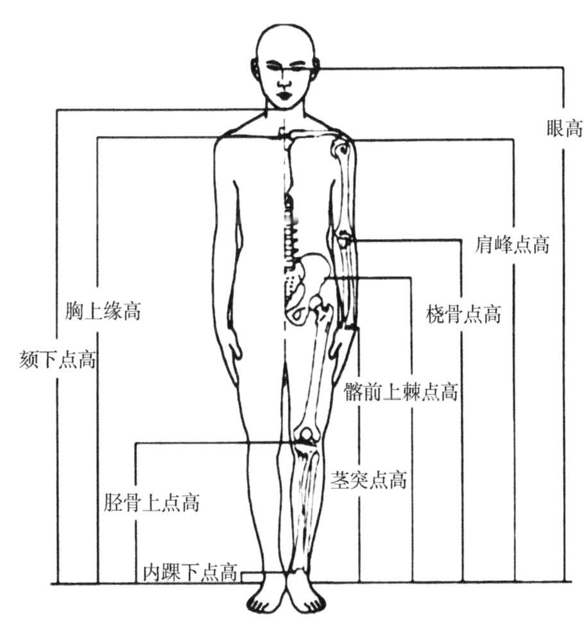

图 2-19 体部测量指标 2
（席焕久和陈昭，2010）

2. 耳屏点高 耳屏点（t）至地面的垂直距离，用人体测高仪测量。

3. 颏下点高 颏下点（gn）至地面的垂直距离，用人体测高仪测量。

4. 胸上缘高/胸骨上点高 胸骨上点（sst）至地面的垂直距离。一般在测量身高之后继续进行本项测量，这样不必移动人体测量仪，只需调节滑座上的直尺。

5. 肩峰点高/肩高 肩峰点（a）至地面的垂直距离。测量时，将人体测高仪置于被测对象上肢的前方且与体轴平行。测量者以左手固定被测对象的上肢，以右手移动管形尺框，将直尺的尖端触及肩峰点，被测对象肩部不可倾斜。

6. 桡骨点高/桡骨头高 桡骨点（r）至地面的垂直距离，用人体测高仪测量。

7. 桡骨茎突点高 桡骨茎突点（sty.r）至地面的垂直距离，用人体测高仪测量。

8. 中指指尖点高 中指指尖点（daⅢ）至地面的垂直距离。测量时，令被测对象保持上肢自然下垂，注意肩部不可倾斜。

9. 髂前上棘点高/髂前上棘高 髂前上棘点（is.a）至地面的垂直距离，用人体测高仪测量。

10. 胫骨上点高/胫骨点高 胫骨点（ti）至地面的垂直距离，用人体测高仪测量。

11. 内踝下点高/胫骨内踝高/足高 内踝下点（sph）至地面的垂直距离，用直脚规测量。被测对象取立姿，测量者采取下蹲姿势，将直脚规置于被测对象右脚内踝一侧，移动尺框，使活动脚端点与内踝点相接触，测量从内踝点至地面的垂直距离。

（二）坐姿高度测量（图 2-20）

1. 坐高 头顶点（v）至椅面的垂直距离，用人体测高仪测量。测量方法：被测对象采用坐姿，测量者站在被测对象的右侧，将人体测高仪置于被测对象后方的椅面上，再将活动尺座上的直尺轻轻地沿主尺杆下滑，轻压在被测对象的头顶，在管形尺框的小窗上缘即可读出坐高值。测量时，应令被测对象骶部紧靠椅背，再坐直，然后才可测量。

2. 躯干前高/坐姿胸骨上缘高 胸骨上点（sst）到座椅椅面的高度。被测对象采取的姿势和测量仪器均与测坐高时相同。

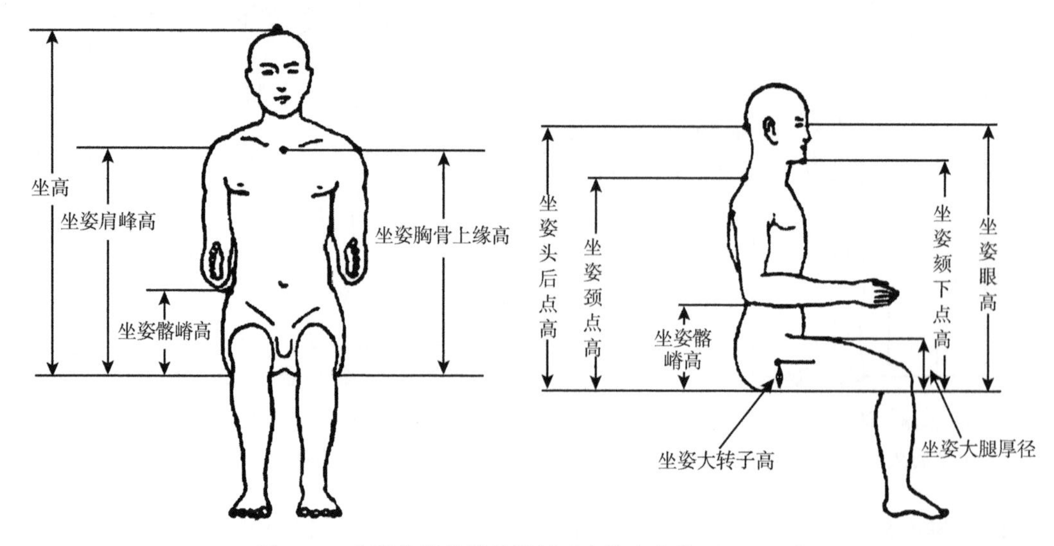

图 2-20 坐姿高度的测量指标（席焕久和陈昭，2010）

（三）躯干宽度与深度测量

1. 肩宽（a-a）　左、右肩峰点（a）之间的直线距离，用圆杆直脚规或大型弯脚规测量。测量方法：令被测对象挺胸、直立，肩部放松，但不可向前倾斜。

2. 胸宽Ⅱ　在乳头点（th）的水平面上，胸廓两侧向外侧最突出点之间的横向直线距离，用圆杆直脚规测量。

3. 骨盆宽/髂嵴间宽（ic-ic）　左、右髂嵴点（ic）之间的直线距离，用圆杆直脚规或大型弯脚规测量。测量方法：测量者站在被测对象的背侧，用左、右手示指分别触摸左、右髂嵴的外侧缘，在摸到髂嵴点时，即可测出两侧髂嵴点之间的直线距离。

（四）上肢测量

1. 上肢全长（a-daⅢ）

（1）直接法：肩峰点（a）至中指指尖点（daⅢ）的直线距离，用圆杆直脚规测量。令被测对象自然站立，上肢下垂，手指并拢。测量者站在被测对象的右方，圆杆直脚规固定尺座上的直尺抵住肩峰点，活动尺座上的直尺抵及中指指尖点，然后读数。

体部某些长度/高度如上下肢各段长度等既可用直接法测量，亦可用间接法测量，即采用两种高度（垂距）相减的方法。这种方法比直接法省时，但在操作时必须注意，涉及的各个测点之间的相对位置在测量过程中不得移动，否则会导致相减所得的数据发生差错。

（2）间接法：右肩峰点高减去右中指指尖点高，即为上肢长。用间接法求取上肢各种长度时，上肢不得移动，要防止被测对象歪头。

由于测量条件不同，直接法所测得的上肢长与间接法所测得的结果往往不一致。

2. 全臂长（a-aty）

（1）直接法：肩峰点（a）至桡骨茎突点（sty.r）的直线距离，用圆杆直脚规测量。

（2）间接法：右肩峰点高减去右桡骨茎突点高等于全臂长。

3. 上臂长（a-r）

（1）直接法：肩峰点（a）至桡骨点（r）的直线距离，用圆杆直脚规测量。

（2）间接法：右肩峰点高减去桡骨点高等于上臂长。

4. 前臂长（r-sty.r）

（1）直接法：桡骨点（r）至桡骨茎突点（sty.r）的直线距离，用圆杆直脚规测量。

（2）间接法：桡骨点高减去桡骨茎突点高等于前臂长。

5. 肱骨内外上髁间径　肱骨内上髁与外上髁之间的直线距离。被测对象取坐姿，上臂与前臂成直角，用弯脚规测量。

6. 手长（sty-daⅢ）

（1）直接法：被测对象手心朝上，手指并拢，桡骨茎突点（sty.r）和尺骨茎突点（sty.u）在掌侧面连线的中点（此点大致相当于腕关节远侧腕横纹中点）至中指指尖点（daⅢ）的直线距离，用直脚规测量。

（2）间接法：桡骨茎突点高减去中指指尖点高。

7. 手宽（mr-mu）：被测对象手指并拢，桡侧掌骨点（mr）至尺侧掌骨点（mu）的直线距离，用直脚规测量。

（五）下肢测量（图 2-21）

1. 股骨内外上髁间径 股骨内上髁与外上髁之间的直线距离，用弯脚规测量。被测对象取坐姿，大腿与小腿成直角。

2. 下肢全长 下肢长的测量方法有多种，常用的有七种：

（1）以髂前上棘高作为下肢长。

（2）以耻骨联合高作为下肢长。

（3）会阴高+90mm。

（4）大转子高+23mm。

（5）耻骨联合高+35mm。

（6）耻骨联合高+$\frac{身高\times 70}{33\times 100}$。

（7）髂前上棘高减去适当数值。身高在 130cm 以下的，应减去 15mm；在 131～150cm 的，应减去 20mm；在 151～165cm 的，应减去 30mm；在 166～175cm 的，应减去 40mm；在 176cm 以上的，应减去 50mm。

3. 全腿长

$$全腿长=（髂前上棘高-内踝下点高）\times\left(1-\frac{4}{100}\right)$$

$$全腿长=（耻骨联合高-内踝下点高）\times\left(1+\frac{5}{100}\right)$$

4. 大腿长

1）直接法：髂前上棘点（is. a）至胫骨上点（ti）的直线距离减去 40mm，用圆杆直脚规测量。

2）间接法：大腿长=（髂前上棘点高-胫骨上点高）$\times\left(1-\frac{7}{100}\right)$

由于大腿顶端难以找到确定的测点，故不易进行精确的测量；股骨头顶端虽是一个较好的起点，但探觅困难。目前常用髂前上棘点或耻骨联合点至地面的垂直距离减去胫骨上点高，加上或减去一个常数以求得大腿长的近似值。

5. 小腿长

1）直接法：胫骨上点（ti）至内踝下点（sph）的直线距离，用圆杆直脚规测量。

2）间接法：胫骨上点高减去内踝下点高。

6. 足长（pte-ap） 足跟点（pte）至趾尖点（ap）的最大直线距离，用直脚规测量。测量时，令被测对象端坐在座椅上，伸出右足，踩在测骨盘中，足跟紧靠测骨盘的横壁，足底平贴于玻璃板上，足的外侧缘紧靠纵壁，注意使足的纵轴与纵壁平行，然后用角板抵靠在趾尖点上，测出足跟点与趾尖点之间的直线距离。

7. 足宽（mt.t-mt.f） 胫侧跖骨点（mt.t）至腓侧跖骨点（mt.f）的直线距离，用测骨盘或直脚规测量。测量时，足的位置应与测足长时相同。角板抵靠在足的胫侧跖骨点（或腓侧跖骨点）上，即可测得足宽，左、右足均应测量。

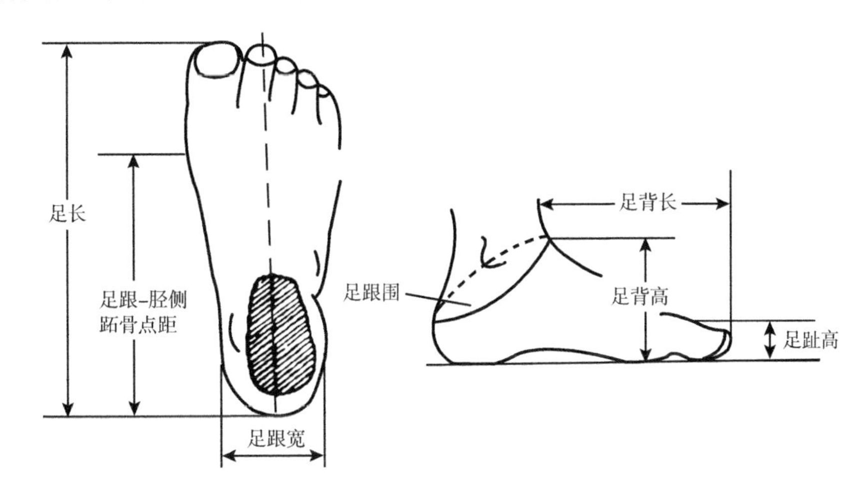

图 2-21　足的测量指标（席焕久和陈昭，2010）

（六）围度测量（图 2-22～图 2-24）

1. 头水平围/头围　左手将软尺的零点置于眉间点（g）上，右手将软尺从头的左侧绕经头后点（op），然后转向头的右侧回至眉间点。软尺应紧贴皮肤，有头发的部分应稍压紧，女性须散开发辫。

2. 颈围Ⅰ　在喉结下方的颈部水平围长，用软尺测量。

3. 平静胸围　平静呼吸时，经乳头点（th）的胸部水平围长，用软尺测量。如果女性被测对象的乳房很大或下垂，则测量时可把软尺放得高一些，以免影响测量值。

4. 吸气胸围　被测对象处于正常姿势，测深吸气（吸至不能再吸）时的胸围。吸气胸围也称为最大胸围。

5. 呼气胸围　常在测量吸气时胸围后进行，软尺位置不变，测深呼气（呼至不能再呼）时的胸围。被测对象的肩部不可过于向前倾斜。

6. 腰围　经脐部中心的水平围长，用软尺测量。在呼气末、吸气未开始时测量。有时也会在肋骨弓和髂嵴之间，测量腰部最细处的水平围长，称为最小腰围。

7. 腹围　经髂嵴点（ic）的腹部水平围长，用软尺测量。在呼气末、吸气未开始时测量。

8. 臀围　臀部向后最突出部位的水平围长，用软尺测量。

9. 上臂围　上肢自然下垂，肌肉放松，在肱二头肌最突出部测得的上臂水平围长，用软尺测量。

10. 上臂最大围　握拳，用力屈肘，使肱二头肌做最大收缩，肱二头肌最膨隆部的围长，用软尺测量。

11. 前臂围/前臂最大围　上肢自然下垂时，在肘关节稍下方、前臂最粗处的水平围长，用软尺测量。测量时不可握拳。

12. 大腿围/大腿最大围 大腿内侧肌肉最膨隆处的水平围长。被测对象两腿分开，两足相距 5～10cm，用软尺测量。

13. 小腿围/小腿最大围/腿肚围 小腿最膨隆处的水平围长。被测对象站立，用软尺测量。

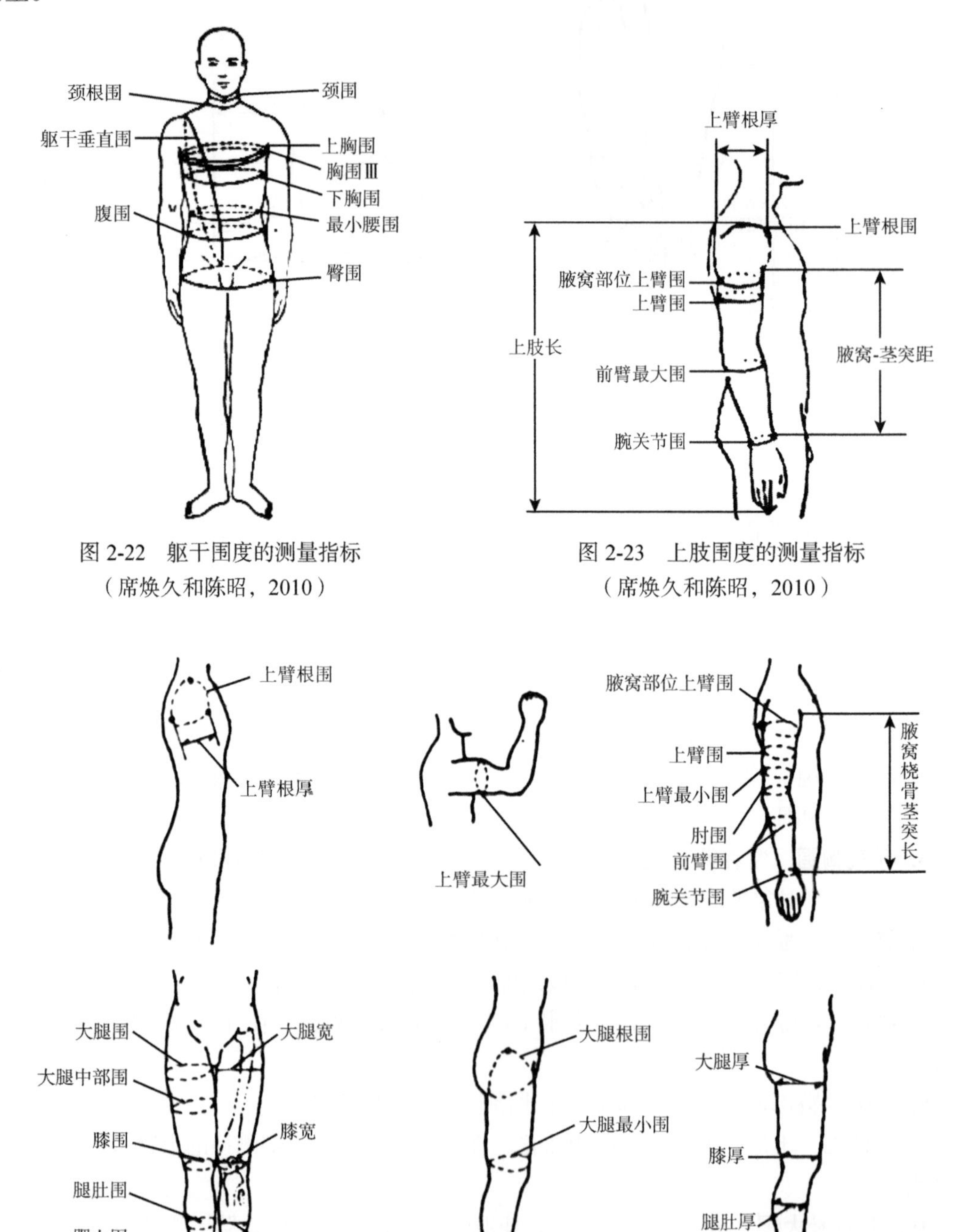

图 2-22 躯干围度的测量指标
（席焕久和陈昭，2010）

图 2-23 上肢围度的测量指标
（席焕久和陈昭，2010）

图 2-24 四肢围度的测量指标（席焕久和陈昭，2010）

（七）指距与体重测量

1. 指距/两臂展开宽　两上肢向左、右做水平向伸展时，左、右中指指尖点之间的直线距离，用人体测高仪测量。

测量时，先将人体测高仪横置于被测对象的背后，测量者用左手帮助被测对象的右中指尖端接触固定尺座的 0 刻度线，右手帮助被测对象的左中指尖端接触活动尺座的下缘，被测对象两臂向左、右水平向伸展至不可再伸为止。注意不使被测对象的右中指尖端离开 0 刻度线，然后取下人体测高仪，在活动尺座上缘读出测量值。

指距也可在墙上测量，测量方法：先将软尺或长 2m 的木尺安置在墙上，令被测对象背部靠墙，将一手的中指尖端置于尺的 0 刻度处，另一手的中指水平向外侧伸展至最大限度，两端的距离即为被测对象的指距。此法宜在室内进行，而前法可在野外进行体质调查时使用。

2. 体重　体重是研究身体发育状况、体质强弱与健康水平等问题的重要指标。具体测量见本章第二节。

（八）皮褶厚度测量

皮褶厚度可在颈、胸、腹、背、四肢等部位测量，具体部位应根据研究目的确定，左右侧的选择也要根据需要确定，但往往从优势侧获得的测量值比对侧大。一般常选右侧。

1. 面颊皮褶　测量者站于被调查对象的斜前方，左手拇指固定于被测对象的嘴角外侧，示指对着耳垂，用拇指和示指夹起此部位的面颊，右手握皮褶厚度计测量面颊皮褶。数据记录至刻度最近的 0.1cm。

2. 肱三头肌皮褶　测量定位是在臂后面中线、肱三头肌表面，在肩胛骨肩峰与尺骨鹰嘴下端之间的中点。定位时，令肘屈曲 90°，用软尺测量，0 刻度置肩峰点，沿臂向下伸展达肘，取其中点，在臂的外侧做好标记。

除婴儿和残疾者外，被测对象应站立，测量侧的臂自然下垂。测量者右手握皮褶厚度计，站在被测对象的背侧，用左拇指和示指夹起肱三头肌皮褶，近标志水平的 1cm 处。对于肥胖者，必要时用两手夹起皮褶，但测量值要比一手夹起皮褶时大。

肱三头肌皮褶厚度的应用比其他部位更普遍，这可能是因为该部位更容易测量。该皮褶厚度与体脂的比例和体脂总量密切相关，但与血压相关程度不如躯干部位的皮褶厚度，常用于脂肪分布类型的研究。

3. 肱二头肌皮褶　测量定位是在臂的前面、肱二头肌肌腹上，皮褶呈垂直位。具体测量点在肱二头肌臂围水平面上方 1cm、与肩峰前缘和肘前筋膜中心连线的相交处。被测对象站立，面向测量者，上肢屈曲，手掌向前。皮褶厚度计的测臂对向标志的水平线，数据记录至刻度最近的 0.1cm。

肱二头肌皮褶用于测量臂前面的皮下脂肪和皮褶厚度，与其他皮褶测量指标一起成为体脂总量的有用指标。它与肱三头肌皮褶一起，可以计算在测量水平高度上横断的“骨与肌肉”。对于肥胖者这项测量指标很有用，因为其他部位的皮褶难以测量。

4. 肩胛下皮褶 在肩胛下角，被测对象自然站立，上肢放松，置于躯干两侧。定位时，测量者要触摸肩胛骨，手指向下向外，沿着肩胛骨脊柱缘直达肩胛下角。在肩胛下角下方皮肤自然纹理上，向外下方倾斜与水平面成近 45° 角，夹起肩胛下皮褶。对某些测量对象，特别是肥胖者，可轻轻把手臂放在背后，以触摸肩胛下角，皮褶厚度计两测臂夹住用大拇指和示指夹起的呈下外方向的皮褶，钳夹部位距拇指 1cm，记录皮褶厚度，数据记录至刻度最近的 0.1cm。该测量值用于评价营养状态，或与其他皮褶厚度结合，以预测体脂总量和血脂水平。

5. 髂嵴上皮褶 该皮褶在腋中线接髂嵴上方。被测对象双足并拢直立，双臂下垂于躯干两侧，必要时臂可轻度外展，以方便测量。对于不能站立者，可取仰卧位。夹起皮褶，向后方恰达腋中线，顺着皮肤自然纹理，皮褶呈下内方向与水平方向成 45° 角。记录至刻度最近的 0.1cm。

该测量值常与其他皮褶厚度一起作为体脂的指标，对皮下组织脂肪分布的研究很重要，尤其对某些疾病的危险因素探讨。

6. 髂前上棘皮褶 取髂前上棘上方，皮褶方向向下偏内 45° 角。数据记录至刻度最近的 0.1cm。

7. 小腿内侧皮褶 可采用两种体位。坐位：被测对象膝屈曲成 90° ，足部离开地面。站立位：足置于平台上或箱子上，使膝、髋两关节分别屈曲成 90° 。在小腿内侧标出最大小腿围度的水平位置，在被测对象小腿最大围标志的水平线上于小腿内侧面夹起皮褶，使其与小腿长轴平行。测皮褶厚度，记录至刻度最近的 0.1cm。

该部位皮褶厚度对预测体脂总量和评价脂肪分布类型具有重要意义。

三、体部主要指数和分型

（一）体部指数的基本类型

1. 标准指数 在体部测量中，可采用两种以上的测量值组成各种不同的指数，以表示身体各部分的比例和形状特征。

$$\text{标准指数 a}=\frac{\text{身体各部任何测量值}}{\text{身高}}\times 100$$

$$\text{标准指数 b}=\frac{\text{身体各部任何测量值}}{\text{躯干高}}\times 100$$

为了比较，身体各部任何一项测量值均可分别与身高或躯干高组成比例，故上述两项指数被称为标准指数。

2. 全肢–肢段长度指数

$$\text{全肢–肢段长度指数}=\frac{\text{肢段长}}{\text{全肢长}}\times 100$$

（二）体部指数与分型

1. 上、前臂长度指数

$$上、前臂长度指数=\frac{前臂长}{上臂长}\times 100$$

2. 前臂手长指数

$$前臂手长指数=\frac{手长}{前臂长}\times 100$$

3. 手长宽指数

$$手长宽指数=\frac{手宽}{手长}\times 100$$

4. 大小腿长度指数

$$大小腿长度指数=\frac{小腿长}{大腿长}\times 100$$

5. 小腿足长指数

$$小腿足长指数=\frac{足长}{小腿长}\times 100$$

6. 足长宽指数

$$足长宽指数=\frac{足宽}{足长}\times 100$$

7. 上下肢长度指数Ⅰ

$$上下肢长度指数\mathrm{I}=\frac{上肢全长}{下肢全长}\times 100$$

8. 上下肢长度指数Ⅱ

$$上下肢长度指数\mathrm{II}=\frac{全臂长}{全腿长}\times 100$$

9. 大腿上臂长度指数

$$大腿上臂长度指数=\frac{上臂长}{大腿长}\times 100$$

10. 小腿前臂长度指数

$$小腿前臂长度指数=\frac{前臂长}{小腿长}\times 100$$

11. 上臂长围指数

$$上臂长围指数=\frac{上臂最大围}{上臂长}\times 100$$

12. 前臂长围指数

$$前臂长围指数=\frac{前臂围}{前臂长}\times 100$$

13. 臂围度指数

$$臂围度指数=\frac{上臂最大围}{前臂围}\times 100$$

14. 前臂围度指数

$$前臂围度指数=\frac{前臂最小围}{前臂围}\times 100$$

15. 大腿长围度指数

$$大腿长围度指数=\frac{大腿围}{大腿长}\times 100$$

16. 小腿长围度指数

$$小腿长围度指数=\frac{小腿围}{小腿长}\times 100$$

17. 大小腿围度指数

$$大小腿围度指数=\frac{小腿围}{大腿围}\times 100$$

18. 小腿围度指数

$$小腿围度指数=\frac{小腿最小围}{小腿围}\times 100$$

19. 胸廓呼吸幅度指数

$$胸廓呼吸幅度指数=\frac{呼气时胸围}{吸气时胸围}\times 100$$

20. 马氏（Manouvrier）躯干腿长指数

$$马氏躯干腿长指数=\frac{身高-坐高}{坐高}\times 100$$

马氏躯干腿长指数分型见表 2-11。

表 2-11　马氏躯干腿长指数分型

型别	指数
超短腿型	≤74.9
短腿型	75.0～79.9
亚短腿型	80.0～84.9
中腿型	85.0～89.9
亚长腿型	90.0～94.9
长腿型	95.0～99.9
超长腿型	≥100.0

21. 李氏（Livi）体重指数

$$李氏体重指数=\frac{\sqrt[3]{体重(kg)}}{身高(cm)}\times 1000$$

本指数用于判断体格充实度和营养状况。

22. 罗氏（Rohrer）指数

$$罗氏指数=\frac{体重(kg)}{[身高(cm)]^3}\times 10^7$$

本指数反映肌肉、骨骼、内脏器官和组织的发育状况，以及人体充实度和营养状况。

23. 体质指数

$$体质指数=身高（cm）-[吸气胸围（cm）+体重（kg）]$$

体质指数分型见表 2-12。

表 2-12　体质指数分型

型别	指数
很强	≤10
强	11～15
好	16～20
尚可（中等）	21～25
弱	26～30
很弱	31～35
坏	≥36

注：以上统计数据来自欧洲人的体质调查，这种分型对于中国人的体质并不适合。我国的体质指数尚待调查和分析。

24. 艾里斯曼（Erismann）身高胸围指数

$$艾里斯曼身高胸围指数=\frac{身高(cm)}{2}-胸围（cm）$$

本指数用于评价胸部和上体发育程度。

25. 体型指数

$$体型指数=\frac{胸围+腹围}{身高}\times 100$$

本指数为波尔（Pearl）首先创用，由身高、胸围和腹围 3 项测量值组成。

26. 下身长坐高指数

$$下身长坐高指数=\frac{坐高}{身高-坐高}\times 100$$

本指数反映上下身长比例，说明体型特点。

27. 身高胸围指数

$$身高胸围指数=\frac{胸围}{身高}\times 100$$

本指数反映胸廓发育水平。身高胸围指数分型见表 2-13。

表 2-13 身高胸围指数分型

型别	指数
窄胸型	≤50
中胸型	51～55
宽胸型	≥56

28. 身高肩宽指数

$$身高肩宽指数=\frac{肩宽}{身高}\times 100$$

本指数反映肩部发育的水平。身高肩宽指数分型见表 2-14。

表 2-14 身高肩宽指数分型

型别	指数	
	男性	女性
窄肩型	≤21.9	≤21.4
中肩型	22.0～23.0	21.5～22.5
宽肩型	≥23.1	≥22.6

29. 身高骨盆宽指数

$$身高骨盆宽指数=\frac{骨盆宽}{身高}\times 100$$

本指数反映盆腔器官发育的水平。身高骨盆宽指数分型见表 2-15。

表 2-15 身高骨盆宽指数分型

型别	指数	
	男性	女性
窄骨盆型	≤16.4	≤17.4
中骨盆型	16.5～17.5	17.5～18.5
宽骨盆型	≥17.6	≥18.6

30. 身高坐高指数

$$身高坐高指数=\frac{坐高}{身高}\times 100$$

本指数表示坐高占身高的比例，反映人体躯干的长短。身高坐高指数分型见表 2-16。

表 2-16 身高坐高指数分型

型别	指数	
	男性	女性
短躯干型	≤50.9	≤51.9
中躯干型	51.0～53.0	52.0～54.0
长躯干型	≥53.1	≥54.1

31. 肩宽骨盆宽指数

$$肩宽骨盆宽指数=\frac{骨盆宽}{肩宽}\times 100$$

本指数反映肩轴与盆轴的比例关系，表示不同性别、年龄的人的体型差异。

32. 身高体重指数

$$身高体重指数=\frac{体重(kg)}{身高(cm)}\times 1000$$

本指数表示 1cm 身高所对应的体重，作为相对体重或等长体重反映人体的围度、宽度、厚度和组织密度。

33. 维尔维克（Vervaeck）指数

维尔维克指数=[体重（kg）+胸围（cm）]×100/身高（cm）

本指数反映人体的长度、围度、厚度和密度，其还与心肺功能密切相关，也反映营养水平。

34. 勃洛克（Broca）指数

勃洛克指数=体重（kg）–[身高（cm）–100]

本指数反映人体结实程度。

35. 培利迪西（Pelidisi）指数

$$培利迪西指数=\frac{\sqrt[3]{10\times 体重(kg)}}{坐高(cm)}\times 1000$$

营养的吸收与小肠绒毛面积有关，而小肠绒毛面积又与坐高（躯干长短）有关，用于判断人体营养情况。

36. 身体质量指数

$$身体质量指数=\frac{体重(kg)}{[身高(m)]^2}$$

身体质量指数（BMI）又称体重指数，或卡甫（Caup）指数，常用于对个体超重、肥胖程度的评定，也可用于对族群超重、肥胖的筛查。世界卫生组织制定了世界各个人群用身体质量指数评价超重、肥胖的标准：当 BMI 在 25.0～29.9kg/m^2 时为超重，BMI≥30kg/m^2 时为肥胖（Report of a WHO Consultation，2000）。2000 年亚洲国家学者建议亚洲人群以 BMI 在 23.0～24.9kg/m^2 时为超重，BMI≥25kg/m^2 时为肥胖。中国学术界也推荐用以下标准来评价中国成年人：BMI＜18.5kg/m^2 时为体重过低，BMI 在 18.5～23.9kg/m^2 时为体重正常，BMI 在 24.0～27.9kg/m^2 时为超重，BMI≥28kg/m^2 时为肥胖（中国肥胖问题工作组数据汇总分析协作组，2002）。

第五节 关节活动度测量

关节活动度又称关节活动范围，是指关节活动时可达到的最大运动弧。关节活动度是判定关节状况与关节功能的指标之一。关节活动有主动与被动之分，关节活动范围分为主动活动范围和被动活动范围。主动的关节活动范围是指作用于关节的肌肉随意收缩使关节运动时所通过的运动弧；被动的关节活动范围是指借助外力使关节运动时所通过的运动弧。

一、测量姿势及要求

（一）测量姿势

测量关节活动度时，被调查对象应取最适宜的身体姿势，以保证测量数据正确。测量姿势可分为立位、坐位、仰卧位、俯卧位等，根据测量部位的不同选择不同的测量姿势。例如，测量下肢的关节活动度，身体姿势可取坐位、仰卧位或俯卧位，但不取立位；测量脊柱的活动度，身体姿势可取坐位或立位，但不取卧位。

（二）0°开始位置

除测量旋转活动（旋转活动是从特殊中间位置开始测量）和颞下颌关节活动外，人体标准解剖学姿势是测量一切关节活动度的0°开始位置（图2-25）。

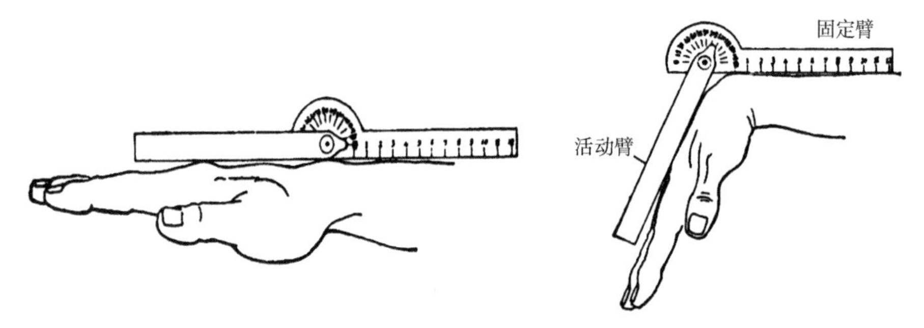

图2-25 0°开始位置和活动完成位置（席焕久和陈昭，2010）

1. 标准姿势 人体标准解剖学姿势（AP）是身体直立，面向前，两眼平视前方，两足并拢，足尖向前，上肢下垂于躯干的两侧，掌心向前。描述人体任何结构时，均应以此姿势为标准，见图2-26。人体的方位与切面见图2-27。

2. 中间位置 为一个0°解剖位置。在此位置，关节如同处于休止状态的钟摆，能在同一平面上向两个不同方向活动。例如，肩关节可从0°解剖位置起始，进行屈或伸的活动。在人体各部位的关节活动中，0°开始位置为中间位置的有：①肩关节做屈伸或内收与外展活动时；②腕关节做屈伸或内收与外展活动时；③掌指关节做屈伸或内收与外展活动时；④髋关节做屈伸或内收与外展活动时；⑤踝关节做跖屈与背屈活动时；⑥跖趾关节做屈伸活动时；⑦脊柱颈段做屈伸或侧屈活动时；⑧脊柱胸段和脊柱腰段做屈伸或侧屈活动时。

3. 全伸直位 关节仅能循一个方向活动的0°解剖位置。例如，肘关节在全伸直位中仅能做屈肘活动。在人体的关节活动中，0°开始位置为全伸直位的关节有肘关节、指间关节、膝关节、趾间关节（图2-28、图2-29）。

4. 特殊中间位置 为测量髋部和肩部的旋内和旋外及测量前臂的旋前和旋后的各种0°开始位置。如进行前臂旋前的测量，0°开始位置为上臂内收，屈肘成90°，肘部紧靠体侧，手掌朝向内侧，这就是一个特殊中间位置。

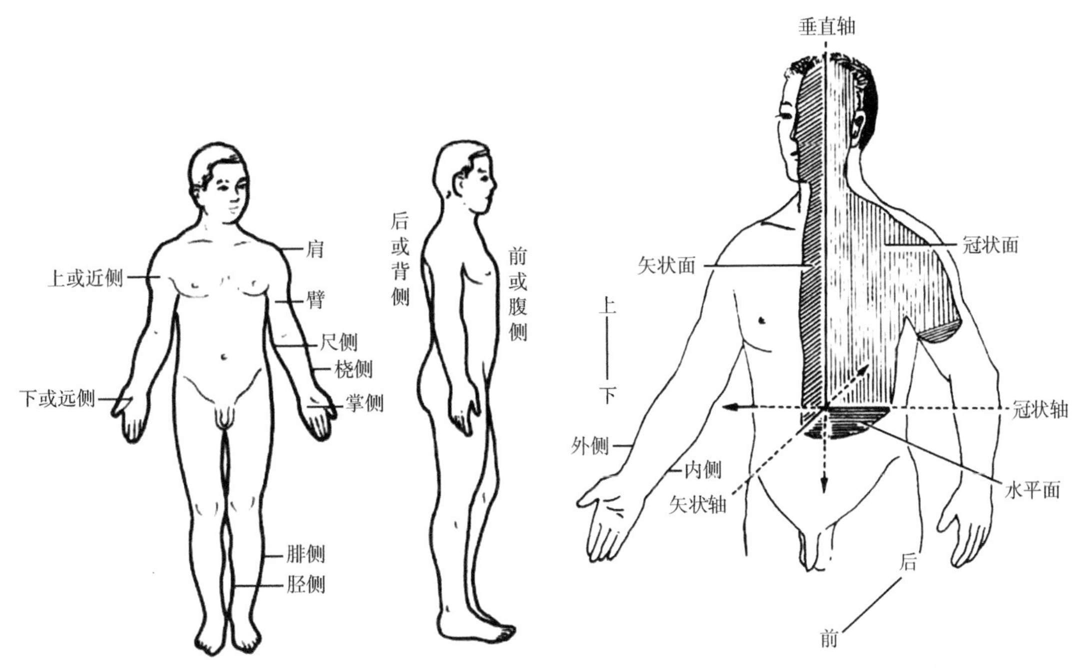

图 2-26　人体标准解剖学姿势（钟世镇，2003）

图 2-27　人体的方位与切面（于频，1978）

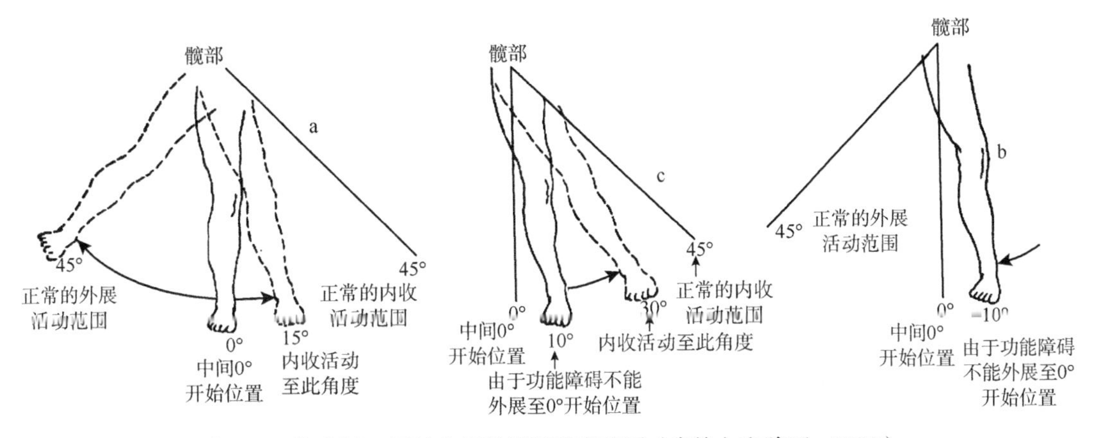

图 2-28　从中间 0°开始位置计算活动度范围（席焕久和陈昭，2010）

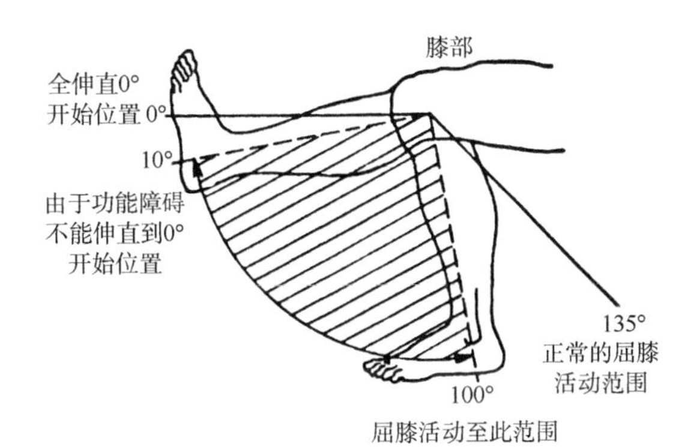

图 2-29　从全伸直 0°开始位置计算活动角度（席焕久和陈昭，2010）

（三）关节活动

1. 主动活动 无须借助外力，仅由被调查对象本身的肌肉运动所完成的动作。

2. 被动活动 所测关节周围的肌肉无主动收缩能力，全靠外力才能活动的关节动作。

3. 关节活动相关术语

（1）屈伸是指关节沿冠状轴进行的运动。

（2）内收和外展是指关节沿矢状轴进行的运动。

例如，人体标准解剖学姿势时，前臂向上臂靠拢为屈，离开为伸，手臂向躯干靠拢为内收，离开为外展，下肢也如此。

（四）正确测量关节活动度的规则

（1）应注意被调查对象正常肢体关节活动与异常肢体关节活动的差别，必须采用正常肢体关节活动度作为标准数据。

（2）应注意不同体质条件和不同年龄组的个体间，正常关节活动度会有一定的差异，关节活动度（如脊柱活动度）的比较研究应在体质条件相似和同一年龄组的个体中进行。

（3）应检查关节周围软组织结构有无异常情况，如关节无力、关节挛缩等。软组织如有病变，应在表格中记录并说明病变发生的时间。

（4）测量操作要轻柔，以便提高关节活动度测量的精确性。

（5）可以观察到骨性标志的部位，应以骨性标志为依据并使用关节活动度测规测量。

（6）某些不能用关节活动度测规测量的部位，其关节活动度需用卷尺测量，而有些关节活动度则可考虑采用估计的方法。

（五）使用关节活动度测规的注意事项

（1）先确定适当的骨性标志，然后将测规的两臂拉开，使活动臂的箭头指向角度刻度盘（量角器）上180°的位置，此时两臂即连成一直线；将测规置于最适当的测量部位，使测规的枢轴自然落入关节活动轴的位置。

（2）0°开始位置一般为0°。在大多数关节活动度的测量中，当关节处于0°开始位置时，测规活动臂的箭头恰好指向角度刻度盘（量角器）上0°的位置。但在某些关节（如踝关节）活动度的测量中，关节处于0°开始位置时，测规活动臂的箭头指向角度刻度盘上 90°的位置，此时，应将90°作为0°，关节活动度按实际测得的角度换算。

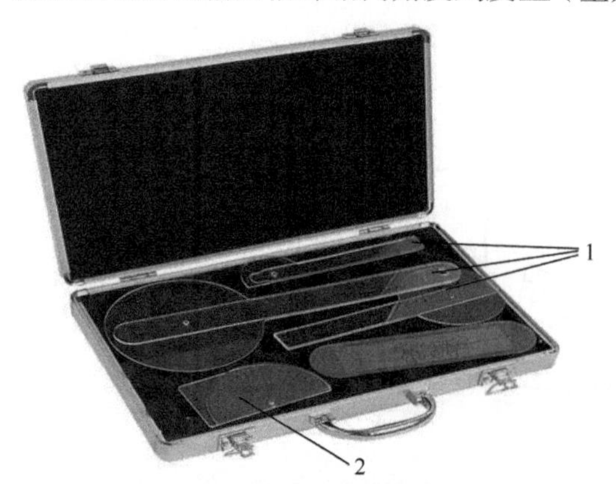

图 2-30 关节活动度测量仪器

二、测量仪器

关节活动度测量仪器为关节测量尺，如图 2-30 所示。测量关节活动范围用图中标示 1 的测规，测量关节外侧角用图中标示 2 的测规。

三、关节活动度测量

（一）颈部关节活动度测量（表 2-17）

表 2-17　颈部关节活动度测量

关节部位	活动类别	身体姿势	0°开始位置	测量工具	测量方法		参考图
					固定臂	活动臂	
颈部	弯曲	坐姿	头、颈部处于 AP	关节活动度测规	沿躯干腋中线	置于乳突上	图 2-31
	伸展						图 2-32
	侧屈	坐姿，两臂向左右水平外展			沿躯干后正中线	置于枕外隆突（枢轴置于第 4、5 颈椎平面）上	图 2-33

注：躯干腋中线——腋窝正中向下的垂直线；躯干后正中线——沿身体后面正中线所作的垂直线；乳突——头部两侧颞骨上的锥形突起；枕外隆突——位于枕部，为枕骨向后最突出的隆起。

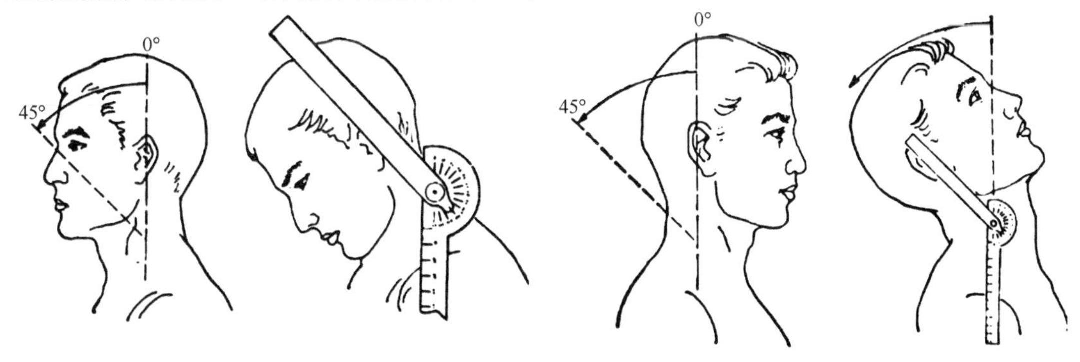

图 2-31　颈部弯曲活动度测量（席焕久和陈昭，2010）

图 2-32　颈部伸展活动度测量（席焕久和陈昭，2010）

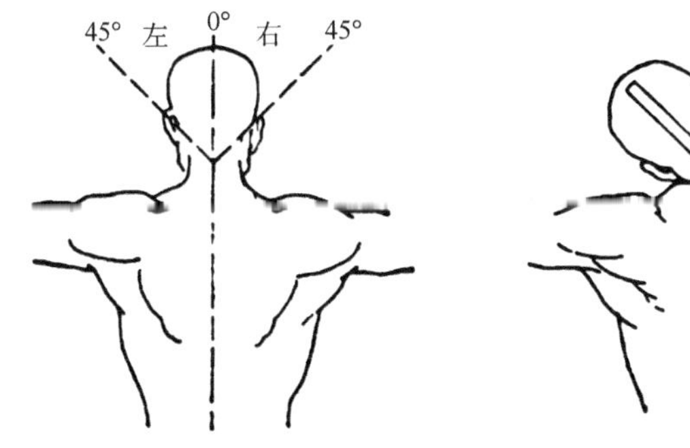

图 2-33　颈部侧屈活动度测量（席焕久和陈昭，2010）

（二）肩关节活动度测量（表 2-18）

表 2-18　肩关节活动度测量

关节部位	活动类别	身体姿势	0°开始位置	测量工具	测量方法		参考图
					固定臂	活动臂	
肩关节	屈曲	立姿或坐姿，肘部伸直，前臂放松	肩关节处于 AP	关节活动度测规	沿躯干腋中线	沿肱骨外侧面中线	图 2-34
	伸展						图 2-35
	外展				置于身体外侧缘并与脊柱平行	沿肱骨后面中线	图 2-36
	内收				置肱骨于 AP 且与躯体正中矢状面平行	沿肱骨前面中线	图 2-37

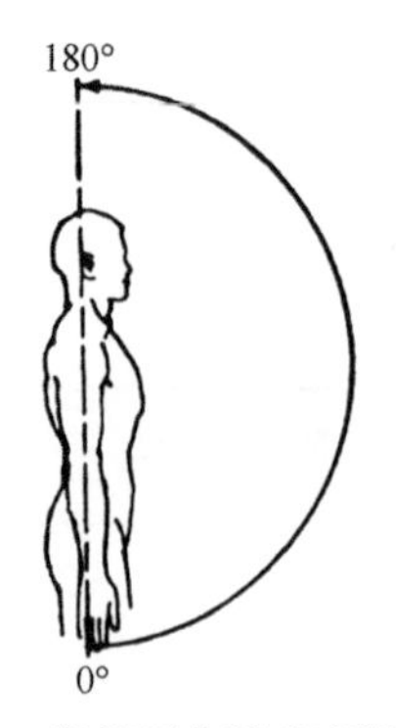

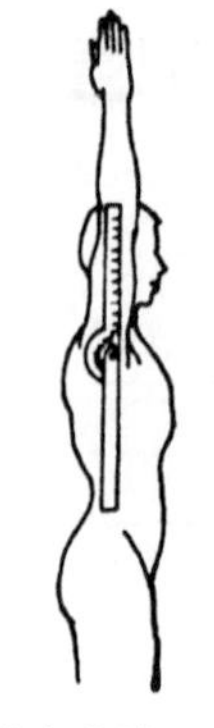

图 2-34 肩部屈曲活动度测量(席焕久和陈昭, 2010)

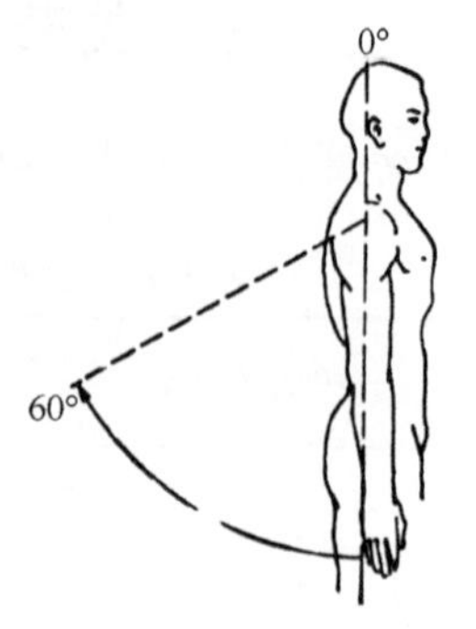

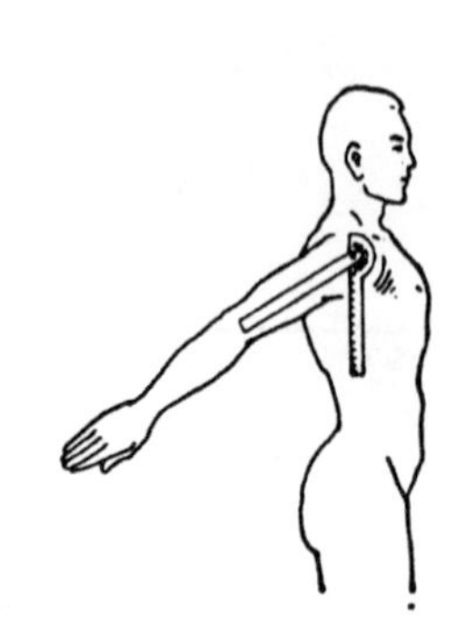

图 2-35 肩部伸展活动度测量(席焕久和陈昭, 2010)

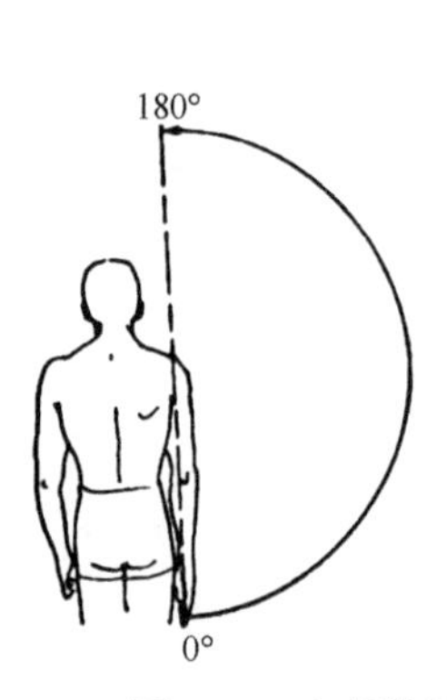

图 2-36 肩部外展活动度测量（席焕久和陈昭，2010）

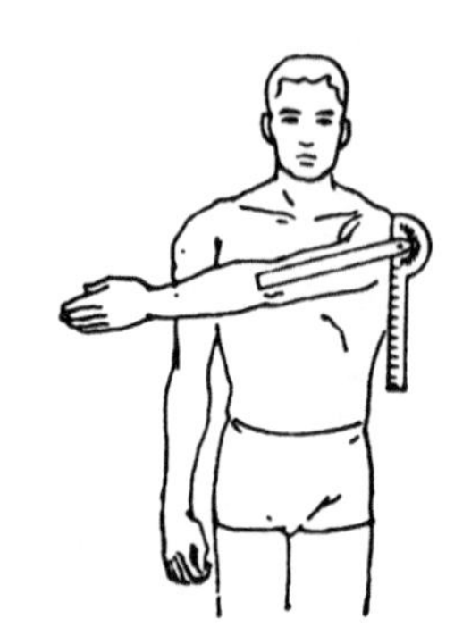

图 2-37 肩部内收活动度测量（席焕久和陈昭，2010）

（三）肘关节活动度测量（表 2-19）

表 2-19 肘关节活动度测量

关节部位	活动类别	身体姿势	0°开始位置	测量工具	测量方法		参考图
					固定臂	活动臂	
肘关节	由伸至屈	立姿或坐姿，上臂处于AP，前臂处于旋后和旋前的中间位	肘部处于 AP	关节活动度测规	沿肱骨外侧面中线	沿前臂背面中线	图 2-38

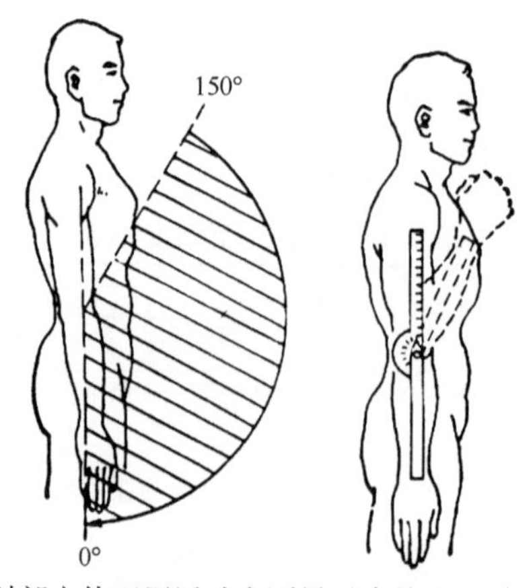

图 2-38 肘部由伸至屈活动度测量（席焕久和陈昭，2010）

（四）腕关节活动度测量（表 2-20）

表 2-20　腕关节活动度测量

关节部位	活动类别	身体姿势	0°开始位置	测量工具	测量方法		参考图
					固定臂	活动臂	
腕关节	屈曲	坐姿，屈肘，前臂处于旋前位，手指放松	腕部处于 AP	关节活动度测规	沿前臂背侧面中线	沿第 3 掌骨背面中线	图 2-39
	伸展				沿前臂腹侧面中线	置于第 3 掌骨掌侧面中线上	图 2-40
	桡屈 尺屈	坐姿，屈肘，前臂处于旋前位，前臂和手置于同一水平位			沿前臂背侧面中线	置于第 3 掌骨背侧面中线上	图 2-41 图 2-42

注：掌骨共 5 块，由桡侧向尺侧依次为第 1～5 掌骨。

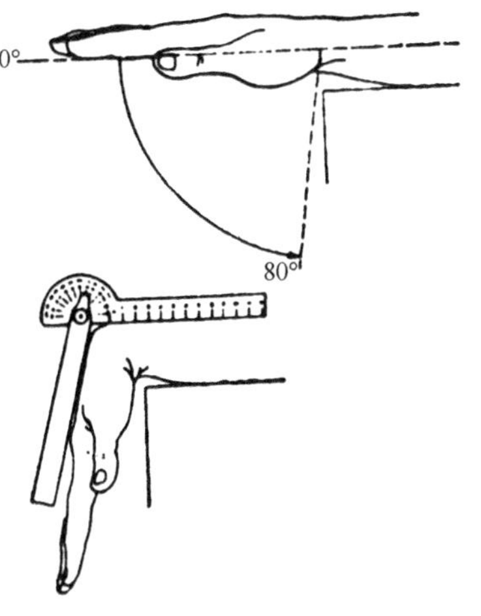

图 2-39　腕部屈曲活动度测量
（席焕久和陈昭，2010）

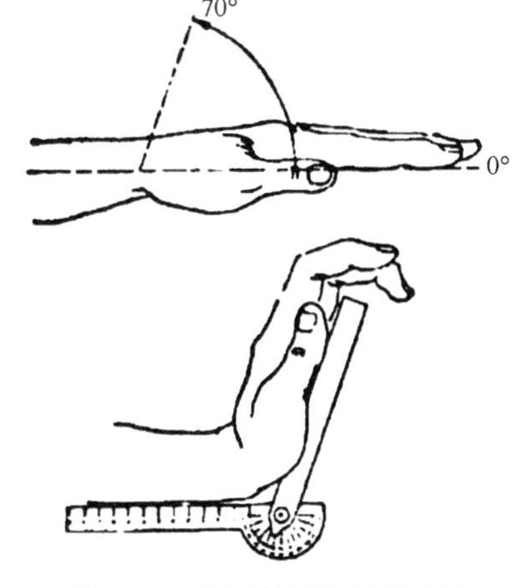

图 2-40　腕部伸展活动度测量
（席焕久和陈昭，2010）

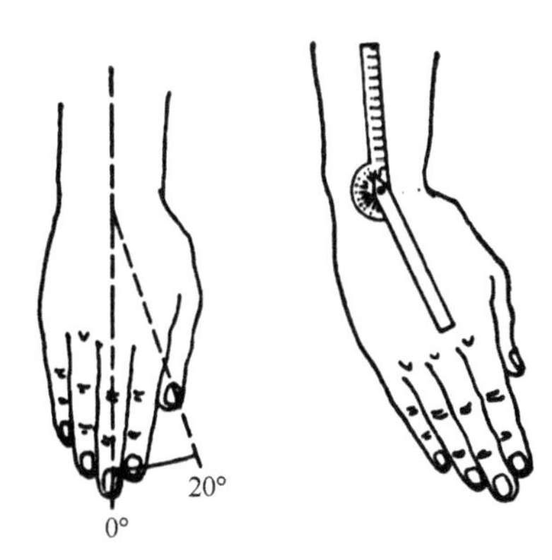

图 2-41　腕部桡屈活动度测量
（席焕久和陈昭，2010）

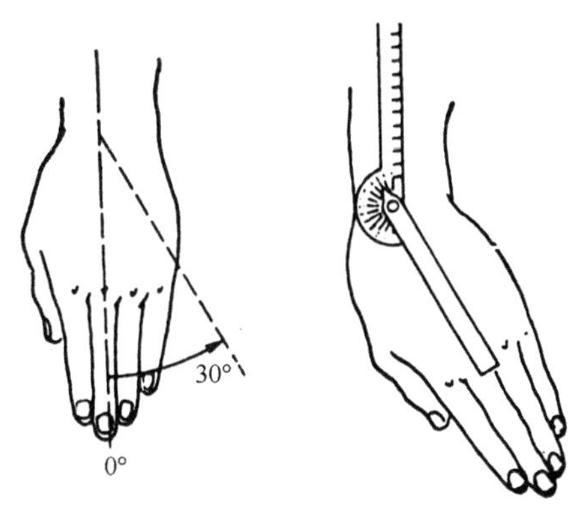

图 2-42　腕部尺屈活动度测量
（席焕久和陈昭，2010）

（五）髋关节活动度测量（表 2-21）

表 2-21 髋关节活动度测量

关节部位	活动类别	身体姿势	0°开始位置	测量工具	测量方法		参考图
					固定臂	活动臂	
髋关节	弯曲	仰卧，一侧髋关节和膝关节保持完全弯曲姿势，背部靠床面	另一侧髋关节处于 AP	关节活动度测规	与躯干长轴平行	置于股部外侧面中线上	图 2-43
	伸展	俯卧	髋关节处于 AP，小腿置于 0°位				图 2-44
	外展	仰卧，下肢与髂前上棘连线垂直	髋关节处于 AP		与髂前上棘连线平行	置于股部前面中线上	图 2-45
	内收	仰卧，下肢与髂前上棘连线垂直。助手扶持被调查对象的一侧下肢，使其微屈，让另一侧下肢内收	下肢处于 AP				图 2-46

注：髂嵴的前端为髂前上棘——平卧位，经脐画水平线与正中线相交，以脐为起点向外下侧画一角平分线，在此平分线上向外下侧连续两次移放四横指，最后拇指指腹触之坚硬处即为髂前上棘。一般用髂骨上缘的髂嵴来定位髂前上棘。

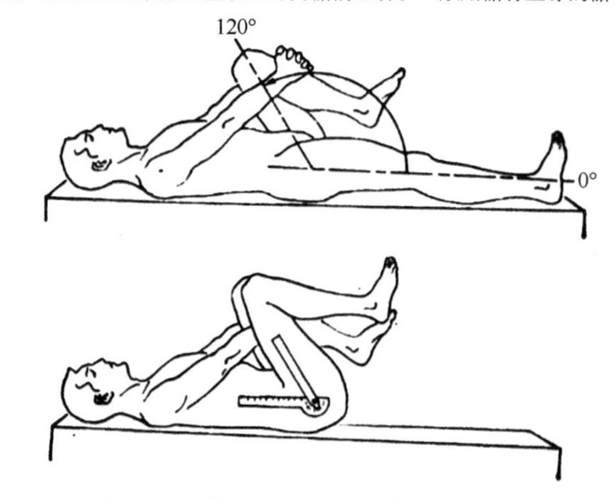

图 2-43 髋关节弯曲活动度测量（席焕久和陈昭，2010）

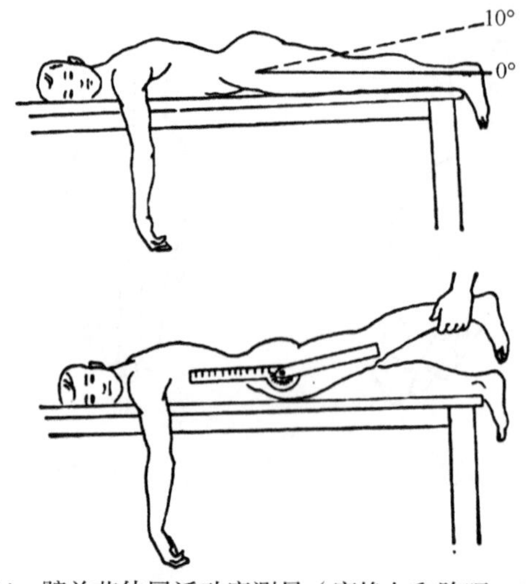

图 2-44 髋关节伸展活动度测量（席焕久和陈昭，2010）

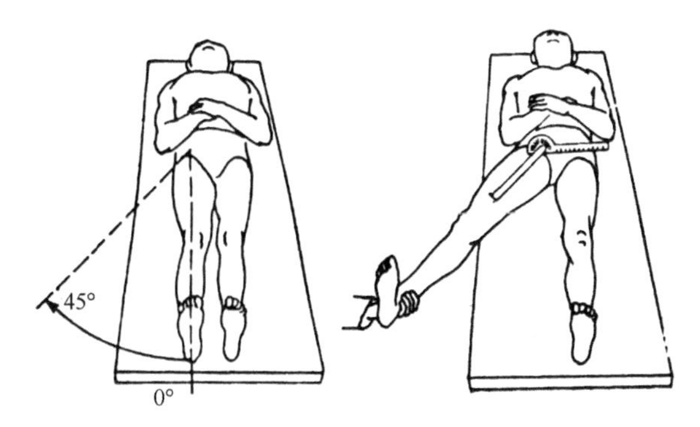

图 2-45　髋关节外展活动度测量（席焕久和陈昭，2010）

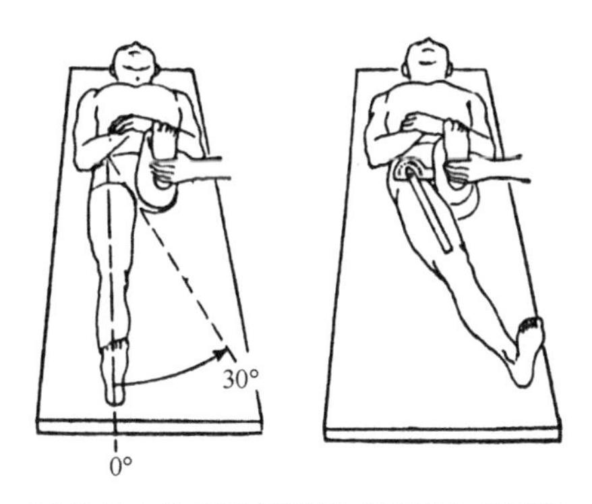

图 2-46　髋关节内收活动度测量（席焕久和陈昭，2010）

（六）膝关节活动度测量（表 2-22）

表 2-22　膝关节活动度测量

关节部位	活动类别	身体姿势	0°开始位置	测量工具	测量方法		参考图
					固定臂	活动臂	
膝关节	由伸至屈	仰卧，下肢处于 AP（开始测量时，膝关节处于伸直位置，在膝关节弯曲至最大后测量这一活动范围）	膝关节处于 AP	关节活动度测规	与股骨外侧髁至大转子的连线平行	与腓骨头至外踝的连线平行	图 2-47

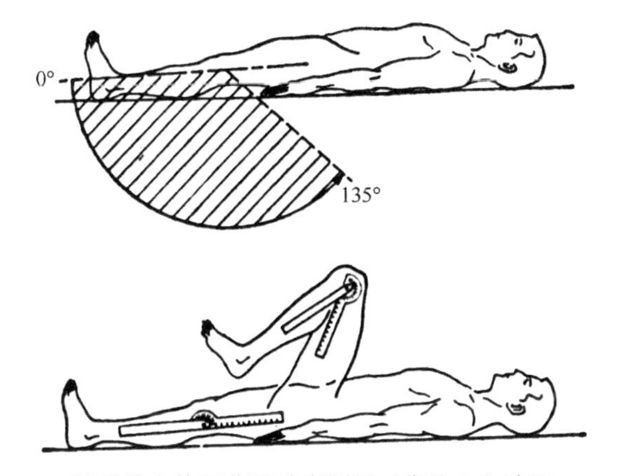

图 2-47　膝关节由伸至曲活动度测量（席焕久和陈昭，2010）

（七）踝关节活动度测量（表 2-23）

表 2-23 踝关节活动度测量

关节部位	活动类别	身体姿势	0°开始位置	测量工具	测量方法		参考图
					固定臂	活动臂	
踝关节	足背屈 足跖屈	仰卧，足跟部伸越床沿，膝部伸直	踝关节处于 AP	关节活动度测规	与腓骨头至外踝的连线平行	置于第 5 跖骨头和跟部外侧缘的连线上	图 2-48 图 2-49

注：跖骨共 5 块，由内侧向外侧依次为第 1～5 跖骨。

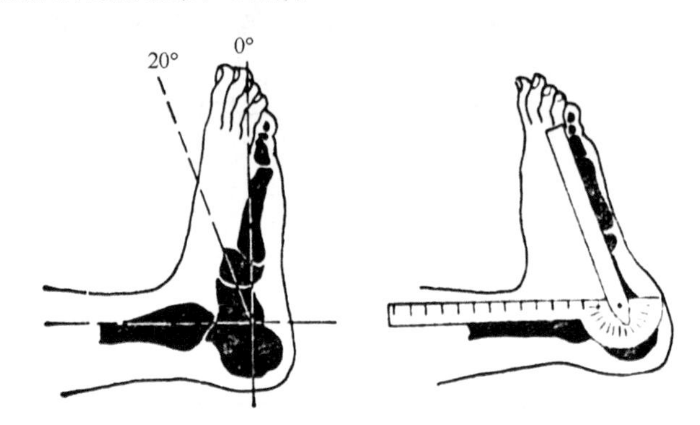

图 2-48 足背屈活动度测量（席焕久和陈昭，2010）

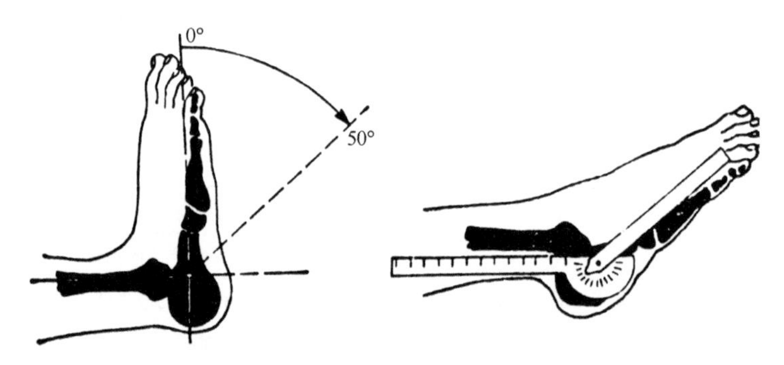

图 2-49 足跖屈活动度测量（席焕久和陈昭，2010）

第六节 肥胖及体型的评估

一、观 测 指 标

用于评估肥胖及体型的观测指标包括身高、体重、臀围、腰围、身体质量指数、标准体重、肥胖度、体脂率和内脏脂肪等级、腰臀比等。其中，身高、体重、臀围、腰围、体脂率和内脏脂肪等级由仪器直接测量获得，其他指标根据相关公式计算获得。

1. 身高 身高指从头顶点至地面的垂直距离。一般以厘米作单位，也常用米作单位。身高常用来评定生长发育和健康状况。身高受遗传、营养、运动、环境、生活习惯、种族、内分泌、性成熟早晚、远近亲婚配、医学进步等因素影响。身高的具体测量方法见本章

第二节。

2. 体重　体重指裸体或穿着薄衣称量得到的身体重量。体重是反映和衡量一个人健康状况的重要指标之一。体重过重和过轻都不利于健康。体重的具体测量方法见本章第二节。

3. 臀围　臀围指臀部向后最突出处的水平围长，用软尺测量。臀围反映髋部骨骼和肌肉的发育情况，是评价体型的重要指标之一。臀围的具体测量方法见本章第四节。

4. 腰围　腰围指经脐部中心的水平围长，用软尺测量。在呼气末、吸气未开始时测量。有时也会测量肋骨弓和髂嵴之间的腰部最细处的水平围长，即最小腰围。腰围反映了脂肪总量和脂肪分布，是评价体型的重要指标之一。腰围的具体测量方法见本章第四节。

5. 身体质量指数　身体质量指数（BMI）是国际上常用的衡量人体肥胖程度和是否健康的重要指标。BMI 是通过人体体重和身高两个数值获得的相对客观的参数，其具体计算方法是体重（kg）除以身高（m）的平方（kg/m^2）。BMI 的国际标准和中国标准详见本章第四节。

6. 标准体重计算　标准体重也是反映和衡量人体健康状况的重要指标之一，计算公式有多种，但目前适用于我国人群的标准体重算法为标准体重（kg）=身高（cm）−105。其判定标准为：标准体重正负 10%以内为正常体重，标准体重正负 10%～20%为体重偏重或偏轻，标准体重正负 20%以上为肥胖或体重不足。

7. 体脂率　体脂率（BFI）指人体内的脂肪量在体重中所占的比率。体脂率比体重更能反映身体的脂肪水平（肥胖程度）。

8. 内脏脂肪等级　内脏脂肪等级（VFI）指附着在内脏周围的脂肪，是评价是否属于隐性肥胖的重要指标。

9. 腰臀比　腰臀比指腰围与臀围的比值。这里的腰围采用的是腰节围或最小腰围，不采用过脐点的围度。腰臀比是评价是否属于向心性肥胖的重要指标。

二、测 量 仪 器

身高测量使用马丁测高仪，体重测量使用体重测量仪，臀围和腰围测量使用纤维软尺，体脂率和内脏脂肪等级测量使用体脂测量仪。

三、测 量 方 法

（一）体重、肥胖度的测量

1. 被测对象的姿势　测量时被测对象站在 KIKER PLUS GL-310 型体重、肥胖度自动测量仪的测量台上，体重落在双足上，头处于法兰克福平面，臂自由下垂于躯干两侧，掌心向内，足跟并拢，足尖分开成 60°，肩与臂靠紧垂直板。膝外翻者，膝内侧相接触但不重叠，足分开。对足跟、臀、肩胛和颅后不能同在垂直面上的被调查对象，只要臀和足跟、颅在一个垂直平面上即可。测量时应赤足，穿薄衣裤。

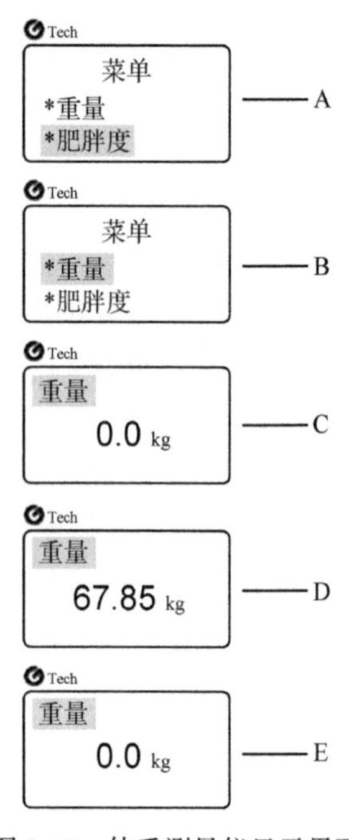

图 2-50 体重测量仪显示界面

2. 测量步骤

（1）调试仪器选项

1）体重测量菜单选择

a. 按“菜单”键，进入测量菜单选择界面。

b. 有灰底的是候选项（图 2-50A）。

c. 利用向上/向下键及男女键移动被选项。

d. 移动到“重量”候选项后（图 2-50B），按“选择”键进入待机界面。

e. 图 2-50C 是被设置为测量模式时的界面。

f. 图 2-50D 是测量当前体重时的界面。被测对象站在测量台上显示当前的体重，体重数据稳定后仪器发出 3s 提示音。

g. 被调查对象离开测量台，确认测量的体重值。

h. 被调查对象离开测量台后回到待机界面。图 2-50E 是离开测量台后显示的界面。

2）肥胖度测量菜单选择

a. 按“菜单”键，进入测量菜单选择界面。

b. 选择“肥胖度”为候选项，按“选择”键，进入待机界面。

c. 图 2-50B 是待机界面设定为“测量”时的界面。

（2）被调查对象站上测量台，并保持测量姿势。

（3）站到测量台上后，开始测量体重。

（4）按“确定”显示测量结果。

（5）3s 后，仪器自带的热敏打印机打印测量结果，测量读数以厘米为单位，并精确到 0.1cm，将打印结果粘贴在调查表上。

3. 注意事项

（1）测量时，要求被调查对象深吸气时不改变重心以维持直立姿势。

（2）不要用力拉拔电源适配器或端口、插头，或者用重物压，以免损坏仪器。

（3）不要用易挥发性油擦拭设备。

（4）不要在高压线附近或电气噪声大的场所使用设备。

（5）长时间不用的设备重新启用时，先确认产品的外观及功能，无异常后再使用。

（二）体脂率和内脏脂肪等级的测量

采用体脂测量仪测量体脂率和内脏脂肪等级。

1. 测量步骤

（1）测试前，先将测量仪放置在表面光滑平整的地面上进行调零。

（2）测量时嘱被调查对象脱去外衣、鞋子和袜子。测量体重时需减去的衣服重量应根据调查时的季节、气温及穿着衣服的多少等做相应调整。

（3）测量时，打开电源开关，按“客人”按钮，按顺序输入所需的各项内设参数值（性别、年龄、身高）。

（4）输入上述内设参数值后按“确定”按钮。此时嘱被调查对象赤足站到测量仪金属平台上，站立时确保双足后跟及前掌心正好处于金属平台的前后2个金属电极圆片上。

（5）被调查对象在平台上站稳后，双手握住手柄金属部位平举，待数值平稳后，仪器自动锁定数值，测量结束。

（6）记录测量结果。

2. 测量注意事项　体脂测量仪是在双足底与金属平台接触后，根据微电流在人体内传输过程中所遇到的生物电阻抗大小估算体内脂肪比例。测量时应双足并齐、同时接触平台，如有残疾（如断肢），将无法进行测量。此外，测量结果的准确性还取决于电极与足底的接触情况及导电性，如足底过脏或者角质层过厚，将会影响测量结果。每次测量后需用湿消毒纸清洁金属平台，然后用干纸巾擦干。如某个被调查对象因各种原因无法测量，则在调查表的相应栏目中记录“—”以代表缺失值。

第三章　形态观察表型

第一节　形态观察表型简介

在体质人类学研究中，人体的形态观察表型特征如发形、发色、肤色、虹膜颜色、颧部突出度、鼻部特征、颏类型、眼部特征、耳部特征、唇部形态等的意义越来越得到重视，因此对各种形态观察表型特征的收集也是人类学研究的关键。

头部、面部的观察指标是人的头面部形态学指标的重要组成部分。详细研究这些头骨表面软组织厚度及各种外形特征，不仅对研究形态类型有极其重要的理论意义，还会为头骨复原等工作建立可靠的科学基础。

人体观察是指按照学术界规定的方法，通过观察手段对人体的形态学特征进行评定。观察时不需要使用测量仪器，不是对指标进行“量”的描述，而是对指标的分级进行判断。应该说明，有些观察指标的分级也涉及“量”的问题，如内眦褶、上唇皮肤部高度、红唇厚度等指标的分级就涉及“量”的问题。

随着年龄的增长，人的头面部、体部形态逐渐发生变化，人体观察指标的形态也会发生变化。因此，在进行人体观察时要记录被测对象的年龄。在进行族群间观察特征比较时要考虑年龄因素，在年龄一致或相近的族群间比较，得到的结果才有意义。

第二节　头面部观察

一、额、面、颏部表型

1. 前额倾斜度　前额倾斜度又称前额坡度，是从头骨侧面观察前额由鼻根向后上方弯曲的坡度大小。在测量学上可以用角度（额角）测量额的倾斜度。前额倾斜度分为三种类型：

（1）后斜型：前额由鼻根向后上方弯曲的坡度较大，前额角后斜。

（2）直型：前额由鼻根向后上方弯曲的坡度常较陡直。

（3）前凸型：前额由鼻根向后上方弯曲的坡度较小，前额丰满。

2. 眉弓粗壮度　眉弓是眼眶上方突出的骨嵴，观察包括其水平延伸的范围和突起的程度。眉弓粗壮度分为三种类型：

（1）弱：几乎看不到弓状隆起。

（2）中等：弓状隆起较明显，从侧面看眉骨与鼻根点凹陷差异明显。

（3）粗壮：弓状隆起十分明显，眉骨突出，眉间突度（左右侧眉弓内侧端之间的区域）也较明显。

3. 颧部突出度　颧部突出度指颧骨体的发达程度，是否遮住鼻背和颊前面的界限等，分为三种类型：

（1）扁平：颧骨扁平，颧骨体突出，自侧面观鼻颊间界限为颧骨所遮。

（2）中等：颧骨体发达适中，鼻颊间界限大部分可见。

（3）微弱：颧骨体不突出，颧骨前面逐渐转为侧面，鼻颊间界限清晰。

4. 颏类型　主要是观察下唇皮肤到颏下点之间隆突轮廓向前突出的情况，分为三种类型（图3-1）：

（1）后缩型：颏隆突不明显，整个轮廓后斜。

（2）直型：整个轮廓较直立。

（3）凸型：整个轮廓明显前凸。

5. 欧米伽型下巴　欧米伽型下巴指肉眼可见下巴中间有一条浅或明显的沟，分为三种类型：

（1）无：下巴中间没有沟。

（2）微弱：下巴中间的沟比较浅，隐约可见。

（3）明显：下巴中间有明显的沟。

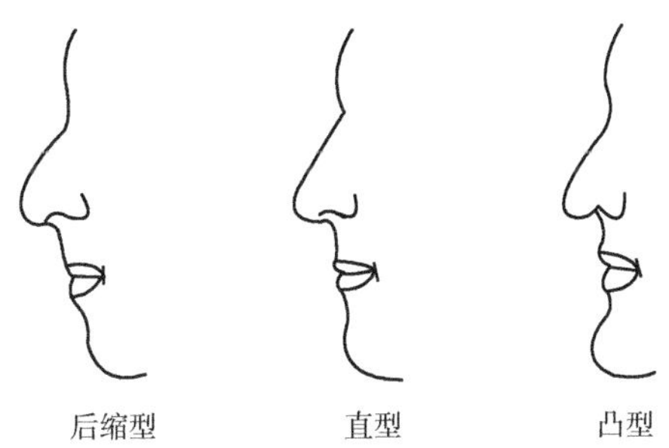

图3-1　颏类型（席焕久和陈昭，2010）

二、眼

眼的形态观察包括上眼睑皱褶、内眦褶、眼裂开度和倾斜度等内容。

1. 上眼睑皱褶　上眼睑皱褶的形成是由于上睑提肌有纤维延伸至皮下，肌肉收缩时造成附着处皮肤的退缩而出现横向的皱褶。观察时，根据皱褶的有无及发育程度，可以分为四个级别（图3-2）：

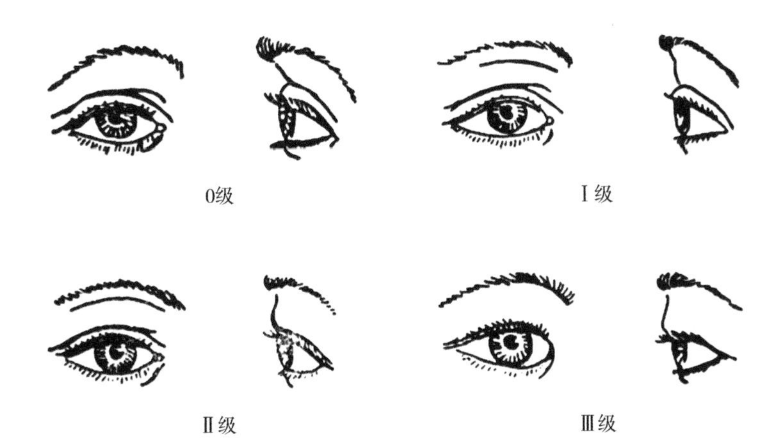

图3-2　上眼睑皱褶（席焕久和陈昭，2010）

0 级：无皱褶。

Ⅰ级：皱褶距离睫毛超过 2mm。

Ⅱ级：皱褶靠近睫毛，距离在 1～2mm。

Ⅲ级：褶皱到达睫毛处。

如果考虑到皱褶的分布情况，通常分为内侧或近中侧（p）、中部（m）及外侧或中远侧（d）来描述。一般说来，亚洲蒙古利亚人种具有相对发达的上眼睑皱褶，上眼睑皱褶出现率很高。在群体中，上眼睑皱褶出现率常随着年龄增大而增加，因此有学者认为，上眼睑皱褶有延迟显性特点。

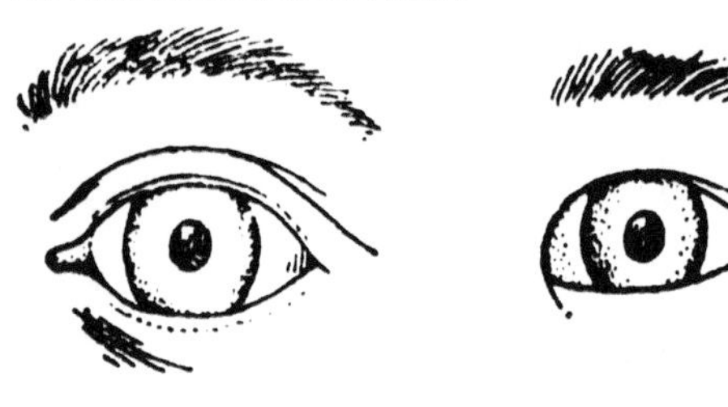

图 3-3 有无内眦褶对比（席焕久和陈昭，2010）
左图无内眦褶，右图有内眦褶

2. 内眦褶 有些人的眼内角有一个上眼睑皱褶的延续部，并且一定程度覆盖着泪阜。此皱褶即为内眦褶，亦称蒙古褶。通常把内眦褶的有无及发育程度分为四级（图 3-3）：

0 级：无，上眼睑皱褶不遮盖泪阜。

Ⅰ级：微显，上眼睑皱褶稍有一点遮盖泪阜。

Ⅱ级：中显，上眼睑皱褶遮盖泪阜大部分。

Ⅲ级：甚显，上眼睑皱褶几乎全部覆盖泪阜。

内眦褶的分布，在年龄上有很大的变化。一般来说，儿童内眦褶较明显，随着年龄的增长而出现率逐渐下降。

内眦褶发达程度有明显的族群差异，内眦褶在高加索人是一种异常性状。很多染色体异常都会导致出现内眦褶，如 $4p^-$、$5p^-$、13 三体、$13q^-$、$18p^-$、21 三体、$22q^-$等。内眦褶最常见于中亚、北亚和东亚等地的蒙古利亚人。一般说来，高加索人、澳大利亚人、美拉尼西亚人及非洲尼格罗人都没有内眦褶，但非洲的桑人有内眦褶。

3. 眼裂高度 观测时，被测对象的眼睛以正常状态向前方注视，观测其上下眼睑之间的距离。一般分为三种类型：①狭窄；②中等；③较宽。

细窄的眼裂是中亚、北亚及东亚蒙古利亚人种各族群的特点，他们同时具有明显的内眦褶和上眼睑皱褶。高而宽的眼裂是非洲尼格罗人种各族群的特点。

4. 眼裂倾斜度 眼裂倾斜度主要看眼睛的内角和外角的位置关系。一般分为三种类型：

（1）眼内角与眼外角几乎在同一水平。

（2）眼外角高于眼内角。

（3）眼内角高于眼外角。

眼裂倾斜度有族群的差异。高加索人眼外角较眼内角稍高；蒙古利亚人眼裂往往是斜的，眼外角明显高于眼内角，这与眼内角具有内眦褶有关。

三、鼻

鼻的形态观察包括鼻根高度、鼻背形态、鼻孔形状、鼻尖和鼻基底方向、鼻翼突出程度等内容。

1. 鼻根高度　鼻根高度主要以鼻根在两眼内角连线上的垂直高度衡量。一般分为三种类型：

（1）低平：鼻根微高于两眼内角的连线。

（2）中等：介于低平和较高之间。

（3）较高：鼻根明显高于两眼内角连线。

2. 鼻根凹陷　从侧面观察，额骨鼻突与鼻骨上部相接处的转折程度即鼻根点的凹陷程度（图 3-4）。鼻根部凹陷程度与眉弓、眉间和鼻骨突起程度相关。

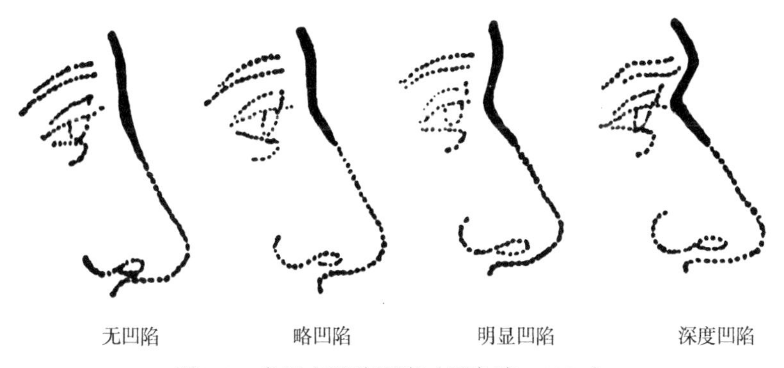

图 3-4　鼻根点凹陷程度（邵象清，1985）

（1）无凹陷：鼻根点部位无凹陷，从侧面观察额骨鼻突与鼻骨上部几乎成一条直线相连续，或以微波相连续。

（2）略凹陷：鼻根点部位略有凹陷。

（3）明显凹陷：鼻根点位置较深，凹陷明显。

（4）深度凹陷：鼻根点位置甚深，凹陷极明显。可见额骨鼻突向前突出，与鼻骨上部形成一个极为明显的转折。

3. 鼻背侧面观　从鼻背侧面观察鼻的硬骨部形态、软骨部形态和鼻背总的形态（图 3-5）。

硬骨部分为三种类型：①凹型；②直型；③凸型。

软骨部也分为三种类型：①凹型；②直型；③凸型。

鼻背总的形态（即综合硬骨部和软骨部）可分为四种类型：

（1）凹型，包括以下几种亚型：

1）凹凹型：硬骨部和软骨部都为凹型。

2）直凹型：硬骨部直型，软骨部凹型。

3）凹直型：硬骨部凹型，软骨部直型。

（2）直型，硬骨部和软骨部均为直型。

（3）凸型，包括以下几种亚型：

1）凸直型：硬骨部为凸型，软骨部直型。

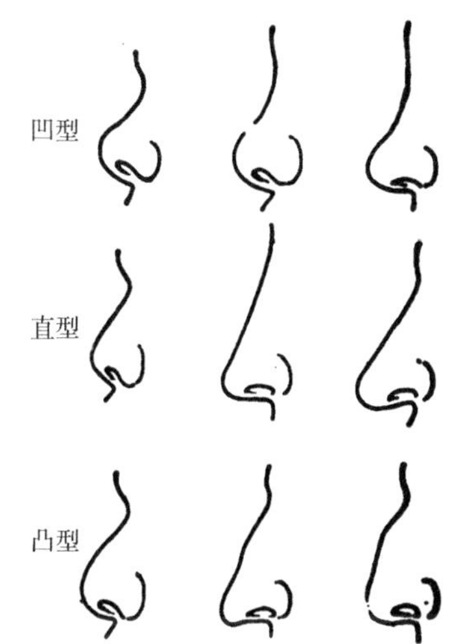

图 3-5　鼻背侧面观
（席焕久和陈昭，2010）

2）凸凸型：硬骨部与软骨部均为凸型。

3）直凸型：硬骨部为直型，软骨部凸型。

（4）波浪型，包括以下两种亚型：

1）凸凹型：硬骨部凸型，软骨部凹型。

2）凹凸型：硬骨部凹型，软骨部凸型。

4. 鼻尖方向 鼻尖方向一般可分为三种类型：①上翘；②向前；③下垂。

5. 鼻尖形状 根据鼻尖大或小、圆或尖可将鼻尖分为三种类型（图 3-6）：

（1）尖小型：鼻尖小而尖。

（2）中间型：鼻尖大小中等，圆尖适度。

（3）钝圆型：鼻尖肥大钝圆。

图 3-6 鼻尖形状（席焕久和陈昭，2010）

6. 鼻基底方向 鼻基底方向主要指鼻中隔和两鼻孔外侧缘的位置，一般分为三种类型（图 3-7）：①上翘型；②水平型；③下垂型。

图 3-7 鼻基底方向（席焕久和陈昭，2010）

鼻尖和鼻基底的位置随着年龄而变化，一般情况下，随着年龄增长，上翘型的出现率逐渐下降，下垂型的出现率显著增加。在同一族群中，女性上翘型的鼻尖和鼻基底比例较男性高，而下垂型的鼻尖和鼻基底的比例较男性低。

鼻尖方向和鼻基底方向都是侧面观，都和鼻背侧面观有密切的关系。例如，凹型鼻常伴上翘的鼻尖和鼻基底，而凸型鼻则多为水平或下垂的鼻尖和鼻基底。

7. 鼻孔形状 鼻孔形状分为三种类型（图 3-8）：

（1）圆形或近方形。

（2）卵圆形或三角形。

（3）椭圆形或长椭圆形。

8. 鼻孔最大径位置 鼻孔最大径位置指鼻孔径最大值的位置。扁而宽的鼻，其鼻孔最大径是横向的（水平）；相反，高而狭的鼻，其鼻孔最大径是纵向的（矢状）。主要看鼻孔最大径线与水平线的夹角。一般来说，夹角小于30°为水平型；夹角在30°～60°为倾斜型；夹角大于60°为矢状型。鼻孔最大径位置分为三种类型（图3-8）：①水平型（横向）；②倾斜型（斜向）；③矢状型（纵向）。

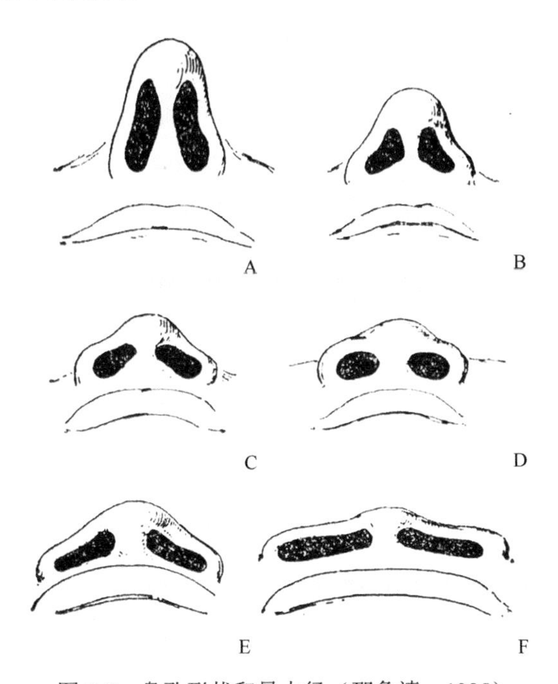

图 3-8 鼻孔形状和最大径（邵象清，1985）

A. 纵椭圆形（纵向）鼻孔，鼻孔最大径呈纵向；B. 三角形鼻孔，鼻孔最大径呈斜向；C. 椭圆形（斜向）鼻孔，鼻孔最大径呈斜向；D. 圆形鼻孔，鼻孔最大径呈斜向；E. 椭圆形（横向）鼻孔，鼻孔最大径呈横向；F. 长椭圆形（横向）鼻孔，鼻孔最大径呈横向

鼻孔最大径位置也有年龄差异，一般说来，年幼个体鼻孔最大径呈水平位的比例比年长个体要高一些。

9. 鼻翼高度 鼻翼高度指的是从鼻翼下缘到鼻翼沟的最大垂直距离，可分为三种类型：

（1）低：鼻翼高约占鼻高的1/5。

（2）中等：鼻翼高约占鼻高的1/4。

（3）高：鼻翼高约占鼻高的1/3。

10. 鼻翼宽 鼻翼宽指鼻翼的最大宽度（即鼻宽），根据其与两眼内角间距的关系，可分为三种类型：

（1）狭窄：鼻翼宽小于两眼内角间距。

（2）中等：两者几乎等长。

（3）宽阔：鼻翼宽大于两眼内角间距。

11. 鼻翼突度 这一特征主要是确定鼻翼与其鼻侧壁的关系，鼻翼突度与鼻翼沟发育与否有关。一般来说，鼻翼沟显著者，鼻翼较突出；鼻翼沟不显著者，鼻翼则不突出。观察时可归纳为三种类型：

（1）不凸：鼻翼与鼻侧壁平面几乎在同一水平。

（2）微凸；略凸出。

（3）甚凸：鼻翼较肥大，与鼻侧壁平面相比，显著凸向侧方。

四、唇

唇是人类学的重要研究项目之一，其观察项目包括上唇侧面观、上唇高度、红唇厚度和口裂宽度。

图 3-9　上唇侧面观（席焕久和陈昭，2010）

1. 上唇侧面观　上唇侧面观是指从侧面观察上唇皮肤部的前凸程度。一般分为三种类型（图 3-9）：

（1）凸唇型：上唇皮肤部明显前突。

（2）正唇型：上唇皮肤部大体直立。

（3）缩唇型：上唇皮肤部后缩。

上唇侧面的形态并不完全取决于面部骨骼的结构和牙齿生长状况。北亚蒙古利亚人某些族群凸唇明显，但并无突颌和切牙前突现象。凸唇比例随年龄增长而下降。

2. 上唇（皮肤部）**高度**　上唇（皮肤部）高度主要根据测量数值分为三种类型：

（1）低：上唇皮肤部高度在 12mm 以下。

（2）中等：上唇皮肤部高度在 12～19mm。

（3）高：上唇皮肤部高度在 19mm 以上。

3. 红唇厚度　红唇厚度是指当口正常闭合时上下红唇在正中矢状面上的高度。可根据测得的上红唇厚度数值分为四种类型（图 3-10）：

（1）薄唇：上红唇几乎看不见。

（2）中等唇：上红唇厚度在 8～10mm。

（3）厚唇：上红唇厚度在 10mm 以上。

（4）厚凸唇：上下红唇明显鼓胀，而且明显外翻。

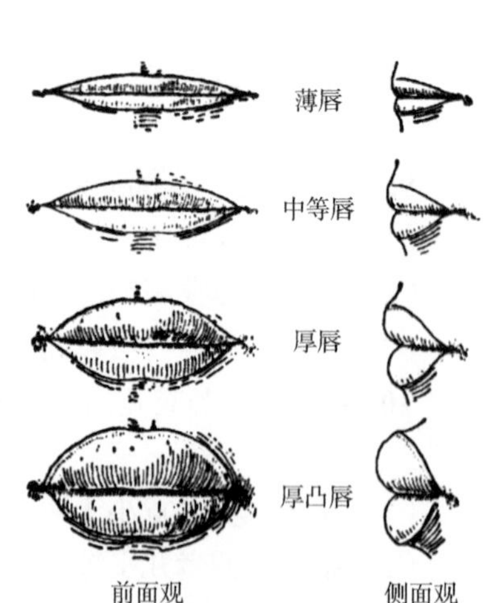

图 3-10　红唇厚度
（席焕久和陈昭，2010）

红唇厚度随年龄变化很明显，40 岁以后，红唇明显变薄。红唇厚度在族群方面的差异也很明显，热带的一些族群红唇较厚，北欧与北亚各族群红唇较薄。红唇厚度与鼻型有一定的相关性，一般来说，薄唇或中等唇常与狭鼻型相关，而厚唇则与阔鼻型相关。

4. 口裂宽度　口裂宽度可分为三种类型：

（1）窄：宽度小于 40mm。

（2）中等：宽度在 40～50mm。

（3）宽：宽度在 50mm 以上。

五、耳

1. 达尔文结节　达尔文结节是指位于耳轮后上部内侧缘的小突起。观察时可分为四种类型：①显著（或锐利）；②中等（带圆形）；③微显（痕迹）；④缺失。

2. 耳尖类型　根据耳郭形状及达尔文结节的形态将耳尖分为六种类型（图 3-11）：

（1）猕猴型：耳郭状若猕猴耳。

（2）长尾猴型：耳郭状若长尾猴耳。

（3）尖耳尖型：又称达尔文结节型，达尔文结节显著或锐利。

（4）圆耳尖型：达尔文结节中等（带圆形）。

（5）耳尖微显型：达尔文结节微显（痕迹）。

（6）缺耳尖型：达尔文结节缺失。

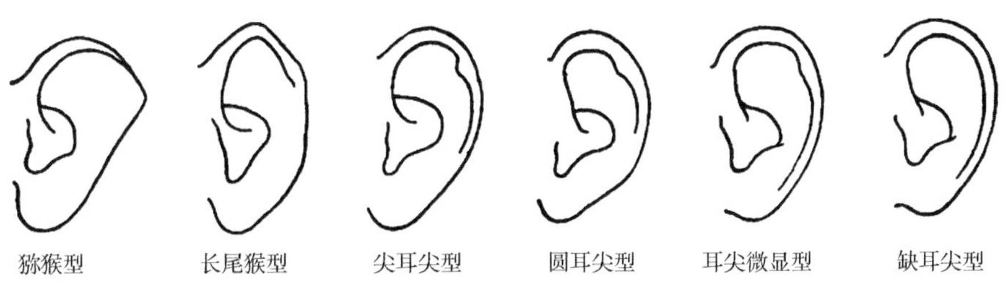

图 3-11　耳尖类型（席焕久和陈昭，2010）

3. 耳郭外形　根据耳郭的形态可以分为七种外形：

（1）方形：耳郭上缘、外缘均较直。

（2）卵圆形：最大容貌耳宽在上 1/3 处。

（3）椭圆形：最大容貌耳宽在中部。

（4）梨形：与椭圆形相似，但耳郭中部有凹陷。

（5）圆形：整个耳郭接近圆形。

（6）三角形：最大容貌耳宽在上部。

（7）菱形：耳郭外缘较直，但上缘呈角状上突。

4. 耳垂外形　耳垂有三种形状（图 3-12）：

（1）圆形：耳垂向下悬挂呈舌状。

（2）方形：耳垂略呈方形，其下部下缘几乎呈直线，与颊部皮肤相垂直。

（3）三角形：耳垂下部下缘向上吊起。

三角形耳垂又叫无耳垂。耳垂外形属常染色体遗传，有耳垂相对无耳垂为显性性状。

5. 耳郭外展　根据耳郭容貌横径与头皮侧壁所成角度可以将耳郭外展程度分为三种类型：

（1）紧贴：夹角不超过 30°。

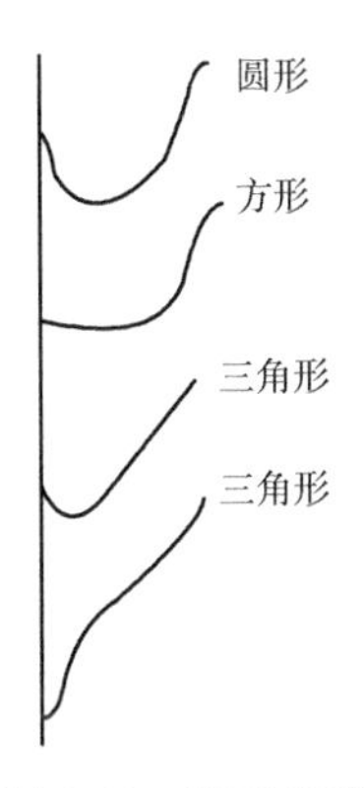

图 3-12　耳垂外形
（席焕久和陈昭，2010）

（2）中等：夹角在30°～60°。

（3）外展：夹角大于60°。

第三节 体部观察

一、毛 发

人的头发与其他部位的毛发一样，都是皮肤的衍生物。毛发分为毛干和毛根两部分。毛干为暴露在皮肤外面的部分，由外向内分别为毛小皮、毛皮质和毛髓质。

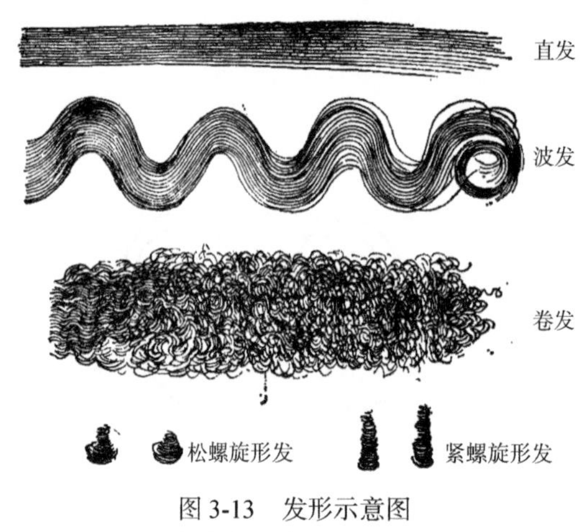

图3-13 发形示意图
（席焕久和陈昭，2010）

1. 头发形状 根据马丁分类法，可分为三种基本类型，每一基本类型又可分为若干亚型（图3-13）。

（1）直发

1）硬直发：发绺的方向自始至终很少变化。将头发放在纸上时，不论如何转动，均与纸面相接触。

2）平直发：头发紧贴在头上，单根头发在平面上有不甚明显的弯曲。

3）浅波发：与平直发的区别在于弯曲较为明显，但在4～5cm长的一段头发上通常只有1个弯曲。

（2）波发

1）宽波发：头发不完全贴在头上，在4～5cm长的一段头发上有2或3个弯曲。

2）窄波发：在4～5cm长的一段头发上可能有4或5个弯曲，或者更多；发的末梢往往呈环形。儿童此型发的末梢有2或3个小环。

3）卷波发：头发在头上贴得不紧，在4～5cm长的一段头发上有更多的弯曲，发的末梢小环数目更多，在5或6个以上。

（3）卷发：分为5种，即①稀卷发；②松卷发；③紧卷发；④松螺旋形发；⑤紧螺旋形发。

卷发中，有学者将松螺旋形发和紧螺旋形发单独列为一类——羊毛状发。

在鉴定头发的形状时，可自头顶部分出一小绺头发，从发根观察至发梢。必要时，还应剪下几根，放在纸上仔细观察。过短的头发和人工变形的头发不能用于发形鉴定。

中亚、北亚、东亚的大多数居民及美洲印第安人都是直发，因纽特人的头发最硬，澳大利亚人和南亚、东南亚居民波发较多，高加索人浅波发较多，非洲尼格罗人和新几内亚人及美拉尼西亚人多为卷发，羊毛状发则为桑人和科伊科伊人所特有。发形受基因控制，卷发出自一个纯合的等位基因，直发出自另一个纯合的等位基因，杂合体则为波发。羊毛状发基因的作用最强，它对一切发形基因都呈显性。卷发基因相对波发基因是显性，波发基因相对直发基因是显性，但在东方人中直发是显性。

在典型的直发族群和卷发族群中，发形的年龄差别并不明显。但是波发族群的儿童，发干更为弯曲。老年人的秃顶，可能是多方面因素造成的；而 30 岁以前的早秃，是由常染色体基因引起的。秃顶基因只在男性中表达，在女性中则不表达，缺乏雄激素可能是该基因不在女性中表达的原因。

2. 头发横断面　头发的弯曲程度和硬度与它的横断面形状和大小有关。一般来说，头发越硬越直，其横断面面积也就越大。

头发横断面形状可用头发横断面指数表示：

$$\text{头发横断面指数}=\frac{\text{头发横断面最小径}}{\text{头发横断面最大径}}\times 100$$

直发横断面呈圆形，指数在 80 以上；波发横断面呈稍扁的椭圆形，指数在 60～80；卷发及羊毛状发横断面呈狭长的扁平状，指数在 60 以下。

3. 头发长度和密度　头发的长度与发形有关。一般直发最长，其长度往往可超过 1m，羊毛状发最短，波发和卷发则介于两者之间。在同一族群中，女性的头发较男性的长。在波发和卷发族群中，两性的差别尤为显著。

头发密度与粗细有关，头发越细则越密。头发密度以每平方厘米的根数来表示。在现代各大族群中，澳大利亚人头发密度最高，高加索人次之，尼格罗人又次之，蒙古利亚人最低。头发的密度与遗传有关，父母头发浓密，其子女头发多浓密；父母头发稀疏，其子女头发多稀疏。群体中绝大多数人具有中等密度头发，提示头发疏密可能受多基因控制。

毛发横断面和密度的观察与采集见第九章第四节。

4. 发旋　发旋的研究包括发旋数目、发旋方向、发旋部位、发旋中心及与头顶点的距离、头顶点和发旋中心连线与头部正中线所成的角度等。也有学者以正中矢状面与通过两耳耳上点的冠状面，将头发着生部位分成右前、左前、右后、左后 4 个象限及正中矢状线，共 5 个区域，以确定发旋中心点的位置。

吴汝康 1940 年对中国西南地区少数民族的研究发现：发旋数目以单个为多，占 89%～96%；2 个不到 10%；3 个仅占 0.6%。发旋方向：顺时针方向较多，占 57%～68%；逆时针方向较少。发旋部位：在头左侧的较多，占 57%～68%。发旋顺时针方向相对逆时针方向为显性性状。

头顶部发旋的数目和方向：1 个发旋，S 型（顺时针）、Z 型（逆时针）；2 个发旋，SS 型、SZ 型、ZZ 型；以及扩散型发旋（图 3-14）。

5. 胡须　胡须是上唇的髭和下唇的须的总称，一般观察其部位、浓度和长度。胡须发育程度在不同族群中常有明显的差别，根据马丁的标准分为以下五个等级（图 3-15）：

1 级：极少，髭和须都很少，耳前只有少数几根。

2 级：少，髭和须在口角处连接，但较稀少。耳前方到下颌角区也有须，但不与下唇的须相连，面颊部无须。

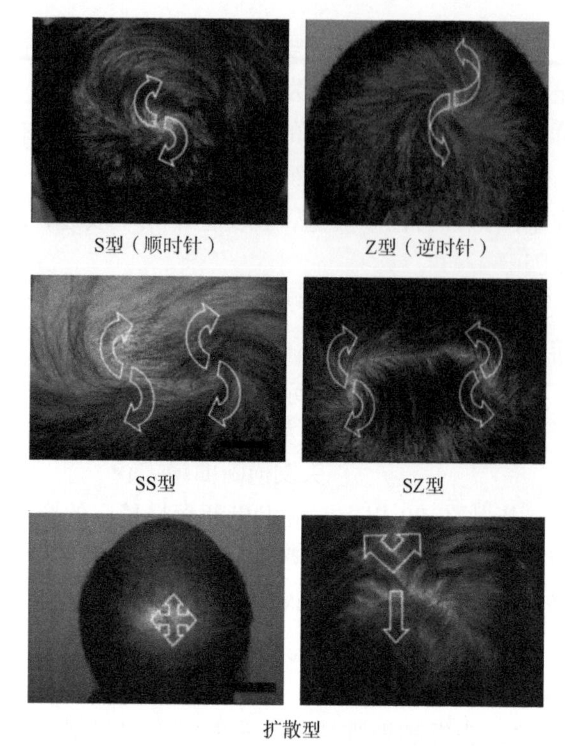

图 3-14 发旋类型（Ziering and Krenitsky，2003）

图 3-15 胡须发达程度（席焕久和陈昭，2010）

3 级：中等，髭和须连接起来，从一侧耳前经颊部、颏部到另一侧耳前方连成一片，但连接处较窄且稀少，尤其面颊部的连接处胡须更稀少。

4 级：多，胡须布满耳前、颊部和颏部，面颊部胡须浓密。

5 级：极多，胡须极度发达，十分浓密、范围广泛，盖满颧骨以下的整个颊部。

胡须一般在 40 岁以后逐渐增加，老年期更发达。澳大利亚人、日本虾夷人和外高加索地区的一些居民，胡须特别发达，平均级数为 5 级（25 岁以上）；北亚一些族群，胡须平均级数为 1 级。

6. 眉毛 眉毛发育程度可分为三级：

（1）稀少：眉毛不能完全遮盖皮肤。

（2）中等：眉毛几乎完全盖住皮肤，但眉间无毛。

（3）浓密：眉毛完全盖住皮肤，眉间有毛，甚至连成一片。

7. 额头发际 发际是指着生头发的边缘。有的人前额发际的中部有一个三角形的小尖，有的人则无小尖。分为两种类型：有尖发际和无尖发际（平额发际）（图 3-16）。

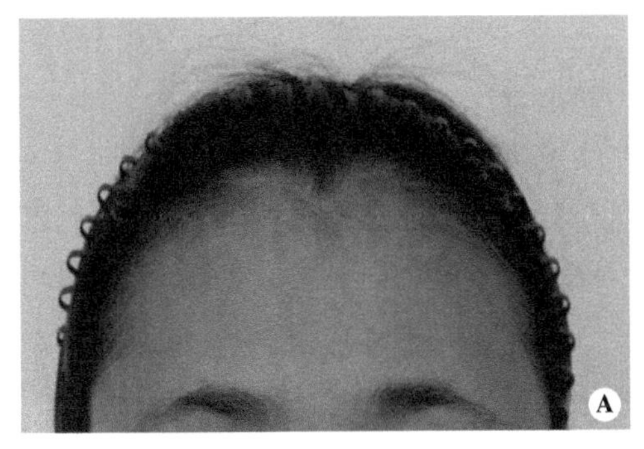

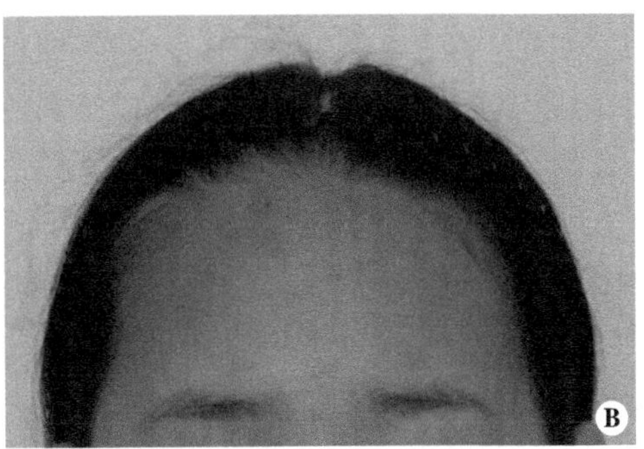

图 3-16　额头发际

A. 有尖发际；B. 无尖发际

二、肤色、发色和眼色

1. 肤色　肤色主要是由黑色素在皮肤中的含量及分布状态（颗粒状或分散状）决定的。此外，肤色还与胡萝卜素等色素的数量、微血管中血液的充盈状态、皮肤粗糙程度及湿润程度、日光照射强度等有关。黑色素集中于表皮生发层的细胞中及细胞间，是由酪氨酸在酪氨酸酶及氧化酶的参与下形成的。当黑色素以颗粒状集中于生发层时，皮肤为褐色；如果黑色素分布延伸到颗粒层，则皮肤为深褐色。相反，如果生发层所含的黑色素量少且呈液体状分布，则皮肤为浅色；如果部分黑色素分布于真皮，则皮肤的局部呈现蓝色斑或青斑（蒙古斑），这种青斑常见于婴儿骶部或其他部位。

人体各部位的颜色不完全一样，在太阳光照射下，皮肤会变黑，这是由于阳光加强了皮肤内黑色素的形成所致。此外，年龄、健康状况也会影响肤色。

体表部位不同，肤色也不同。背部肤色比胸腹部要深得多，四肢伸侧比屈侧要深些，颜色最深处是乳头。手掌和足跖是全身肤色最浅的部位，甚至在肤色极深的族群，这两个部位的肤色也明显浅于其他部位。

在同一族群中，由于性别不同、生活方式不同，肤色也不完全相同。一般来说，男性的肤色要比女性的深一些。

肤色的个体差异无论有多大，也无论如何受环境的影响，种族间的差异总是极为明显的。在同一人种中，肤色的变异可以很大。在高加索人种中，北印度人和埃及人肤色较深。在非洲人群中，肤色深浅往往差异很大，尼格罗人肤色较深，而桑人及东非人肤色相对偏浅。因此，以肤色区分人种存在一定的局限性。世界各族群中，肤色的分布与纬度有很大的关系，高纬度地区族群肤色常较浅，低纬度地区族群肤色常较深。蒙古利亚人种和高加索人种的地理分布中，由南向北、由近赤道向高纬度地区，肤色逐渐变浅。

因此，肤色观察一般选择被衣服遮盖的臂内侧面或背部，要在足够明亮的环境但不是在日光直接照射下观察。

肤色观察的主要方法有描述法和肤色标准或模型比较法。

（1）描述法：采用 Stewart 分类法。

1）白色：包括鲜红色、白色、中等白色和淡褐色。

2）黄褐色：包括苍黄或灰黄色、暗黄色、淡褐或浅褐色、巧克力褐色。

3）黑色：包括褐黑色、蓝黑色、灰黑色和漆黑色。

（2）肤色标准或模型比较法：根据冯·卢尚（von Luschan）的由 36 块不同颜色组成的肤色量表确定肤色，按此表编号可以分为如下几种，当实际肤色不能与量表完全相同时，则记录最接近的颜色（图 3-17，见彩图 1）。

No.1～5：不同色调的苍白黄色；

No.6：浅棕色；

No.7～8：不同色调的苍白色；

No.9～10：不同色调的浅粉白色；

No.11～22：不同色调的浅棕色；

No.23～34：不同色调的棕色；

No.35：浅黑色；

No.36：黑色。

另一种对冯·卢尚肤色量表的分类法：

No.1～9：0 级　极浅；

No.10～14：1 级　浅；

No.15～18：2 级　中等；

No.19～23：3 级　深；

No.24～36：4 级　极深。

图 3-17　冯·卢尚肤色模型（复旦大学收藏模型）

另外，还可采用光带测定，即使用专门的肤色测量仪进行相关数据的采集。这是近几年来所采用的方法。这种方法是根据每种颜色反射光的波长研究人类肤色的变化。皮肤测量的基础指标，除肤色外，还包括皮肤油脂分泌情况、皮肤角质层含水量、皮肤经皮失水率、皮肤酸碱度（pH 值）等多项指标。上述各指标的测量仪器及测量方法详见第九章第一节。

2. 发色

（1）费希尔-萨勒（Fischer-Saller）发色观察法：发色的测定主要依据费希尔和萨勒共同制定的新的发色表，共有 30 种发色，测定时以此表作为对照（图 3-18，见彩图 2）。发色表编号与颜色的关系如下：

A：灰金黄色；

B～E：浅金黄色；

F～L：金黄色；

M～O：深金黄色；

P～T：棕色；

U～Y：黑棕色；

Ⅰ～Ⅵ：火红色。

图 3-18 费希尔-萨勒发色表（复旦大学收藏模型）

（2）描述性发色观察法：除采用费希尔-萨勒发色表对照测定之外，还可以采用形容词描述发色。

1）浅淡色：包括无色、麻黄色、草黄色、暗黄色、金黄色。

2）中间色：包括淡棕色、灰色、中等棕色、深棕色。

3）深暗色：包括暗棕色、近黑色。

4）黑色：包括锈黑色、青黑色、焦煤黑色、纯黑色。

5）红色：包括黄红色、橙红色、红色等。

发色由头发皮质内所含黑色素的数量和分布状态（颗粒状或溶液状）所决定。皮质细胞中颗粒状色素越多，发色就越深。溶液状色素的存在，常使头发带红色色泽，而棕黄色的头发是因为含有特别多的溶液状黑色素。在深肤色的族群中，头发的皮质和髓质中都含有黑色素。

中老年以后，部分头发变成银灰色或白色，是由于毛发组织空隙增大、色素减少等所致。白发根据观察一般分为 7 种：很少、有些、约 1/8、约 1/3、约 1/2、大部分、几乎全白。观察部位在两鬓。

3. 眼色

（1）虹膜的组织结构与眼色的形成：眼色是指虹膜的颜色。眼色不仅由棕褐色的颗粒状黑色素数量多少决定，而且取决于色素在虹膜中的位置。

（2）眼色的观察法：眼色观察用形容词分类法或眼色标准比较法。形容词分类法有多种，但在实际工作中很少采用。眼色标准也有多种，较为常用的是马丁眼色表。

马丁眼色表为一个小盒，内装16个玻璃制的眼色模型，嵌在无光铝质薄片中。

后来舒尔茨又把马丁眼色表加以改良和补充，成为马丁–舒尔茨（Martin-Schultz）眼色表，此表把编号改成由浅色至深色排列，并新增4种眼色，共计20种（图3-19，彩图3）。

No.1a～7：浅色（包括灰色、天蓝色及青色等）；

No. 8～10：不同程度的浅绿色；

No.11～15：不同程度的褐色；

No.16：黑褐色。

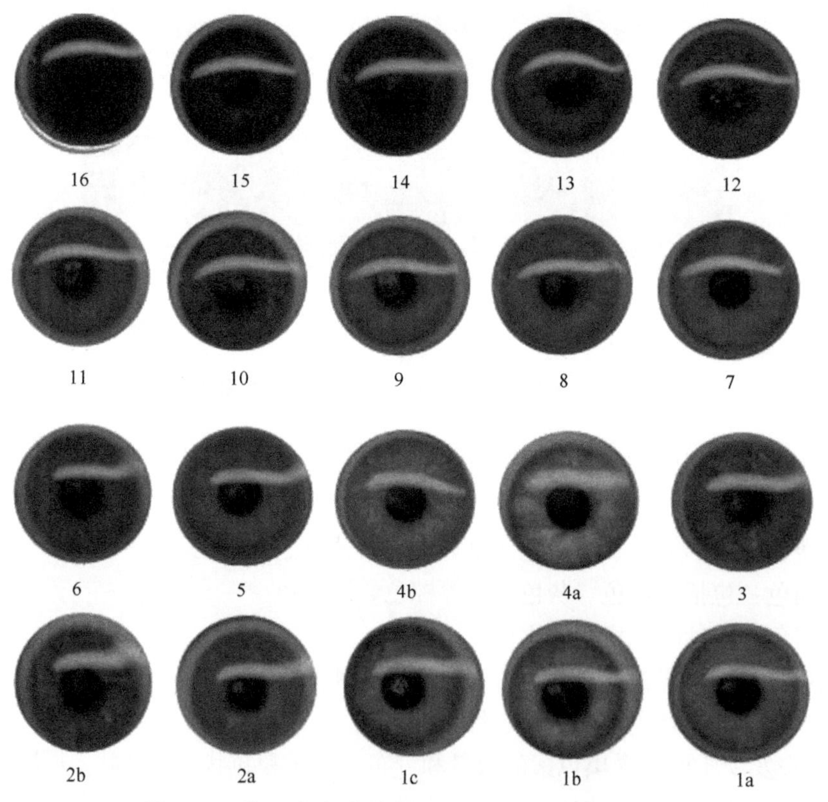

图3-19　马丁–舒尔茨眼色表（复旦大学收藏模型）

眼色和年龄有关，随着年龄的增长，浅眼色比例逐渐增加。非洲的尼格罗人，不仅肤色、发色是黑色的，甚至眼色也是黑色的。中国人的眼色几乎都是褐色。

有学者认为虹膜色素的形成由多个基因参与，但有一个主基因，因此眼色表现为单基因遗传的特点。一般说来，黑色、褐色为显性，蓝色、灰色为隐性。

眼色与肤色、发色密切相关。就世界范围来说，浅肤色人种常伴以浅的发色和眼色，而深肤色人种常伴以深的发色和眼色。例如，北欧人的肤色是白色的，发色是金黄色的，眼色是碧蓝色的；而非洲尼格罗人，无论肤色、发色和眼色都是黑色的。

三、手相关特征

与手相关的特征主要包括拇指类型和环、示指长。

1. 拇指类型　拇指的远节指节尽力向后伸展，从侧面看，可分为两种类型：若拇指末节的中心线与近节指节中心线的延长线形成的角度大于 30°，则为过伸型拇指（图 3-20）；若小于 30°，则为直型拇指（图 3-21）。

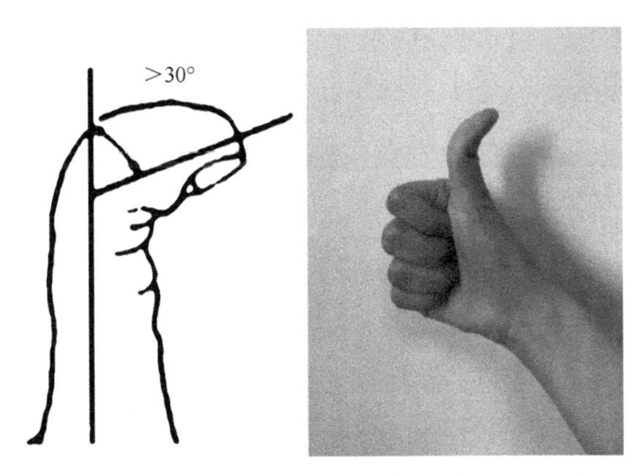

图 3-20　过伸型拇指（席焕久和陈昭，2010）

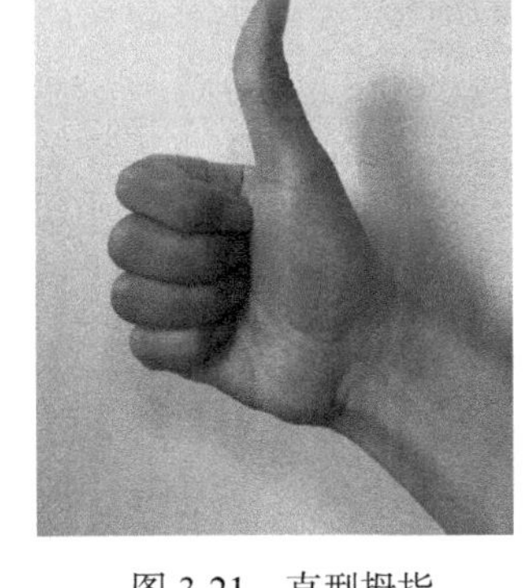

图 3-21　直型拇指

2. 环、示指长　比较示指与环指的长度，可分为两种类型：环指长于示指为环指长型；示指长于环指为示指长型。

将纸对折，呈现互相垂直的十字线迹，被测者手指并拢，中指压贴于十字线迹的下方，并沿此线迹上移，若环指指尖先触及水平线则为环指长型，若示指指尖先触及水平线则为示指长型。

有学者认为环、示指长属于从性遗传，即性状由常染色体上的基因控制，在表现型上受个体性别的影响。短示指在男性中是显性的，在女性中是隐性的。若 f^1 为短示指基因，f^2 为长示指基因，则基因型 f^1f^2 的男性为短示指，女性则为长示指。也有学者认为环、示指长为伴性遗传，即性状由性染色体上的基因控制，性状的遗传方式与性别相关。等位基因位于 X 染色体上，示指长相对环指长为显性性状。不同族群的环、示指长出现率不同。

第四节　习惯行为特征观察

人类习惯行为方面的指标主要包括不对称行为特征方面的指标和舌运动类型指标。这些指标均属于遗传指标。不对称行为特征方面的指标包括利手、扣手、交叉臂、交叉腿、利足、起步类型、优势眼等。国外学者在利手、扣手、交叉臂、交叉腿指标方面开展了较多的研究工作。舌运动类型指标包括卷舌、叠舌、翻舌、尖舌、三叶舌等。国外学者在卷舌、叠舌、翻舌指标方面开展了较多的研究工作。国内学者自 20 世纪 90 年代中期以后报道了较多的中国族群习惯行为的资料。

一、不对称行为特征

1. 利手 利手又称惯用手。在日常生活中，若右手较为灵巧，易从事精细工作，则为右型；若左手较为灵巧，易从事精细工作，则为左型。利手是人类最为明显的不对称行为特征。以往学者采用多个项目综合判断法辨别利手，如测定 3～10 个项目中优先用手的情况。Plato 等通过多项测试及自述两种方法进行比较，结果发现两种方法得到的比例很接近。因此，自述法是一种简单、可靠的判断方法，适于大规模群体调查。由于中国传统上排斥左手用筷和写字，因此调查中国族群时，不宜通过使用笔、筷判断利手。利手是否存在性别间的差异，目前尚有争论。

在世界所有人群中，右利手率均明显高于左利手率。

目前多数学者认为利手是常染色体单基因遗传，右利手相对左利手为显性性状。也有个别学者认为左利手相对右利手为显性性状。

2. 扣手 将左、右手的手指互相对叉，若左手拇指在上时感到习惯、自然，则为左型；若右手拇指在上时感到习惯、自然，则为右型。扣手是学者研究最多的不对称行为之一，1908 年 Lutz 通过对苏格兰家系调查，证明扣手与遗传有关，是小时候就固定下来的形式，且以后不再改变。此后，多数研究资料均支持卢茨的遗传假说，但扣手的遗传方式尚不清楚。多数研究资料证实扣手与性别无关。

3. 交叉臂 交叉臂又称叠臂。左、右臂交叉抱于胸前，若交叉时左臂在上感到习惯、自然，则为左型；若交叉时右臂在上感到习惯、自然，则为右型。多数学者认为交叉臂与性别无关。

4. 交叉腿 交叉腿又称叠腿。被测者取坐姿，一腿搭在另一腿上，若右腿在上时感到习惯、自然，则为右型；若左腿在上时感到习惯、自然，则为左型。

二、舌运动类型

1. 卷舌 舌的两侧边缘同时上卷，形成筒状，称为卷舌（图 3-22）。

2. 翻舌 舌的右侧缘向上、左侧缘向下，使舌翻转 90°以上，为右翻舌型；若舌左侧缘向上、右侧缘向下，使舌翻转 90°以上，则为左翻舌型；若既能右翻又能左翻，则为全翻舌型；若既不能左翻又不能右翻，则为非翻舌型（图 3-22）。

3. 叠舌 舌的前部能向后折返，并与舌面相贴，称为叠舌（图 3-22）。

4. 三叶舌 舌的前侧及两侧边缘上抬，舌的前部两侧边缘回缩，使舌边缘呈三叶草状，称为三叶舌（图 3-22）。

5. 尖舌 舌的两边向中间收缩，舌的前部可变窄、变尖，称为尖舌（图 3-22）。

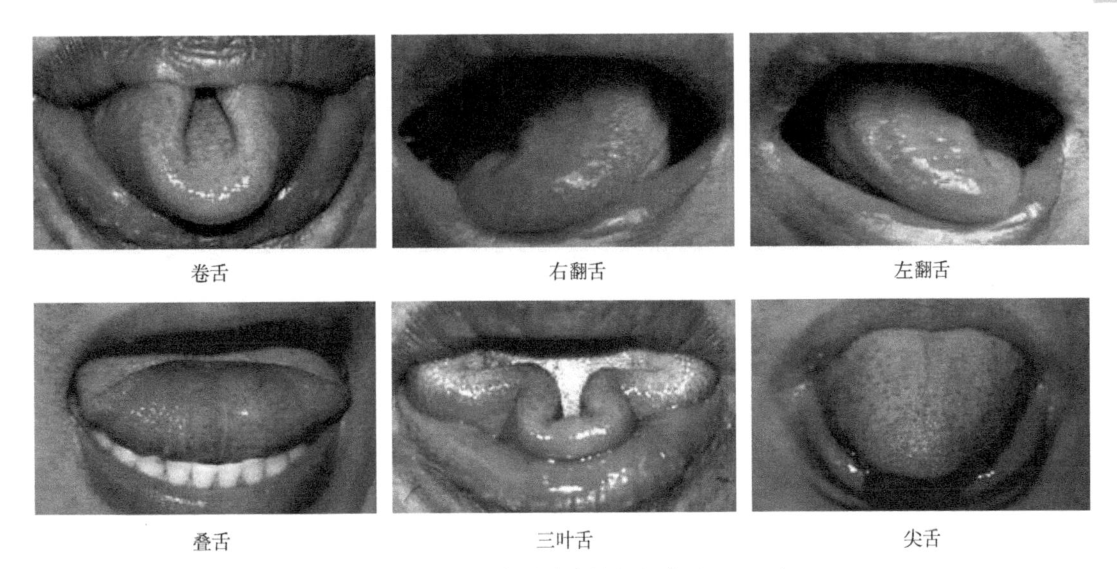

图 3-22　舌运动类型（席焕久和陈昭，2010）

第四章　生 理 表 型

生理表型主要包括血压、心率、肺通气功能、视力、耵聍、肌力等，这些指标对于评估人体生理状态和健康状况具有重要意义。

第一节　血压和心率

一、概　　述

（一）血压

血压是指血管内流动的血液对血管侧壁产生的压强，即单位面积上的压力。按照国际标准计量单位规定，血压的单位是帕（Pa）或千帕（kPa），习惯上常以毫米汞柱（mmHg）表示，1mmHg=0.133kPa。常说的血压指动脉血压，动脉血压是人体的基本生命体征之一，也是临床医生评估患者病情轻重和危急程度的主要指标之一。动脉血压可用收缩压和舒张压表示，收缩压是指心室收缩中期动脉血压达到最高值时的血压，舒张压是指心室舒张末期动脉血压达到最低值时的血压。血压存在个体、年龄和性别差异，随着年龄的增长，血压呈逐渐升高的趋势，且收缩压升高比舒张压升高更为明显，女性的血压在更年期前略低于同龄男性，而更年期后与同龄男性基本相同，甚至略高。通常情况下，正常人双侧上臂的动脉血压也存在左高右低的特点，其差异可达 5～10mmHg。此外，正常人血压还存在昼夜波动的日节律，大多数人的血压在凌晨 2～3 时最低，上午 6～10 时及下午 4～8 时各有一个高峰，从晚上 8 时起呈缓慢下降趋势，表现为“双峰双谷”现象。

（二）心率

心率指心脏每分钟跳动的次数。正常成年人在安静状态下，心率为 60～100 次/分，平均约 75 次/分。心率可随年龄、性别和不同生理状态而发生较大的变动。新生儿的心率较快，随着年龄的增长，心率逐渐减慢，至青春期接近成年人水平。在成年人中，女性的心率稍快于男性。经常进行体力劳动或体育运动的人平时心率较慢。同一个体，安静或睡眠时的心率较慢，运动或情绪激动时心率加快。心率还受体温的影响，体温每升高 1℃，心率每分钟可增加 12～18 次。正常人的脉搏次数和心跳次数是一致的（心律失常患者除外），因此可以通过测量脉搏来获得心率的数值。

二、测量器材

为减少测量误差，提高测量值之间的可比性，采用全自动电子血压计进行血压和心率的测量。电子血压计的工作原理和普通水银柱血压计相似，但整个操作过程（包括袖带气囊的充气和放气）是全自动的，测量时不需用听诊器，根据血流音变情况人工确定血压值，故测量误差小。测量时，血压计通过内部装配的高敏电子探测仪自动记录水银柱下降过程中血管内血流音变情况，以确定相应的血压和心率值。电子血压计使用方便，还能避免出现普通水银柱血压计读数过程中人为的整数偏好（如以5、10的倍数来读数），以及进位误差等问题，故在大规模现场流行病学调查中，电子血压计能比普通水银柱血压计提供更为准确的测量值。

三、测量方法

（一）电子血压计使用方法

（1）确认电压后插入插头，将电源设置为开的状态。

（2）打开电源后，初始液晶屏幕上显示测量待机界面。

（3）将右臂或左臂放入袖口。

（4）按开始按钮，在袖口上自动施加压力后开始测量，液晶屏幕上出现表示正在测量的动画。

（5）测量结束后，液晶屏幕上显示测量结果，同时出现如“测量结束，请收回手臂”的语音提示，袖口自动返回初始状态。

（6）以语音提示方式提供血压测量结果。使用打印机时自动打印测量结果。

（7）从袖口抽回手臂。

（8）再次测量时，按停止按钮，让被调查对象保持原有姿势，静坐数分钟后再次测量。

使用电子血压计的安全注意事项如下：

（1）电子血压计额定电压为220V，不得随意更改电压。

（2）不要随意拆卸电子血压计。

（3）避免发生触电事故，务必接地后使用。

（4）用柔软的布料擦拭电子血压计，勿使用苯、甲醛等挥发性液体或湿抹布擦拭。

（5）避免在不平整的支撑物表面及存在震动、冲击等因素的场所使用。

（6）长时间不用的电子血压计重新使用时，应确认状态正常后再使用。

（二）测量要求及注意事项

血压测量的方法虽简单易行，但干扰因素较多。如被调查对象情绪不稳定，血压计使用不当，以及测量时周围环境嘈杂等，都会影响测量结果。血压测量的具体要求及注意事项主要包括以下几个方面：

（1）应在安静、温度为20～26℃的环境内进行测量。

（2）测量前被调查对象应休息 5～10min，并避免情绪激动，在平静状态下测量，测量时不要说话或移动身体。

（3）测量时，被调查对象取端坐位，测量时放松手臂，伸直腰部，双腿自然放置于地面。

（4）测量部位为上肢肘窝处的肱动脉，因左右上肢所测血压会略有偏差，一般以右上肢为首选。被调查对象手臂应与右心房同高并外展 45°。

（5）被调查对象应脱下厚外衣后进行测量，卷起的袖管不得压紧上臂。

（6）电子血压计仅适用于成年人，不宜用于儿童。对有严重心律失常者，电子血压计将难以正常工作，应改用普通水银柱血压计进行测量。

普通水银柱血压计使用方法：将袖带展平，气袋中部对着肱动脉，缚于上臂，袖带下缘距肘窝 2～3cm，不可过紧或过松。将听诊器胸件放在肱动脉上，然后向袖带内打气，待肱动脉搏动消失后将汞柱提升 20～30mm，然后缓缓（2mm/s）放出袖带中的气体，听到第一个声音的压力值就是收缩压。此音继续增强后转为柔和的杂音，压力再降，则会出现不带杂音的声音并继续减弱变低沉后消失，取动脉音消失前突然变低沉时的压力值为舒张压。连续测 3 次，取最低值。

第二节　肺通气功能

一、概　　述

（一）肺活量

肺活量是尽力吸气后从肺内所能呼出的最大气体量，是潮气量、补吸气量与补呼气量之和。肺活量有较大的个体差异，与体型、性别、年龄、体位、呼吸肌等因素有关。正常成年男性的肺活量平均约为 3500ml，女性平均约为 2500ml。因测定方法简单、重复性好，肺活量是肺功能测定的常用指标，它反映肺一次通气的最大能力，是反映人体生长发育水平的重要机能指标。

（二）用力肺活量

用力肺活量是指一次最大吸气后，尽力尽快呼气所能呼出的最大气体量。正常时，用力肺活量略小于在没有时间限制条件下测得的肺活量。

（三）每分通气量

每分通气量又称肺通气量，是指每分钟吸入或呼出的气体总量，它是潮气量与呼吸频率的乘积。正常成年人平静呼吸时，潮气量约为 500ml，呼吸频率为 12～18 次/分，则肺通气量为 6～9L/min。肺通气量因性别、年龄、体型和活动量而异。为便于在不同个体之间进行比较，肺通气量应在基础条件下测定，并以每平方米体表面积的通气量为单位进行计算。劳动或运动时，肺通气量增大。

（四）最大自主通气量

最大自主通气量指在尽力做深快呼吸时，每分钟所能吸入或呼出的最大气体量。它反映单位时间内充分发挥全部通气能力所能达到的通气量，是估计机体所能进行最大运动量的生理指标之一。一般只测 10s 或 15s 的最深最快呼出或吸入气体量，再换算成每分最大通气量。正常成年人最大通气量一般可达 150L/min，为平静呼吸时肺通气量（6L/min）的 25 倍。

二、测量器材

肺通气功能的测量仪器为肺活量计，肺活量计主要由主机、传感器、微电脑、显示屏、吹气筒和吹气嘴及电源组成。

三、测量方法

测量前需输入 ID 编号、年龄、性别、身高、体重，然后点击测量项目按钮进行测量。测量完成后，选择要打印的项目，获得所需的测量数据。

（一）肺活量测量方法

（1）用鼻夹夹紧鼻翼，不能漏气。
（2）双唇含半截吹气筒，不能漏气，做 2～3 次平静呼气和吸气动作。
（3）缓慢呼出气体，直到不能再呼出气体为止。
（4）缓慢深长吸气，直到不能吸入气体为止，接着恢复正常呼吸，一次完成。

（二）用力肺活量测量方法

（1）用鼻夹夹紧鼻翼，不能漏气。
（2）双唇含半截吹气筒，不漏气，做 2 次平静呼气和吸气动作。
（3）平静呼气后立即用最大力气长吸一口气，直到不能再吸入气体为止。
（4）立即用最快的速度持续把气体呼出，坚持 6s，直到呼不出气体为止，然后恢复正常呼吸，一次完成。

（三）每分最大通气量测量方法

（1）用鼻夹夹紧鼻翼，不能漏气。
（2）双唇含半截吹气筒，不能漏气。
（3）做 1 次快速连续深吸气和深呼气动作，坚持 12s，中间不能停顿。

（四）每分通气量测量方法

（1）用鼻夹夹紧鼻翼，不能漏气。

（2）双唇含半截吹气筒，不能漏气。

（3）反复平静呼气和吸气，坚持 30s，中间不能停顿。

四、注意事项

（1）测量时，应按示例对吹气筒吹气，切勿使导气管向下，以免口中杂物和口水堵塞导气管而影响测量精度。

（2）在检测过程中，因鼻翼被夹住，故应保持用口呼吸；尽可能含紧吹气筒，保证测量过程中不漏气；尽可能配合检测人员的口令做呼气和吸气动作。

第三节 视 力

一、概 述

视力又称视敏度，是指眼能分辨物体两点间最小距离的能力，即眼对物体细微结构的分辨能力。眼识别远方物体或目标的能力称为远视力，识别近处细小对象或目标的能力称为近视力。在健康检查时，主要是检查远视力。在一定条件下，眼睛能分辨的物体越小，视觉的敏锐度越大，视力的基本特征在于辨别两点之间距离的大小。视力通常用视角的倒数表示，视角是指物体上两点的光线投射入眼内，通过节点相交时所形成的夹角。视角的大小与视网膜物像的大小成正比。在眼前方 5m 处，两个相距 1.5mm 的光点所发出的光线入眼后，形成的视角为 1 分角，此时的视网膜像约 4.5μm，相当于一个视锥细胞的平均直径。标准视力表上视力为 1.0（1/1 分角）的行正是表达了这种情况。

二、测试器材

视力表是根据视角的原理设计的。目前，国内常用的是《标准对数视力表》（GB11533—2011）。此视力表适用于 3 岁及以上儿童、青少年和成年人的一般体检，以及招生、招工等体检的远、近视力测量与视力障碍筛查。

三、测试环境条件

房间要求：长度不小于 6m，房间有窗户，能够保证自然采光。

视力表悬挂及照明要求：悬挂高度使 5.0 行视标与多数被调查对象的双眼在同一水平位置。视力表照度为 300～500lx。

四、检查方法

（1）被调查对象在距视力表 5m 处站立，用遮眼板将左眼轻轻遮上，先查右眼，后查左眼，均为裸眼视力。

（2）先从 5.0 行视标认起。如果看不清再逐行上查，如辨认无误则逐行下查。要求对每个视标识别时间不超过 5s。规定 4.0～4.5 各行视标中每行认错不超过 1 个；4.6～5.0 各行视标中每行认错不超过 2 个；5.1～5.3 各行中每行认错不超过 3 个。超过规定就不再往下检查，而以本行的上一行记为被调查对象的视力。

（3）如 5m 处不能辨认视力表最上一行视标，则应令被调查对象站立于距视力表 2.5m 处或 1m 处进行检查。所得视力值应分别减去校正数值 0.3 或 0.7 后，记为该被调查对象的视力。

例如，被调查对象在 5m 处不能辨认最上一行视标，令其在 2.5m 处检查，所得视力值为 4.2，则 4.2–0.3=3.9，被调查对象视力即为 3.9；被调查对象在 5m 和 2.5m 处都不能辨认最上一行的视标，令其在 1m 处检查，所得视力值为 4.2，则 4.2–0.7=3.5，被调查对象视力即为 3.5。

（4）视力记录方式：将被调查对象的左、右眼裸眼视力分别记入相应方格内。

例如，被调查对象的左、右眼裸眼视力分别为 5.0 和 4.6，则在“左”对应的方格内填入“5.0”，在“右”对应的方格内填入“4.6”。

五、注 意 事 项

（1）检查视力前，应向被调查对象讲解检查视力的目的、意义和方法，取得他们的配合。戴眼镜者应摘去眼镜（包括隐形眼镜）检查裸眼视力。

（2）检查如采用自然光线，应选择晴天，在固定时间和地点进行，以便前后对比。

（3）检查前不要揉眼，检查时不要眯眼或斜视。检测人员应随时注意监督。

（4）用遮眼板时，检测人员要提醒被调查对象不要压迫眼球，以免影响视力。

（5）不宜在长时间用眼、剧烈运动或体力劳动后即刻检查视力，至少要休息 10min 再做检查。检查若在室内进行，被调查对象从室外进入后也应有 15min 以上的适应时间。

第四节　耵　　聍

一、概　　述

外耳道软骨部皮肤有耵聍腺，耵聍腺分泌的淡黄色干性或黏稠的分泌物被称为耵聍，俗称耳垢或耳屎。耵聍具有保护外耳道皮肤和黏附外物的作用，一般会自行排出耳道，有时需借助耳勺、棉签、镊子等工具取出。若耵聍逐渐聚集成团，阻塞于外耳道内，即称耵聍栓塞，可影响听力或诱发炎症。

耵聍一般分为干性和湿性两种，干性耵聍呈块状或屑状，湿性耵聍呈黏稠的柏油状（图 4-1，见彩图 4）。耵聍的干性或湿性主要取决于遗传因素，都属于正常的生理现象。湿性为显性遗传，干性为隐性遗传。欧洲人和非洲人中湿性耵聍比例高达 97%～100%，而东亚人的湿性耵聍比例仅为5%～20%。东亚人的干性耵聍在世界人群中的比例最高，中国北方汉族人高达约98%。

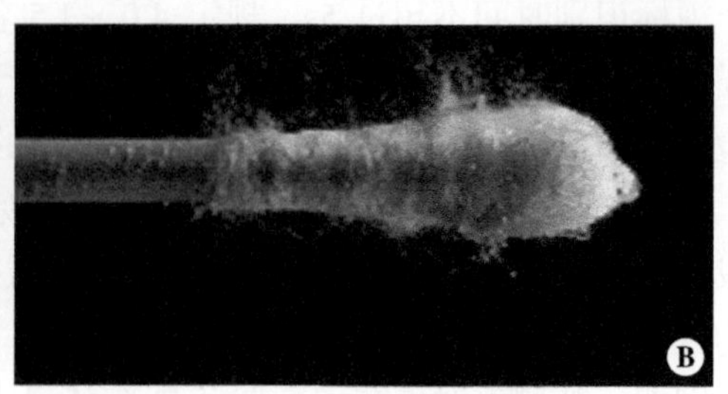

图4-1 耵聍
A. 干性；B. 湿性（油性）

二、检测器材

耵聍检测需用耳勺、棉签等工具。

三、检测方法

被调查对象坐在座椅上，两眼平视前方，身体放松，保持平静。用耳勺或棉签掏左右耳，耵聍呈块状或屑状者为干性耵聍，呈柏油状黏附在棉签上者为湿性耵聍。

第五节 肌 力

一、概 述

肌力是指肢体做随意运动时肌肉收缩的力量，主要发自上肢肌、下肢肌和背肌。为使结果准确、稳定、具有较好的重复性，应确保操作规范、测量动作标准，近端肢体应固定于适当位置，防止替代动作。体育锻炼后、疲劳时或饱餐后不宜做肌力测量，心血管疾病者应慎测。

二、测量器材

（一）握力计

握力计主要用于测量手的握力，以评定臂力、腕力甚至后背肌肉的综合协调机能。

握力计是信度高、应用广泛的握力测量仪器，可以记录5个不同抓握位置的握力值大小，计量单位为磅（lb）或千克（kg）。新一代的电子类握力计被证明具有更高的重测信度。

1. 普及型系列握力计 机械握力测试仪，金属框架，握距可调，指针显示；测力范围：0～1000N。刻度值：10N；精度：±3%。

2. 电子握力计 测量范围：0～99.9kg；分度值：0.1kg；示值误差：1%F·S；电源：一节9V叠式电池；工作环境：温度为18～26℃，相对湿度<90%；储存环境：温度为-10～50℃，相对湿度<75%；功能：握力峰值保持，开关/清零，定时关机，过载指示。

用途和特点：电子握力计是新一代握力测量器具，具有测量数据精确可靠、使用便捷的特点。主要用于人体机能的测量。

（二）电子背力计

电子背力计是主要用于测量腰背部和下肢肌肉肌力的仪器，一般由链条将横柄、踏板、表盘连接而成。

三、测量方法

（一）握力测量方法

握力是指特定条件下单手紧握握力器产生的力量总和，力量主要由前臂外侧肌群和手内侧肌群的共同收缩活动产生。握力因年龄和性别而异。从幼年至成年，握力随年龄增长而增加，以后趋于稳定；50岁后，体力渐衰，握力开始下降。同年龄的个体，不同性别间的差异明显，男性的握力大于女性，在青少年发育期尤为明显。左右手握力的平均值差异甚为显著，右手的握力平均值常大于左手，左手握力强度为右手的91%～96%。

1. 测量方法 首先根据被调查对象手的大小，调节内外镫之间的距离，使2～5指的各中间指节恰好扣于内镫上；被调查对象双足自然分开、身体直立，上肢自然下垂，其中一手持握力计，以掌和4指全力紧握内外镫至最大限度，记录数值。左右手臂交互测量，各重复测量3次，每次间隔30s，最终使用最大测量值（图4-2）。

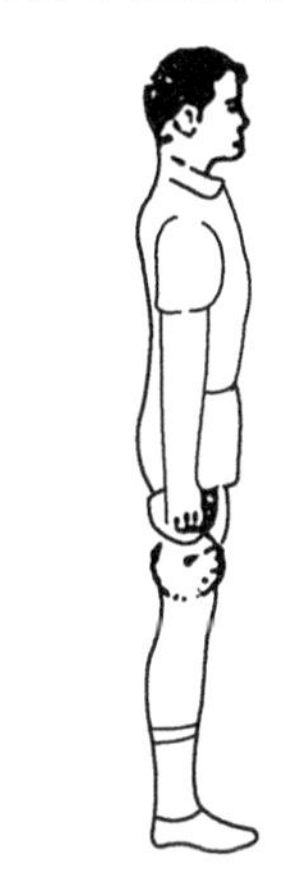

图4-2 握力测量（人体测量与评价编写组，1990）

2. 测量仪器 电子握力计。

3. 测量时注意事项

（1）被调查对象双足自然分开、身体直立，上肢自然下垂，但不可与体侧相靠，肘部与膝部不可与桌子或其他物品接触。

（2）持握力计的手臂应徐徐施力，不可使用瞬时冲力，全力握紧把柄直至不能用力。

（二）背力测量方法

背力可作为全身肌力的代表性指标，用电子背力计测量。先校正测力器，被调查对象预先做腹部活动。

1. 测量仪器 电子背力计。

2. 测量方法 被调查对象双足踏在背力计踏板上，双足相距约 15cm；以髋关节为轴心，躯干前俯 30°，下肢伸直；双手紧握背力计横柄，缓缓伸直躯干，同时双手用力提拉横柄至最大限度，此时指针所示读数即为背力的数值。应连续测定 3 次并记录数值，最终使用最大的数值（图 4-3）。

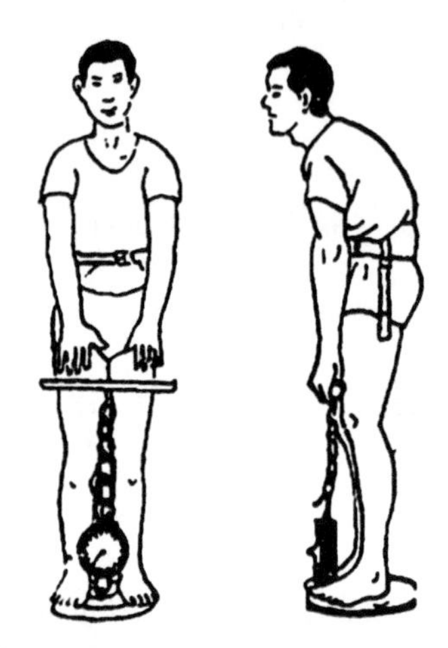

图 4-3 背力测量（人体测量与评价编写组，1990）

3. 测量时注意事项

（1）背力计的链条长度应根据被调查对象的膝高调节。

（2）被调查对象伸直躯干时应徐徐施力，不可使用瞬时的冲力。

（3）测量时间最好在上午 10～11 时或下午 2～3 时。

（4）高温、低压、高湿度时，全身肌力减弱，不宜进行背力测量。

（5）被调查对象疲劳时，也不宜进行背力测量。

（三）腿力测量方法

腿力主要测量大腿与小腿的前群肌与后群肌产生的肌力，用背和腿测力计测量。

测量方法：被调查对象挺直头部与胸部，弯曲膝部，双手紧握背和腿测力计的横柄，调整测力计链条的长度（根据被调查对象的膝高而定），然后用力徐徐伸直膝部至最大限度，提起横柄，此时指针所示读数即为腿力的数值。测量 3 次，取最大记录值。

第五章 生 化 表 型

生化指标反映机体血液中各种代谢物的量与质，如丙氨酸氨基转移酶、天冬氨酸氨基转移酶、总胆固醇、血清葡萄糖等，是重要的体质人类学表型。医疗实践中血清生化检测是实验诊断学的重要组成部分，其主要内容包括：①以血清中的物质分类，探讨疾病时的生化变化，如糖尿病及其他糖代谢紊乱、血浆脂质和脂蛋白代谢紊乱、电解质代谢紊乱等。②以器官和组织损伤分类，探讨疾病时的生化变化，如内分泌腺、肝脏、肾脏等器官损伤时，血液中的生化成分改变及代谢紊乱等。③血清酶学及临床治疗药物检测等。生化表型检测项目（及其组合）除了应用于临床，也可为人群特征分析、流行病学研究提供重要依据，是国人体质健康资料和表型组学的重要数据信息。

生化表型的检测值分布于一定的区间范围很正常，标本的获取参照医学临床检验，标本质量、检测仪器、试剂、操作方法等均可对生化表型的检测值产生影响，因此在群体性对比时建议使用相同的仪器、试剂和操作方法。检测被调查对象的血清生化指标，旨在了解各民族群体的生化表型（表 5-1）。

表 5-1 常见生化表型

中文名称	英文名称	英文缩写	参考值范围
丙氨酸氨基转移酶	alanine aminotransferase	ALT	速率法（37℃）：5～40U/L； 终点法（赖氏法）：5～25 卡门单位
天冬氨酸氨基转移酶	aspartate aminotransferase	AST	速率法（37℃）：8～40U/L； 终点法（赖氏法）：8～28 卡门单位
总胆红素	total bilirubin	TBIL	3.4～17.1μmol/L
总胆固醇	total cholesterol	TC	＜5.2mmol/L
甘油三酯	triglyceride	TG	0.56～1.70mmol/L
高密度脂蛋白	high density lipoprotein	HDL	1.04～1.55mmol/L
低密度脂蛋白	low density lipoprotein	LDL	＜3.4mmol/L
葡萄糖	glucose	GLU	3.9～6.1mmol/L
肌酐	creatinine	Cr/CREA	88.4～176.8μmol/L
尿素氮	urea	UREA	3.2～7.1mmol/L
尿酸	uric acid	UA	酶法： 男性 208～428μmol/L 女性 155～357μmol/L 磷钨酸盐法： 男性 268～488μmol/L 女性 178～387μmol/L

第一节　标本采集与处理方法

一、标本的正确采集

标本采集必须符合两个条件：满足检测结果正确性的各项要求；检测结果能真实反映检验对象的当前情况，避免干扰因素的存在。

二、标本的储存

标本采集后尽快送至实验室，若不能及时送检，已采集的标本按检验规定的储存条件，如室温、冰浴、温浴或防腐储存。将标本直立置于稳定、干燥、避光、密闭的环境中，避免振摇，以免标本遗洒或溶血而影响检测结果。4℃保存超过 6h 时，保存时间的长短会明显影响总蛋白、清蛋白和葡萄糖的测定结果。采样现场一般采取低速离心、分装后–20℃冷冻保存。

三、标本的运送

必须保证运送后标本的分析结果与刚采集标本的分析结果一致。推荐使用干冰冷链运输。

四、标本的签收

现场工作人员采集并分离标本后，运送到实验室及实验室人员接收标本，均应按标准化要求进行，应认真核对标本来源、标本属性、检查项目、标本采集和运送是否合乎要求等，标本送出人员和标本接收人员都要认真记录并签字存档。

五、实验室处理

实验室处理应遵从国家和检测机构相关的标准与操作流程。考虑到生化指标检验的时效性，生化指标的检验委托当地有检验资质的机构进行，如当地二级甲等以上医院，或具有检验资质的第三方机构。

六、数 据 反 馈

检验完成后，调查人员要及时从检验机构获取对应的原始检验数据，并录入表型数据库。一般要求检验机构出具两份相应的检验报告单，一份发放给被调查对象，另一份由调查组保存，并按照调查群体装订成册。

第二节　常用生化表型及意义

一、丙氨酸氨基转移酶

丙氨酸氨基转移酶（ALT，又称谷丙转氨酶）主要分布于肝细胞中，其次为骨骼肌、肾脏和心肌组织。非疾病状态下血清 ALT 含量极低，当肝细胞受损、细胞膜通透性增加时，血清中 ALT 的活性即可明显升高。

1. 参考值范围

（1）速率法（37℃）：5～40U/L。

（2）终点法（赖氏法）：5～25 卡门单位。

2. 临床意义　各种感染、中毒等因素致肝细胞损伤时，ALT 可大量透过肝细胞膜释放入血清。因此，ALT 是诊断病毒性、中毒性肝炎的敏感指标，但特异性较差，某些肝外疾病如心肌梗死、骨骼肌疾病、肺梗死、肾梗死、感染性休克等也可导致其升高。

二、天冬氨酸氨基转移酶

天冬氨酸氨基转移酶（AST，又称谷草转氨酶）亦主要存在于肝细胞中，其次为骨骼肌及肾脏。相较于 ALT 主要存在于非线粒体中，大约 80%的 AST 存在于线粒体中，因此当发生严重肝细胞损伤累及线粒体膜时，可导致线粒体内的 AST 释放，血清中 AST/ALT 值将升高。

1. 参考值范围

（1）速率法（37℃）：8～40U/L。

（2）终点法（赖氏法）：8～28 卡门单位。

2. 临床意义　在各种病毒性肝炎的急性期、药物性肝损伤出现轻中度肝细胞坏死时，血清中 AST 轻度升高；严重肝细胞坏死时，线粒体中的 AST 大量释放，故 AST 的绝对值及 ALT/AST 值变化均可反映肝细胞损伤的严重程度。

三、血清总胆红素

血液循环中，胆红素的主要来源——衰老红细胞，在肝脏、脾脏及骨髓的单核–吞噬细胞系统中分解和破坏，释放出血红蛋白，然后经过一系列代谢，最终形成胆红素。血清总胆红素（TBIL）是直接胆红素和间接胆红素的总和。间接胆红素的定义为不与葡萄糖醛酸结合的胆红素。间接胆红素难溶于水，不能通过肾脏随尿排出，可在肝细胞内转化，与葡萄糖醛酸转移酶结合形成直接胆红素（结合胆红素）。直接胆红素溶于水，能通过肾脏随尿排出体外。

1. 参考值范围　血清总胆红素：3.4～17.1μmol/L。

2. 临床意义 判断有无黄疸、黄疸程度及演变过程，推断黄疸病因、判断黄疸类型，进一步诊断有无溶血，以及判断肝胆系统在胆色素代谢中的功能状态等。

四、血清胆固醇

胆固醇（CHO）是脂质的组成成分之一，70%为胆固醇酯，30%为游离胆固醇，总称为总胆固醇（TC）。TC检测在临床上常用于早期评估动脉粥样硬化风险及降脂药使用后的监测。

1. 参考值范围

（1）合适水平：＜5.2mmol/L。

（2）边缘水平：5.2～6.2mmol/L。

（3）升高：＞6.2mmol/L。

2. 临床意义 血清TC水平受多种因素影响，主要包括年龄、性别、遗传、饮食等，通常男性高于女性，脑力劳动者高于体力劳动者。因此，很难制定统一的参考值范围。依据血清胆固醇水平及其与心、脑血管疾病发生风险的相关性，将胆固醇分为合适水平、边缘水平和升高。作为诊断指标，TC的特异性和灵敏性较差，只能作为某些疾病如动脉粥样硬化的危险因素之一，TC常作为评估动脉粥样硬化风险、发病预测及降脂药疗效观察的参考指标。

五、甘油三酯

甘油三酯（TG）亦称三酰甘油，是甘油和3个脂肪酸所形成的酯，又称为中性脂肪。TG是机体恒定的能量来源，主要存在于β-脂蛋白和乳糜微粒中，直接参与胆固醇和胆固醇酯的合成。TG同样为动脉粥样硬化的危险因素，适用于低脂饮食及降脂药物的治疗监测。

1. 参考值范围

（1）合适水平：0.56～1.70mmol/L。

（2）边缘水平：1.70～2.30mmol/L。

（3）升高：＞2.30mmol/L。

2. 临床意义 血清TG受生活饮食习惯和年龄的影响，个体间存在较大差异。由于TG的半衰期短（5～15min），进高脂、高糖和高热量饮食后，外源性TG可明显升高，且以乳糜微粒的形式存在。由于乳糜微粒的分子较大，能使光线散射而导致血浆浑浊，甚至呈乳糜样，称为饮食性脂血。因此，必须在空腹12～16h静脉采集血液标本测定TG，以排除和减少饮食的影响。TG升高常见于原发性高脂血症、糖尿病、痛风、甲状腺功能减退症及肾病综合征；TG降低常见于营养不良、严重肝功能异常、甲状腺功能亢进等。

六、高密度脂蛋白

高密度脂蛋白（HDL）是血清中颗粒密度最大的脂蛋白，是由脂质和蛋白质及其所携带的调节因子组成的复杂脂蛋白。HDL 水平升高有利于胆固醇在外周组织清除，从而防止动脉粥样硬化的发生，故 HDL 被认为是抗动脉粥样硬化因子。HDL 在血液循环中和胆固醇结合形成高密度脂蛋白胆固醇（HDL-C），HDL-C 是临床检验的指标，一般通过检测 HDL-C 的含量来反映血液中 HDL 的水平，其检测亦适用于动脉粥样硬化的风险评估及降脂药物的治疗监测。

1. 参考值范围 高密度脂蛋白：1.04～1.55mmol/L。

2. 临床意义

（1）HDL 升高对防止动脉粥样硬化、预防冠心病的发生有重要作用。HDL 水平低的个体发生冠心病的风险高，HDL 水平高的个体发生冠心病的风险低，故 HDL 可用于评估发生冠心病的危险性。

（2）HDL 降低常与动脉粥样硬化、急性感染、糖尿病、肾病综合征，以及雄、雌、孕激素药物的使用等有关。

七、低密度脂蛋白

低密度脂蛋白（LDL）是富含胆固醇的脂蛋白，作为载体使胆固醇进入细胞进行降解或转化。LDL 在血液循环中与胆固醇结合形成低密度脂蛋白胆固醇（LDL-C），临床上以 LDL-C 的含量来反映 LDL 水平。LDL-C 经过某些化学修饰后，被吞噬细胞摄取，形成泡沫细胞并停留在血管壁内，导致胆固醇沉积，促使动脉壁形成动脉粥样硬化斑块，故 LDL-C 被认为是动脉粥样硬化的致病因素。

1. 参考值范围

（1）合适水平：＜3.4mmol/L。

（2）边缘水平：3.4～4.1mmol/L。

（3）升高：＞4.1mmol/L。

2. 临床意义

（1）LDL-C 升高可用于判断发生冠心病的危险性。在其他疾病方面，如高脂血症、甲状腺功能减退症、肾病综合征、胆汁淤积性黄疸、肥胖症，以及应用雄激素、β-受体阻滞剂、糖皮质激素等，也会造成 LDL 升高。

（2）LDL-C 降低常见于无 β-脂蛋白血症、甲状腺功能亢进症、吸收不良、肝硬化及低脂饮食和运动等。

八、血清葡萄糖

血清葡萄糖（GLU）是评估体内糖代谢最常用和最重要的指标，易受肝脏功能、内分泌激素、神经因素和抗凝剂等多种因素的影响，且不同的检测方法及采血部位也会影响检测结果。常用葡萄糖氧化酶法和己糖激酶法测定，可采集静脉血或毛细血管血，可检测血浆、血清或全血，以空腹血浆葡萄糖检测最可靠，但临床上采用血清较多且更为方便。

1. 参考值范围 成年人空腹血浆葡萄糖正常值：3.9～6.1mmol/L。

2. 临床意义 葡萄糖由小肠吸收进入血液，并被运输到机体中的各个细胞，是细胞的主要能量来源，必须保持一定的水平才能维持体内各器官和组织的需要。正常人血糖相对稳定，进食1～2h后升高，早餐前降到最低。血糖异常会导致多种疾病，如持续血糖浓度过高的高血糖和过低的低血糖。由多种原因导致的持续性高血糖会引发糖尿病，这也是与血糖浓度相关最显著的疾病。血糖检测是诊断糖尿病的最重要依据，也是判断糖尿病病情和血糖控制程度的主要指标。

九、肌　酐

肌酐（Cr）又称肌酸酐，是肌肉在人体内代谢的产物，每20g肌肉代谢可产生1mg肌酐，每天肌酐的生成量相对稳定。肌酐主要由肾小球滤过，通过尿液排出体外。血清肌酐来源区分为外源性和内源性：外源性肌酐是肉类食物在体内代谢后的产物；内源性肌酐是体内肌肉组织代谢的产物。在肉类食物摄入量稳定时，肌酐的生成就会比较恒定。通常肌酐又分为血清肌酐和尿肌酐。肾功能不全时，肌酐在体内蓄积成为对人体有害的毒素，而肌酐过高可能会合并高钾血症、高尿酸血症、高脂血症、低蛋白血症、代谢性酸中毒等情况。

1. 参考值范围

（1）全血肌酐：88.4～176.8μmol/L。

（2）血清/浆肌酐：男性53～106μmol/L，女性44～97μmol/L。

2. 临床意义

（1）评估肾小球滤过功能：肌酐升高多见于各种原因引起的肾小球滤过功能减退。①急性肾功能衰竭：血肌酐进行性升高为器质性损害的指标，可伴少尿或无尿。②慢性肾功能衰竭：血肌酐升高程度与疾病的严重程度相一致，例如，肾衰竭代偿期，血肌酐＜178μmol/L；肾衰竭失代偿期，血肌酐＞178μmol/L；肾衰竭期，血肌酐＞445μmol/L。

（2）鉴别肾前性和肾实质性少尿。

（3）生理变化：老年人、消瘦者肌酐可能偏低，因此一旦血肌酐上升，就须警惕肾功能受损，应进一步做内生肌酐清除率（Ccr）检测。

（4）药物影响：当血肌酐明显升高时，肾小管肌酐排泌增加，致Ccr超过真正的肾小球滤过率。例如，西咪替丁可抑制肾小管对肌酐的分泌。

十、尿 素 氮

尿素氮（UREA）是哺乳动物蛋白质分解代谢的终产物，生成量取决于饮食中蛋白质摄入量、组织蛋白分解代谢及肝功能，主要经过肾小球滤过随尿排出体外。当肾实质受损害时，内生肌酐清除率降低，血液中尿素氮浓度升高，因此可以通过测定尿素氮粗略评估肾小球的滤过功能。

1. 参考值范围 成年人3.2～7.1mmol/L；婴儿、儿童1.8～6.5mmol/L。

2. 临床意义

（1）血尿素氮升高见于：①器质性肾功能损害；②肾前性少尿；③蛋白质分解或摄入过多。

（2）作为肾衰竭透析充分性评估指标。

十一、尿 酸

尿酸（UA）为核蛋白和核酸中嘌呤分解代谢的产物，故既可来自体内，也可来自食物中嘌呤的分解代谢。尿酸的主要生成场所为肝脏，经肾脏随尿排出体外。尿酸可自由透过肾小球，亦可经肾小管排泌，原尿中的尿酸90%左右在肾小管重吸收回到血液中。因此，血尿酸浓度主要受肾小球滤过功能和肾小管重吸收功能的影响，在肾功能严重受损时，血中尿酸可显著升高，故血尿酸测定是诊断肾功能受损程度的敏感指标。

1. 参考值范围 成年人血清（浆）尿酸浓度，酶法：男性208～428μmol/L，女性155～357μmol/L；磷钨酸盐法：男性268～488μmol/L，女性178～387μmol/L。

2. 临床意义

（1）血尿酸升高。①肾小球滤过功能损害：在反映早期肾小球滤过功能损害上较血肌酐和血尿素氮灵敏。②体内尿酸生成异常增多：常见于高嘌呤饮食及高分解代谢性疾病，例如遗传性酶缺陷所致的原发性痛风，以及多种血液病、恶性肿瘤等因细胞被大量破坏所致的继发性痛风，亦见于长期使用某些利尿剂和抗结核药物，以及慢性铅中毒、长期禁食者等。

（2）血尿酸降低。各种原因致肾小管重吸收功能损害，尿中尿酸大量丢失，以及肝功能严重损害所致的尿酸生成减少，如范科尼综合征、急性肝坏死、肝豆状核变性等。此外，慢性镉中毒、使用磺胺及大剂量糖皮质激素，参与尿酸生成的黄嘌呤氧化酶、嘌呤核苷磷酸化酶先天性缺陷等，亦可致血尿酸降低。

第六章　疾病相关表型（调查问卷）

从健康到疾病是由固定的谱阶组成的过程，人群疾病包括 6 个谱阶：①健康人；②对疾病危险因子处于敏感状态者；③发病前兆者；④前期症状者；⑤临床患者；⑥死亡。疾病也是一类特殊的人体表型，调查获得疾病相关表型特征如疾病谱、生活史、家族史、遗传史、疾病高危因素（如心脑血管病的高盐饮食、肥胖、吸烟、高血压、糖尿病）等，对掌握人群健康状况，了解疾病发生发展规律，预防控制疾病发生发展具有重要意义。

20 世纪 50 年代以后，人类的疾病谱发生了很大变化，全国范围内不同地区的疾病谱有很大差别。另外，不同民族群体有着不同的遗传基因和生活方式，各民族地区疾病谱各不相同，疾病防治的重点应有所不同。因此，开展我国各民族群体疾病相关调查，获得不同民族、不同地区、不同年龄人群的不同疾病相关表型，掌握各地区人群疾病谱和医疗服务需求，对研究疾病发生的环境–基因交互作用，制定符合各地区实际情况的疾病防治策略、医疗卫生政策，优化卫生资源配置和疾病防控策略具有重要意义。

疾病相关表型调查主要采用问卷的方式，问卷主要是调查核心人群的个人和家庭一般情况、个人健康状况、两周病伤情况、半年内患慢性疾病情况、调查前一年患者住院基本情况、慢性疾病家族史、妇女专科检查（针对女性）、饮食习惯、体格检查等项目。另外，针对核心调查人群聚集区的新农合报销登记系统、医院信息管理系统、健康档案系统等进行疾病相关表型的抽取。

第一节　疾病相关表型调查问卷的基本要求

1. 内容客观、真实、有效　疾病相关表型的调查问卷应能体现研究的实质内容，能反映研究计划的完善程度，问卷内容必须客观、真实、有效，尽量全面完整，所设计的问题简单明确，能真实反映所调查疾病的特征。

2. 格式规范、项目完整　按照问卷设计的格式进行书写，项目内容与录入时的数据一致，便于计算机管理。

（1）各种表格栏内必须逐项认真填写，不可空缺，无内容者画“/”或“—”。

（2）每张问卷均须完整填写包括个人信息在内的所有内容，以避免与其他被调查对象混淆。

（3）计量单位一律采用中华人民共和国法定计量单位。

（4）日期和时间一律使用阿拉伯数字书写。

3. 表述准确、用词恰当　表述要使用通用的词汇和术语，力求精练、准确，语句通顺、标点正确。

（1）规范使用汉字，避免错别字。两位以上的数字一律用阿拉伯数字书写。

（2）尽量使用中文医学术语，通用的外文缩写和无规范中文译名的症状、体征、疾病名称、药物名称可以使用外文。

4. 字迹工整、签名清晰

（1）使用黑色墨水笔书写。

（2）字迹应清楚易认，尤其是签名。

5. 审阅严格、录入规范　每份调查问卷均采用不同录入人员“双录入”的模式进行电子档案录入，电子档案由专人校正，发现问题及时溯源纠正。临时聘用的医务人员、研究人员参与调查问卷工作前，应由专业调查员进行培训；完成的调查问卷，应经过质量控制人员审阅。审查修改应保持原记录清晰可辨，注明修改时间并签署修改人姓名。不得采用刮、粘、涂等方法掩盖或去除原来的字迹。

6. 法律意识、尊重权利　问卷调查过程中应尊重被调查对象的知情权和选择权，调查员应将研究目的、研究方法、注意事项及权利等如实告知被调查对象，由被调查对象自主决定是否参与调查并签字确认，这样有利于保护双方的合法权利。

第二节　疾病相关表型调查问卷的主要内容

一、个 人 情 况

个人情况包括姓名、性别、年龄、民族、婚姻状况、出生地、职业、工作单位、住址、居住条件等，需逐项填写，不可空缺。

二、生 活 习 惯

记录长期居留地，饮食及起居习惯，有无烟酒等嗜好，常用药物，职业与工作条件及有无工业毒物、粉尘、放射性物质接触史等。

三、个人健康状况及家族史调查

1. 个人健康状况　主要调查并记录被调查对象既往健康和疾病情况，内容包括既往一般健康状况、疾病史、传染病史等。

2. 家族史

（1）父母子女、兄弟姐妹的健康情况，有无与被调查对象本人类似的疾病，可用于分析各种疾病的家族聚集情况。

（2）可依据调查目的设计问卷，依据病种系统回顾或人群发病基数进行设计。

四、妇女专科调查

针对女性被调查对象还应调查月经史和生育史，以及健康体检的频次和内容，尤其是两癌筛查情况等，以便评估一级预防对受试人群疾病谱产生的影响。

1. 月经史 调查并记录初潮年龄、行经期天数、间隔天数、末次月经时间（或闭经年龄）等情况，并记录月经量、颜色，有无血块、痛经、白带、慢性盆腔痛等情况。

2. 生育史 调查并记录分娩数、早产数、流产数、存活数及对应的受孕和分娩方式，并记录避孕措施等情况。

附：疾病相关表型调查问卷

1. 个人情况

1.1 姓名：______________ 性别：______ 年龄：______岁，民族：_______

身份证号码：________________________________

手机号码：___________________ 固话|__|__|__|__|(区号)-|__|__|__|__|__|__|__|__|

1.2 请提供一个您亲属的姓名，以便在联系不到您的时候，可以和该名亲属联系

亲属姓名：__________ 关系：__________

固话|__|__|__|__|（区号）-|__|__|__|__|__|__|__|__| 手机号码：__________

1.3 现地址：__________省__________市__________县__________乡（镇/街道）

1.4 籍贯：____________省____________市/县

1.5 婚姻状况|__|

（1）未婚 （2）已婚 （3）离婚 （4）丧偶 （5）再婚

1.6 职业状况|__|

（1）农民 （2）工人 （3）教师 （4）公务员 （5）医务工作者 （6）警察 （7）商业/服务/个体 （8）家政服务 （9）法律工作者 （10）学生 （11）牧业 （12）退休 （13）其他（注明）____________

1.6.1 如果退休，退休之前您的职业是 |__|

1.6.2 作业地点 |__|

（1）主要在室内 （2）室内室外各半 （3）主要在室外

1.7 家里或工作场所使用空调情况 |__|

（1）只有家里用 （2）只有工作场所用 （3）家里和工作场所都用 （4）都不用

1.7.1 如果家里使用空调，夏天平均每天开启________h（小时）

1.7.2 如果工作场所使用空调，您大约在工作地的空调房每天待________h（小时）

1.8 请列出所有居住时间超过一年的居所情况和做饭装置及燃料类型，从当前开始填写

项目	内容	1	2	3
起始年龄				
结束年龄				
居住地	（1）城市；（2）农村	（1）（2）	（1）（2）	（1）（2）
房屋类型	（1）木砖结构；（2）土坯房；（3）砖混结构；	（1）（2）（3）	（1）（2）（3）	（1）（2）（3）
	（4）楼房；（5）其他；（6）不知道	（4）（5）（6）	（4）（5）（6）	（4）（5）（6）
楼层				

续表

项目	内容	1	2	3
独立厨房（与客厅分离、独立于客厅之外的单独厨房）	（1）是；（2）否；（3）室外做饭	（1）（2）（3）	（1）（2）（3）	（1）（2）（3）
厨房通风情况	（1）良好；（2）一般；（3）很差	（1）（2）（3）	（1）（2）（3）	（1）（2）（3）
是否做饭	（1）是；（2）否	（1）（2）	（1）（2）	（1）（2）
做饭频率	（1）从不；（2）偶尔；（3）每天一次；（4）每天两到三次；（5）每天三次以上	（1）（2）（3）（4）（5）	（1）（2）（3）（4）（5）	（1）（2）（3）（4）（5）
做饭时长（min）				
做饭装置	（1）燃气灶；（2）煤炉；（3）电子烹饪设备；（4）土灶；（5）其他；（6）不知道	（1）（2）（3）（4）（5）（6）	（1）（2）（3）（4）（5）（6）	（1）（2）（3）（4）（5）（6）
是否用抽油烟机	（1）是；（2）否	（1）（2）	（1）（2）	（1）（2）
主要取暖装置	（1）无；（2）炉子；（3）取暖器；（4）空调；（5）其他；（6）不知道	（1）（2）（3）（4）（5）（6）	（1）（2）（3）（4）（5）（6）	（1）（2）（3）（4）（5）（6）
卧室通风情况	（1）良好；（2）一般；（3）差	（1）（2）（3）	（1）（2）（3）	（1）（2）（3）
地板材质	（1）实木地板；（2）强化木地板；（3）竹地板；（4）瓷砖、石头；（5）水泥地板；（6）PVC（塑料）地板；（7）化纤地毯；（8）纯毛地毯；（9）麻毛地毯；（10）不知道	（1）（2）（3）（4）（5）（6）（7）（8）（9）（10）	（1）（2）（3）（4）（5）（6）（7）（8）（9）（10）	（1）（2）（3）（4）（5）（6）（7）（8）（9）（10）
厕所类型	（1）居室内冲水式；（2）居室内非冲水式；（3）居室外；（4）公共厕所；（5）旱厕	（1）（2）（3）（4）（5）	（1）（2）（3）（4）（5）	（1）（2）（3）（4）（5）

1.9 您的受教育程度|__|

（1）文盲　（2）小学　（3）初中　（4）高中/技校　（5）中专/中技　（6）大专　（7）本科及以上

1.10 您的家庭户主受教育程度|__|

（1）文盲　（2）小学　（3）初中　（4）高中/技校　（5）中专/中技　（6）大专　（7）本科及以上

1.11 您家中一共_____口人，去年您全家的总收入（包括各种来源）为多少　|__|

（1）<2500 元　（2）2500～4999 元　（3）5000～9999 元　（4）10 000～19 999 元　（5）20 000～34 999 元　（6）≥35 000 元　（7）不知道

2. 生活习惯

2.1 您吸烟（曾经 6 个月内每 1～3 天至少吸过 1 支烟）吗　|__|

（1）否　（2）曾经吸，现已戒　（3）是

2.2 您是从多大年龄开始有规律吸烟的：_____岁

2.3 您每天吸多少支烟：_____支/天

2.4 如果已戒烟，那么已戒烟_____年

2.4.1 未戒前的吸烟量：_____支/天，吸烟年数：_____年

2.5 是否有家人或同事等经常当着您的面吸烟 |__|

（1）是 （2）否

2.5.1 他们（加起来进行估计）的吸烟量：_____支/天

2.6 您饮白酒吗（曾经6个月内每周至少1次） |__|

（1）否 （2）每周1次 （3）每周2～3次 （4）每周3次以上

2.7 您饮啤酒、红酒、黄酒、米酒吗[至少1两（50ml）起算] |__|

（1）否 （2）每周1次 （3）每周2～3次 （4）每周3次以上

2.8 喝酒是否会出现面红、心跳加快及头晕等反应 |__|

（1）是，喝一两口就出现反应 （2）是，少量喝酒后出现反应（一小罐啤酒、1两黄酒或一小杯白酒） （3）是，大量喝酒后才出现反应（一大瓶啤酒、半斤黄酒或2两以上白酒） （4）否

2.9 您一生中是否经历过严重的食物短缺（至少持续3个月） |__|

（1）是 （2）否

2.10 您所经历的食物短缺，最为严重的是在哪些年：__________年至__________年

2.11 饮食习惯（可多选）

2.11.1	平常的口味偏好 （1）烧烤 （2）辛辣 （3）油炸 （4）偏咸 （5）甜食 （6）无
2.11.2	饮食习惯类型 （1）偏咸 （2）偏甜 （3）重油 （4）热食 （5）素食 （6）辛辣 （7）其他（注明）________
2.11.3	主要吃的主食 （1）大米 （2）面食 （3）粗粮 （4）薯类 （5）其他（注明）________
2.11.4	主要吃的蔬菜种类 （1）叶菜 （2）根茎 （3）瓜茄 （4）鲜豆 （5）菌藻
2.11.5	冬春季节吃蔬菜的频率 （1）每天都吃 （2）4～5次/周 （3）2～3次/周 （4）小于1次/周 （5）不吃
2.11.6	主要吃的水果种类 ________
2.11.7	冬春季节吃水果的频率 （1）每天都吃 （2）4～5次/周 （3）2～3次/周 （4）小于1次/周 （5）不吃
2.11.8	主要吃的肉类 （0）无 （1）猪肉 （2）牛肉 （3）羊肉 （4）禽肉 （5）内脏 （6）鸡鸭脖子 （7）其他（注明）________
2.11.9	吃肉的频率 （1）每天都吃 （2）4～5次/周 （3）2～3次/周 （4）小于1次/周 （5）不吃
2.11.10	主要吃的水产品 （0）无 （1）海鱼 （2）河鱼 （3）虾 （4）贝壳类 （5）其他（注明）_______
2.11.11	吃水产品的频率 （1）3次以上/周 （2）1～2次/周 （3）1～2次/月 （4）小于1次/月 （5）不吃
2.11.12	主要吃的豆制品 （0）无 （1）豆腐 （2）豆腐皮 （3）腐竹 （4）黄豆 （5）豆浆 （6）其他（注明）________
2.11.13	吃豆制品的频率 （1）每天都吃 （2）4～5次/周 （3）2～3次/周 （4）小于1次/周 （5）不吃
2.11.14	主要食用奶类的品种 （0）无 （1）鲜奶 （2）酸奶 （3）奶粉 （4）其他
2.11.15	食用奶类的频率 （1）每天都喝 （2）4～5次/周 （3）2～3次/周 （4）小于1次/周 （5）不喝
2.11.16	主要吃的蛋类 （0）无 （1）鸡蛋 （2）鸭蛋 （3）鹅蛋 （4）鹌鹑蛋 （5）其他（注明）________
2.11.17	吃蛋类的频率 （1）每天都吃 （2）4～5次/周 （3）2～3次/周 （4）小于1次/周 （5）不吃
2.11.18	常用食用油类 （1）豆油 （2）花生油 （3）棉籽油 （4）动物油 （5）其他（注明）________
2.11.19	食用盐的品种 （1）加碘盐 （2）非碘盐 （3）粗盐 （4）其他（注明）________

2.11.20	自我感觉自己的口味　（1）轻　（2）中　（3）重
2.11.21	晚餐吃饭平均用多长时间：________min
2.11.22	饮食搭配情况　（1）以荤为主　（2）荤素搭配　（3）以素为主　（4）不吃素菜　（5）全素食
2.11.23	在过去的一个月中您大概多长时间吃一次辣食　（1）不吃　（2）偶尔吃　（3）1～2天/周　（4）3～5天/周　（5）几乎每天
2.11.24	大约从几岁开始养成每周吃辣食的习惯：________岁
2.11.25	吃辣食时，您通常喜欢吃多辣的食物　（1）微辣　（2）中辣　（3）重辣

2.12 您经常用防晒霜吗　|__|

（1）经常　（2）偶尔　（3）很少或几乎不用

2.13 您在太阳下经常戴遮阳帽（草帽）或打遮阳伞吗　|__|

（1）经常　（2）偶尔　（3）很少或几乎不用

2.14 您晒伤过吗　|__|

（1）是　（2）否

2.14.1 如果是，晒伤表现为　|__|

（1）皮肤变红　（2）脱皮　（3）起水疱　（4）其他（注明）________

2.15 下列年龄段中您每天平均日晒时间

年龄段（岁）	6～15	16～25	26～35	36～45	46～55	56～65	>65
日晒时间（h）							

2.16 您是否有使用护肤品的习惯　|__|

（1）经常　（2）偶尔　（3）很少或几乎不用

2.17 您是否做过以下皮肤美容手术（可多选）|__||__||__||__||__|

（1）无　（2）祛除黑痣　（3）除皱　（4）激光焕肤　（5）整形手术

（6）注射肉毒素（______）　（7）其他（注明）________

2.18 您近半年是否对头发进行过以下处理（排除正常剪发，可多选）|__||__||__||__||__|

（1）无　（2）烫发　（3）染发　（4）拉直　（5）护理　（6）其他（注明）________

2.19 您平均多久洗一次头发？每隔_____天。

2.20 是否使用护发素　|__|

（1）经常（1个月内/次）　（2）偶尔（2～3个月/次）

（3）很少或几乎不用（大于3个月/次）

2.20.1 若经常使用护发素，频率为每隔_____天/次。

2.21 您会经常换不同牌子的洗发水吗　|__|

（1）经常（1个月内换一次）　（2）偶尔（2～3个月换一次）

（3）很少或几乎不换（>3个月换一次）

2.21.1 若经常换不同牌子的洗发水，那么更换频率为隔_____天/次。

2.22 洗完头发后，您会经常用吹风机吹干吗（括号中为频率）|__|

（1）经常（1～7天）　（2）偶尔用（8～30天）

（3）不会，自然晾干（大于30天）

2.23 轻微活动后或处于安静状态时，您是否容易出汗 |__|

（1）经常（1～7天）　（2）偶尔（8～30天）　（3）否（大于30天）

2.24 您容易出汗的部位有（可多选）|__||__||__||__||__|

（1）无　（2）腋下　（3）额头　（4）脚底　（5）手心　（6）鼻头

（7）其他（注明）______________

2.25 您面部皮肤是否会因为以下情况而发生过敏（可多选）|__||__||__||__||__||__|

（1）无　（2）日晒　（3）寒冷　（4）炎热　（5）刮风　（6）吃辛辣食物

（7）吃海鲜　（8）环境污染　（9）吸烟　（10）饮酒　（11）生理周期

（12）压力或心情不好　（13）其他（注明）____________

2.26 您小时候（7～12岁）有雀斑吗 |__|

（1）是　（2）否　（3）不记得

3. 个人健康状况及家族史调查

3.1 您认为您目前的健康状况如何

3.1.1 自我评价情况 |__|

（1）很好　（2）良好　（3）一般　（4）较差　（5）很差

3.1.2 和同龄人相对比情况 |__|

（1）好　（2）相仿　（3）差

3.2 通常情况下，您大便频率为 |__|

（1）>1次/天　（2）1次/天　（3）2～3天1次　（4）每周少于2次

3.3 轻微活动后或处于安静状态时，您是否出现呼吸短促现象 |__|

（1）经常　（2）偶尔　（3）否

3.4 您本人是否会感到胸闷、胸痛 |__|

（1）经常　（2）偶尔　（3）否

3.5 疾病史

疾病名称	是	是否服药	服药持续时间（年）
高血压			
糖尿病			
心肌梗死			
房颤			
心衰			
冠心病（不包括心肌梗死）			
脑梗死			
脑出血			
脑供血不足			
帕金森病			
老年痴呆			

续表

疾病名称	是	是否服药	服药持续时间（年）
肺部疾病（慢性支气管炎、哮喘、肺气肿等）			
胃肠道疾病（胃肠炎等）			
肝胆胰疾病（结石、胆囊炎等）			
肾病（慢性肾衰、尿毒症等）			
风湿免疫性疾病（类风湿关节炎、干燥综合征等）			
颈腰椎疾病			
*恶性肿瘤（请在相应栏目下备注疾病名称）			
精神心理疾病（精神分裂症、抑郁症等）			
其他（请在相应栏目下备注疾病名称）__________			

*恶性肿瘤患者请回答 3.5.1 和 3.5.2 问题。

3.5.1 恶性肿瘤患者是否住院接受手术治疗　|__|

（1）是　|__|__|__|__|　年　|__|　月　|__|　日在医院　（2）否

3.5.2 恶性肿瘤患者是否住院接受内科综合治疗　|__|

（1）是　|__|__|__|__|　年　|__|　月　|__|　日在医院　（2）否

3.6 家族史（直系亲属：父母子女、兄弟姐妹）

疾病名称	父	母	兄弟	姐妹	儿子	女儿
高血压						
糖尿病						
心肌梗死						
房颤						
心衰						
冠心病（不包括心肌梗死）						
脑梗死						
脑出血						
脑供血不足						
帕金森病						
老年痴呆						
肺部疾病（慢性支气管炎、哮喘、肺气肿等）						
胃肠道疾病（胃肠炎等）						
肝胆胰疾病（结石、胆囊炎等）						
肾病（慢性肾衰、尿毒症等）						
风湿免疫性疾病（类风湿关节炎、干燥综合征等）						
颈腰椎疾病						
皮肤病（白癜风、皮炎等）						
*恶性肿瘤（在相应栏目下备注疾病名称）						
精神心理疾病（精神分裂症、抑郁症等）						
其他（备注疾病名称）__________						

*恶性肿瘤患者请回答 3.6.1 和 3.6.2 问题（请注明患者与调查者的关系）。

3.6.1 恶性肿瘤患者是否住院接受手术治疗　|__|

（1）是　|__|__|__|__|　年　|__|　月　|__|　日在医院　（2）否

3.6.2 恶性肿瘤患者是否住院接受内科综合治疗 |__|

（1）是 |__|__|__|__| 年 |__| 月 |__| 日在医院 （2）否

4. 妇女专科调查

4.1 您第一次月经来潮年龄：_____周岁

4.2 您平时月经是否规律 |__|

（1）是 （2）否

4.2.1 若规律，两次月经间隔_____天至_____天，每次持续_____天至_____天

4.2.2 若规律，是否有以下情况 |__|

（1）不规则出血 （2）月经周期＞3 个月

4.3 您月经期间有无痛经 |__|

（1）经常 （2）偶尔 （3）很少 （4）无

4.3.1 若痛经，程度如何 |__|

（1）可耐受 （2）需要药物控制，不影响生活 （3）影响生活

4.4 您是否有慢性盆腔痛 |__|

（1）经常 （2）偶尔 （3）很少 （4）无

4.4.1 若有盆腔痛，程度如何 |__|

（1）可耐受 （2）需要药物控制，不影响生活 （3）影响生活

4.5 您是否每年进行妇科检查 |__|

（1）是 （2）否

4.5.1 妇科检查是否发现以下问题 |__|

（1）子宫肌瘤 （2）卵巢囊肿 （3）子宫内膜异位症 （4）其他（注明）_____

4.6 您是否每年进行宫颈癌筛查 |__|

（1）是 （2）否

4.6.1 宫颈癌筛查 HPV（人乳头瘤病毒）是否阳性 |__|

（1）是 （2）否

4.7 您是否每年进行乳腺癌筛查 |__|

（1）是 （2）否

4.7.1 乳腺癌筛查是否阳性 |__|

（1）是 （2）否

4.7.2 乳腺癌筛查方式 |__|

（1）触诊 （2）乳腺超声 （3）钼靶

4.8 您是否曾经怀孕 |__|

（1）是 （2）否

4.8.1 若曾经怀孕，怀孕过_____次

4.8.2 第一次怀孕时的年龄是_____周岁

4.8.3 第一次怀孕的结果 |__|

（1）顺产 （2）剖宫产 （3）死胎 （4）流产 （5）其他（注明）______

4.8.4 您共分娩过 _____次（包括死胎）？顺娩_____次；剖宫产_____次

4.8.5 您是否有过流产　|__|

（1）是　（2）否

4.8.5.1 若有过流产，自然流产____次；药物流产____次；人工流产____次

4.8.6 您是否采用过人工助孕技术　|__|

（1）是　（2）否

4.9 您是否采取避孕措施　|__|

（1）是　（2）否

4.9.1 您采用的避孕措施是　|__|

（1）长效避孕药（口服、针剂）　（2）短效口服避孕药　（3）宫内节育器

（4）工具避孕

4.9.2 若长期使用避孕药，那么累计服用避孕药_____年

签名：________________

日期：________________

第七章 语 音 表 型

语音表型指可以用来描述发声过程中多个发音器官协同运动的所有信号特征的总称。这些特征可以是通过语音信号解析获得的声学信号特征，也可以是通过仪器设备检测发音器官活动的生理信号特征等。

第一节 语音声学特征

语音声学特征是指语言中发音及共鸣的声学特征。语音的产生是由于肺部气流提供动力，驱动声带产生准周期脉冲声源，或在声道收紧处产生不规则噪声源；这些声源经喉、咽、口腔及鼻腔共鸣产生总的语音声学特征。因此，语音产生的基本模式可以概括为：肺部气流产生动力→声调振动声源→口腔和鼻腔共鸣过滤→产生语音。

一般来说，可以从下面四个量来描述语音声学特征：

（1）音量（相当于振幅）：共鸣腔外捕捉到的空气粒子振动的幅度。

（2）音高（相当于准周期波的频率）：声带振动的快慢。声带振动越快，音高越高，反之则低。

（3）音色（相当于共鸣腔的声学特点）：代表共鸣腔大小、形状等的声学参数。

（4）音长：声音维持的时间长短。

通过录制不同人的发音，并对其录音文件进行系统的语音信号处理，可以提取与音量、音高、音色和音长相关的上百种语音声学特征，通过这些特征可以系统反映被调查对象在发音过程中发音器官的变化及微扰动，例如可以重构发音时的共鸣腔长度和形状。共鸣腔的这些特点有助于更好地了解不同人类族群共鸣腔的生理状况及发音习惯，有效搭建语言学与体质人类学的关系。

第二节 语音表型采集流程

一、调查设备与软件

（1）配备有 Windows 10 或 Windows 11 操作系统的便携式计算机（笔记本电脑）。

（2）一台外置声卡（图 7-1 左）。

（3）一个话筒（图 7-1 右）。

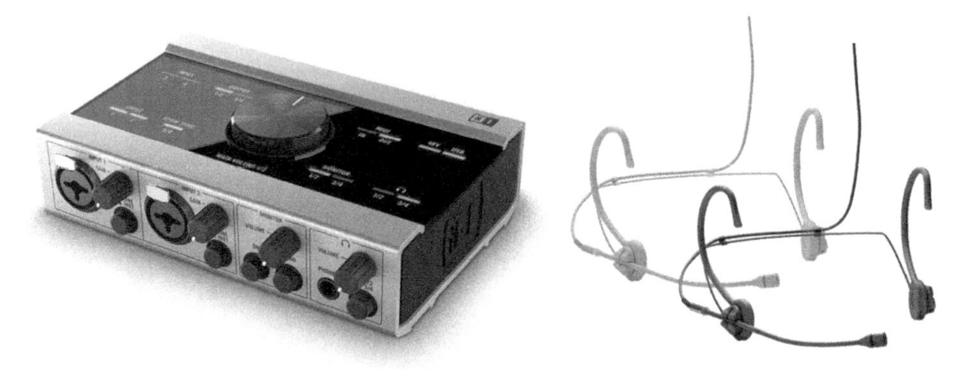

图 7-1 声卡（左）与话筒（右）

（4）桌面式电子声门仪（图 7-2）。

（5）软件：Cool Edit Pro 或者 Adobe Audition v15.0。

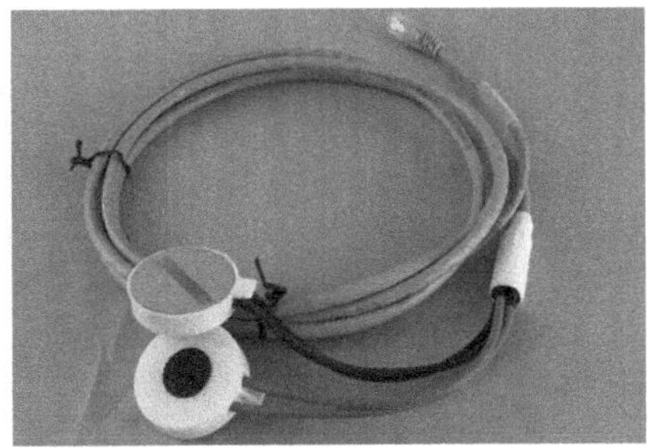

图 7-2 桌面式电子声门仪（左）和配套电极（右）

二、操 作 流 程

（一）录音前准备

（1）选择较为安静的房间，房间不宜空旷，以免产生回音。

（2）将手机及其他非录音使用的电子产品放置在录音房间外的专门置物箱内。

（二）声卡设备连接和测试

（1）使用声卡时，直接连接操作系统为 Windows 10 或 Windows 11 的计算机即可。

（2）连接声卡和话筒，并将声卡和计算机相连，打开声卡的“+48V”按键（图 7-3）。

（3）初次连接声卡时，打开“控制面板”—“设备管理器”—“声音、视频和游戏控制器”，检查是否有新增的 Komplete audio 6 外置声卡。

（4）在“控制面板”—“设备管理器”—“声音、视频和游戏控制器”中，选中计算机自带的声卡，再点击“停用”按钮。

（5）打开 Cool Edit Pro 或 Adobe Audition v15.0 软件，在菜单栏中的“选项”—“设备选用”—“音频录制设备”下将看到两个列表（图 7-4，见彩图 5）。

（6）若在“多轨状态下的驱动顺序”中存在所连接的声卡型号，点击此声卡型号，再点击“编辑窗使用”（或“EV 使用”）（图 7-5）。

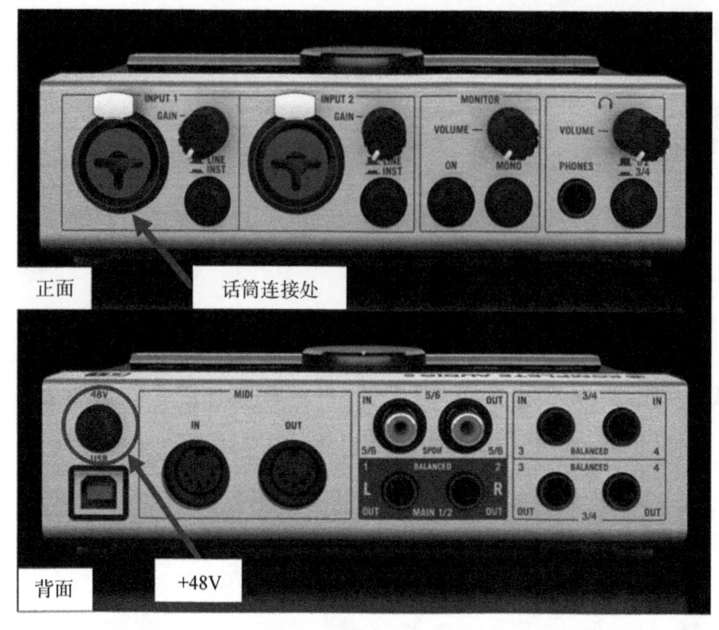

图 7-3　Komplete audio 6 声卡的话筒连接处（上）和电源开关（下）

图 7-4　Cool Edit Pro 界面

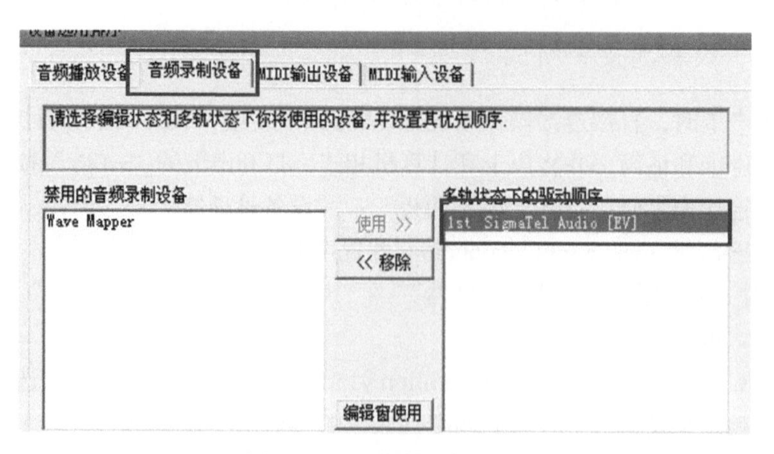

图 7-5　选择音频录制设备

（7）若在“多轨状态下的驱动顺序”中没有所连接的声卡型号，则在“禁用的音频录制设备”中点击所连接的声卡型号，点击“使用”，再点击“编辑窗使用”（或“EV 使用”），然后确定。

（8）在菜单栏点击“文件”—“新建”，建立一个录音文件；文件采样率选择 44100Hz，选择“立体声道”，采样精度为 16 位，然后确定（图 7-6）。

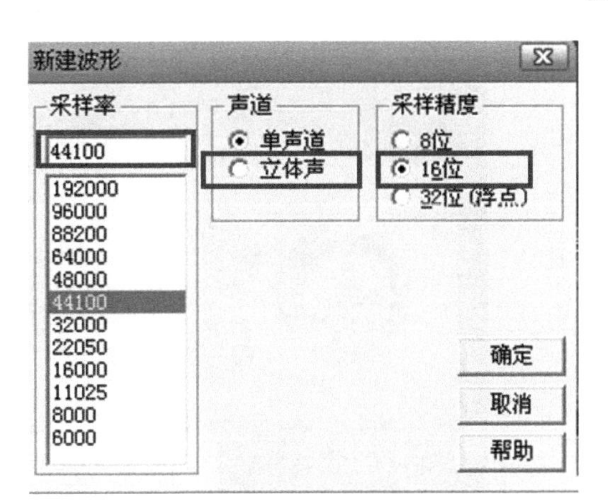

图 7-6 新建语音信号的参数设定

（9）在软件界面右侧的刻度上点击鼠标右键，选择“分贝（dB）刻度”；在软件界面下方的刻度上点击鼠标右键，选择“录音电平监视”，该刻度会显示一根绿色的动态条带（图 7-7，见彩图 6）。

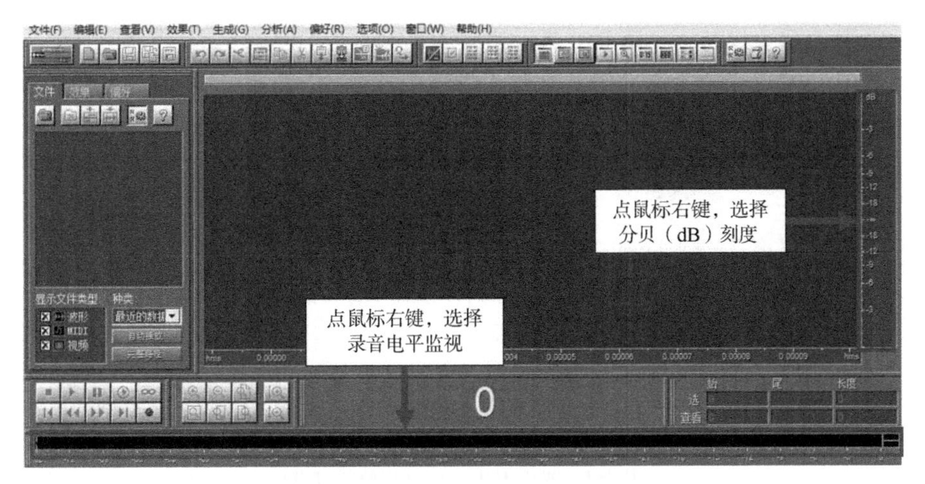

图 7-7 设置录音电平监视声音波幅的单位

（10）被调查对象戴上话筒，话筒采集端置于唇下沿，离下唇大约 5cm 的位置。正常情况下，被调查对象戴着话筒正常呼吸，动态绿线最右端的位置基本维持在–60dB 以下。如动态绿线未能达到–60dB 标准，可调节声卡前端面板上的“输入音量调节”旋钮（图 7-8），以达到正常的标准。

（11）让被调查对象发音“怕怕”。正常情况下，录音电平中的绿线会随着发音而增长。录音时，宜控制绿线右端移动的位置不超过–9dB。部分外置声卡会将录音超过–6dB 的信号做削波处理，可以将录音时的电平绿线范围控制在–12dB～–18dB，切记不能超过–6dB。监视电平达到上述要求后即可正常录音。

特别注意：每一次录音前都要进行相应的调试，以确保录音质量达标。

（三）电子声门仪连接

（1）根据电子声门仪说明书连接电子声门仪各组成部分，接通电源。

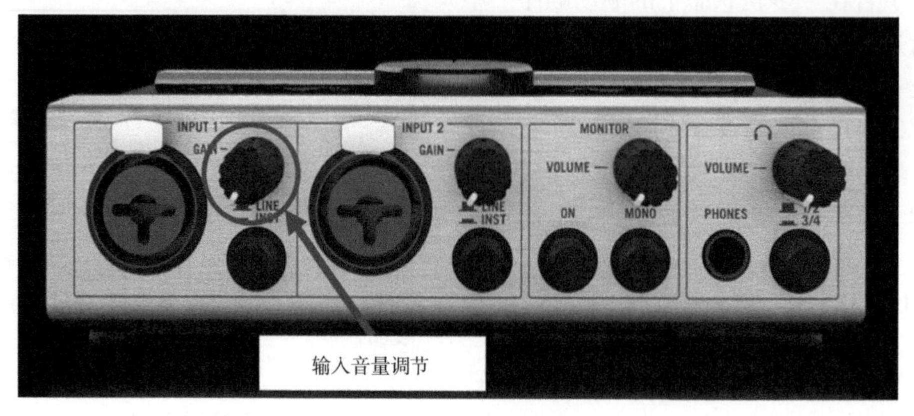

图 7-8　输入音量调节

（2）将 BNC 口与能显示信号输入的装置连接（带语音处理软件的计算机）。

（3）顺时针旋转电子声门仪的挡级调节到合适位置。

（4）将电子感应片插于电极处，按小杆即可拔出。

（5）将电子感应片贴紧颈部甲状软骨（喉结）两侧并固定好，如图 7-9 所示。

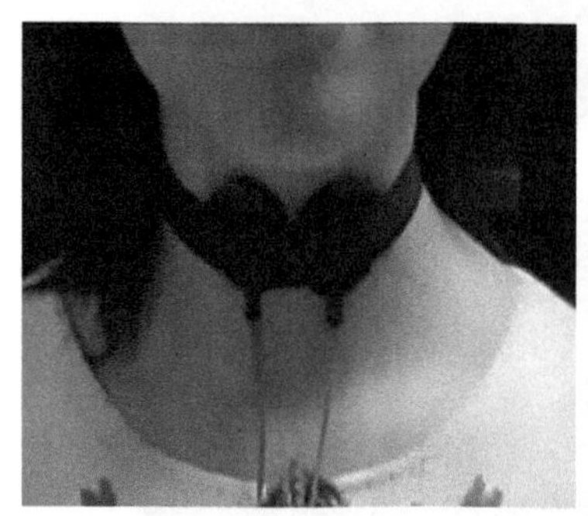
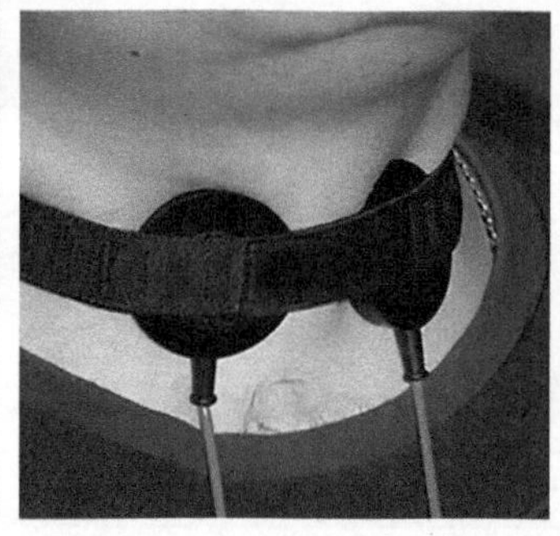

图 7-9　佩戴电子声门仪电极的示例

三、开 始 录 音

完成录音前的准备工作后开始录音：

（1）点击软件界面左下方录音按键（图 7-10，见彩图 7），被调查对象开始发音。

（2）完成所有 9 个字各读 3 遍的录音后，再次点击录音按键，以确保软件停止录音。

特别注意：严格控制被调查对象的音量，不要过大，也不要过小。发音时，控制绿线右端的位置维持在–21dB～–9dB，可以通过“输入音量调节”旋钮控制。

四、录音后保存并检查

（1）完成录音后，点击菜单栏中的“文件”—“另存为”— 选择文件的保存地址 —“保存类型”选择 Windows PCM（*. wav）— 输入文件名（文件名与被调查对象的调查序号相一致）—点击“确认”。

图 7-10 点击录音按键

（2）在文件夹中确认录音文件是否已经保存。

后续所有被调查对象的录音操作重复上述流程。

五、单音、单字和长文本录音

（一）单音录音

被调查对象长吸一口气，然后稳定、连续地（无停顿地）长时间发音，持续 2s 以上，一般在 4s 左右。

发音内容：a[阿]；i[衣]；u[乌]。每一个发音各念 5 遍。

（二）单字录音

本次调查采用简易的单字调查表对所有被调查对象进行录音。被调查对象的发音要求：

（1）每一个字读 3 遍，字与字之间略有停顿。

（2）被调查对象按正常交流的语音语调发音。

（3）对于不同民族及不同汉语方言，可能需要采用不同的例字，但是发音要求不变。

语音单字调查表的具体内容见表 7-1（样例用汉语拼音表示，汉语普通话例字在括号中）。

（三）长文本录音

被调查对象按正常语速大声朗读长文本，首选普通话，每一个长文本单独保存为一个语音录音文件（WAV 格式）。长文本示例如下：

表 7-1 语音单字调查表

单字	单字	单字
ba（巴）	bi（逼）	bu（不）
pa（啪）	pi（劈）	pu（铺）
da（嗒）	di（滴）	du（嘟）
ta（他）	ti（踢）	tu（突）
ga（嘎）	si（丝）	gu（估）
ka（咖）	mi（眯）	ku（哭）
fa（发）	ni（泥）	fu（夫）
sa（仨）	li（力）	su（苏）
ma（妈）	ji（鸡）	mu（木）
na（拿）	qi（妻）	nu（奴）
la（啦）	xi（西）	lu（撸）
ha（哈）	zhi（知）	hu（呼）
zha（扎）	shi（湿）	zhu（猪）
sha（杀）		shu（输）

1. 天气预报 我国北部多个地区将迎来一次明显的雨雪天气，其中黑龙江、辽宁、吉林将有大暴雪，内蒙古、北京、天津及河北大部分地区将有雨夹雪。我国中部及东部地区受北方冷空气南下影响，将迎来大面积降雨天气，其中湖北、湖南、安徽、江苏、上海、浙江等地雨量中到大。我国南部地区将有小到中雨，其中云南、贵州、广西等地区将有短时暴雨。

2. 北风和太阳 北风和太阳在那儿争论谁的本事大，争来争去就是分不出高低来。这时候，路上来了个走道的，他身上穿着一件厚大衣。两个人就说好，谁能先叫这个走道的脱掉那件厚大衣，就算谁的本事大。北风就拼命刮起风来。但是，风越是刮得厉害，那个走道的把大衣裹得越紧。过了一会儿，太阳出来了，火辣辣地一晒，那个走道的马上就把那件厚大衣脱下来了。那么，北风和太阳比，还是太阳的本事大。

3. 上山找老虎

一二三四五，上山找老虎；
老虎找不到，找到小松鼠；
松鼠有几只？让我数一数；
数来又数去，一二三四五。

第八章　面部及体部特征图像

面部图像可以从不同角度记录被调查对象面部形态特征，对于体质特征中传统的形态测量表型和形态观察表型，例如，头面部表型中眼部、耳部、鼻部、唇部、眉部、颧骨突出等形态，可以通过2D或3D图像进行数据读取与校验。皮肤老化特征如色素斑、皱纹、松弛情况等，以及手足部形态，可以通过照片的拍摄进行数据采集。高清照相机和3D成像仪采集不同群体的头面部、手部、足部形态及皮肤视觉形态，配合参照物，获得的图像数据可用于后期评分与机器学习，为建立表型数字化标准提供依据。①

第一节　面部及体部2D图像

通过2D高清照相机采集样本信息，拍摄记录人体头面部特征，利用可视化软件对比标准进行表型读取，能够更为可靠地识别表型差异，为研究分析提供保障。

一、面部2D图像采集

（一）采集前准备工作

1. 被调查对象　由采集人员/联络员提前通知被调查对象，在参与拍摄当天不化妆，包括不使用粉底、眉笔、眼线笔、美瞳等会造成面部特征发生改变的用品，不佩戴耳环、耳钉、项链等饰品。

2. 物资、工具　2D单反高清相机、相机三脚架、可旋转座椅、摄影专用ColorChecker色卡、色卡三脚支架、指示尺寸标签、ID编号标签、纸、笔、发箍或发带（用于后压头发）、梳子、皮筋（女生系头发用）、温湿度仪（皮肤老化指标评价需要）。

3. 采集人员　2名采集人员，其中1人负责拍照，1人协助被拍摄者佩戴发箍/发带、调整拍摄角度、贴指示尺寸标签等。负责拍照的人员需具备基本的单反相机拍摄技能，能够拍出清晰的人物肖像照片，保证拍出的人像清晰，放大后局部特征仍清晰、不虚焦。

4. 采样环境

（1）光源：使用室内充足光源（以漫反射光源为宜：选择灯光均匀分布的房间，室内灯离拍摄位置不要太近；切忌使用点光源，如无外罩的单一灯泡光，避免采样照片受光不匀；可适当运用自然光，但需避免太阳光强烈照射），如采样位置光线不足需人工补光（自

---

① 本章面部及体部图像由作者拍摄，模特为来自中国科学院上海营养与健康研究所的研究生，已取得被拍摄人的知情同意。

备柔光箱，且光箱朝向墙壁反射补光，切忌直射被拍摄人面部，产生高光或阴影）。

（2）温度：采样房间不能有大幅度温湿度的波动，最好能够使用空调保持相对恒定的温度。

注意：确保顺光源拍摄，确保被拍摄人面部无高光、无阴影。

5. 相机设置

（1）光圈：f 6～8 较适宜，避免使用过大光圈。

（2）感光度：ISO 控制在 800 以内，避免使用过高的感光度。

（3）白平衡：手动设置值，推荐 5200K。

（4）照片保存格式：使用 RAW+F（JPG 精细）的格式，同时存储 RAW 格式照片。注意该存储格式文件较大，须配备足够大的存储卡（不同品牌相机拍摄的 RAW 格式照片扩展名不同）。

（5）开启取景镜头网格辅助线，尽量保持被拍摄人头面部高度一致，头面部竖直、无倾斜；人面正对相机时，镜头网格九宫格辅助线上线与眉毛平行，下线与唇部平行。

（6）应尽量选择全局（广域）对焦，避免点对焦造成局部清晰、其余部分模糊的情况。

6. 现场布置

（1）设置背景：背景以大面积纯色为宜（白、蓝、绿均可），避免杂乱背景。

（2）摆放并固定可旋转座椅位置：确保该位置光线充足，无直射。座椅周围粘贴角度标记：分别于座椅正面、左右各 45°、左右各 90°位置粘贴标签，指示被拍摄者转动角度，见图 8-1。

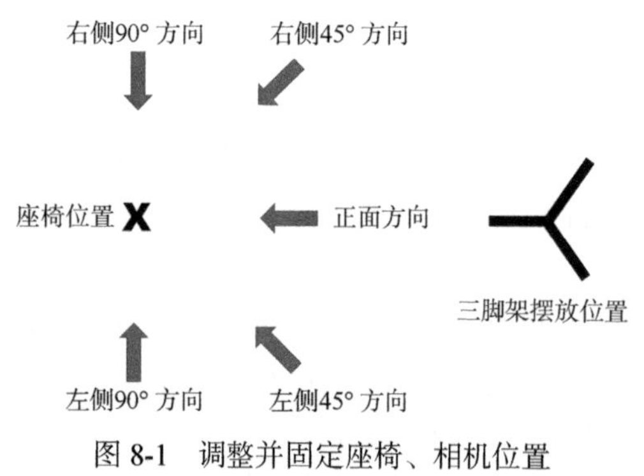

图 8-1　调整并固定座椅、相机位置

（3）摆放摄影专用 24 色卡：打开色卡三脚支架，将摄影专用 24 色卡用支架上的夹子夹稳，调整支架高度使色卡与大部分被拍摄者面部同高。

（4）摆放摄影灯（如现场需要）：摄影灯（加柔光罩）摆放于被拍摄者左右两侧 45°位置，灯朝向墙壁通过反射补光。

（5）调整并固定相机位置（固定后连续多日拍摄过程中尽量不移动位置，图 8-1）。

1）相机用三脚架固定，摆放于旋转座椅正前方，建议距离 1.5m。

2）调整相机使其垂直放置，相机背面与被拍摄人平行。

3）调整相机镜头高度，使之与大部分被拍摄者眼睛同高（遇到身高差异较大的被拍摄者，通过调整座椅高度或在被拍摄者座位上垫不同厚度的书等方式调整，现场条件实在达不到时则通过升降相机的方式调整高度，不过此种方式最不推荐）。

4）调整相机前后距离，使拍摄者在相片左侧，色卡在相片右侧，被拍摄主体占相片 1/3～1/2。

（二）采集时工作

1. 负责拍摄人员　调节参数、画面大小及拍摄位置。

2. 协助拍摄人员确认被调查对象条件

（1）确认被调查对象按要求准备：不化妆，并按要求清洁面部，取下饰品，佩戴发箍或发带，将前额发际线露出。女性如为长发，需用皮筋将头发扎成马尾，碎发整理到耳后，拍摄时确保露出完整的耳。

（2）记录ID编号、调查时环境温湿度。

（3）被调查对象取坐位，协助调节好座椅高低、角度（让被调查对象尽量靠紧椅背坐直），辅助拍照的工作人员将ID编号标签贴于色卡下沿，调整色卡支架位置和高度，靠近被调查对象面部，与镜头平行，且和面部位于一个平面。

（4）协助粘贴用于尺寸对照的标签：拍摄睁眼照片时，面部不贴指示尺寸标签；拍摄闭眼照片时，将指示尺寸标签贴在被调查对象面部。拍摄正面照时指示尺寸标签贴在嘴唇下方，拍摄90°角侧面照时贴在该侧面颊鬓角下方、靠近下颌外缘，注意不要遮住色斑或皱纹。指示尺寸标签设计为3个圈，外径分别为8mm、4mm、3mm，由IP300标签打印机制作（图8-2）。

图8-2　指示尺寸标签

3. 负责拍摄人员检查被调查对象高度、角度、发箍/发带、标签、色卡等达到标准后拍摄

（1）头面部特征（睁眼）照片拍摄（不贴指示尺寸对照标签，面部没有其他影响物）

1）正面照：要求正面对着照相机，平视前方（拍照时眼睛要放松，不要故意睁大）。

2）左侧面照（45°角）：旋转座椅，使左侧面部朝向与照相机镜头成45°角，平视前方（眼睛放松）。

3）左侧面照（90°角）：旋转座椅，使左侧面部朝向与照相机镜头成90°角，平视前方（眼睛放松）。

4）右侧面照（45°角）：旋转座椅，使右侧面部朝向与照相机镜头成45°角，平视前方（眼睛放松）。

5）右侧面照（90°角）：旋转座椅，使右侧面部朝向与照相机镜头成90°角，平视前方（眼睛放松）。

注意：拍摄过程中采集人员应确保被调查对象平静、放松，不要有面部表情，嘴唇自然合拢，不要故意紧闭或产生抿嘴或微笑等表情干扰。拍摄人员注意面部在整体照片中的位置与比例，面部位于照片中心，占整张照片的1/3～1/2，不可太大，也不能太小。

（2）皮肤老化指标特征（闭眼）照片拍摄（按要求粘贴指示尺寸对照标签）

1）正面照：要求正面对着照相机，闭眼（拍照时眼部放松），粘贴指示尺寸标签于嘴唇下方。

2）左侧面照（90°角）：左侧面部朝向与照相机镜头成90°角，闭眼（眼部放松），粘贴指示尺寸标签于鬓角下方，靠近下颌外缘。

3）右侧面照（90°角）：右侧面部朝向与照相机镜头成90°角，闭眼（眼部放松），粘贴指示尺寸标签于鬓角下方，靠近下颌外缘。

注意：指示尺寸标签粘贴位置应尽量固定，并注意避开明显的色素斑、毛细血管或皱纹部位，以免影响判断。拍摄时应注意避免过度曝光，以免影响色斑读取。

（3）眼色、秃发特征（低头）照片拍摄

1）正面眼部照：要求照相机靠近被调查对象，正面对着镜头，眼睛聚焦于某一点，拍照时被调查对象眼睛要睁大，露出瞳孔。

2）低头全头顶照：要求被调查对象低头，用梳子将头发从中间向两侧分开，露出明显的中分头路，女性（长发）再将头发在后部扎起，不用戴发箍/发带。要求尽量将头顶正对着相机进行拍摄，坐位时头低到极限位置即可，不要弯腰；同时确保拍到整个头顶。

注意：拍摄人员每拍完一张照片，须检查照片是否清晰，如果不清晰则重拍至清晰为止。拍面部照时，要将头发用发箍/发带固定，露出发际线，并确保耳完整露出。

（三）采集后工作——重命名照片

根据每一张照片的ID编号及部位重命名照片，格式为“ID编号_采样部位代码”，采样部位代码详见表8-1。例如，ID编号为14XX00009的志愿者的正面睁眼照，命名为“14XX00009_F”。

表8-1　采样部位代码

代码	采样部位	代码	采样部位
F	正面照（睁眼）	F_2	正面照（闭眼）
S45L	45°角左侧面照（睁眼）	S90L_2	90°角左侧面照（闭眼）
S90L	90°角左侧面照（睁眼）	S90R_2	90°角右侧面照（闭眼）
S45R	45°角右侧面照（睁眼）	Eye	眼色
S90R	90°角右侧面照（睁眼）	B	秃顶头顶照

（四）2D照片示例

1. 发箍/发带的佩戴　发箍/发带戴到发际线上0.5～1cm，能看到发箍/发带后3cm以上头发，完全露出前额及发际线，见图8-3。如果头发乱，应先用手或梳子整理头发。

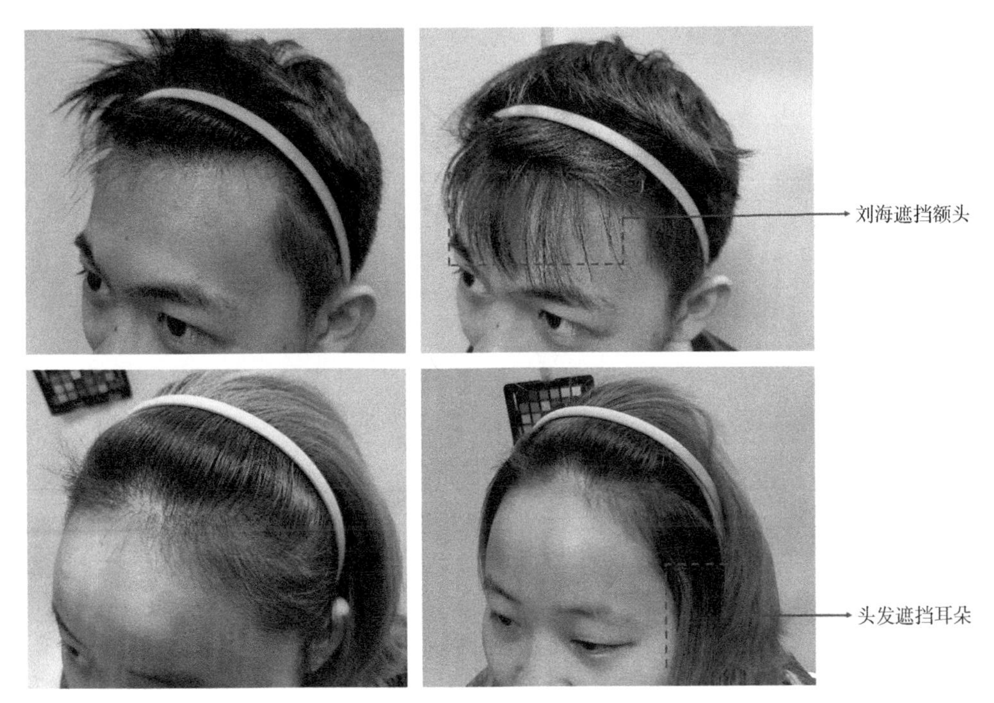

图 8-3　发箍/发带的佩戴（左：正确示例，右：错误示例）

2. 正面照示例　正面照采集包括头面部表型中眉毛、眼部、鼻部、唇部、脸型、前额发际线、耳郭外展、W 型下巴等多项特征。在睁眼拍摄的过程中，要求被调查对象保持自然状态，无明显表情。

闭眼正面照用于采集面部的色素斑（前额、面颊），以及面部的皱纹（前额、眉间、鱼尾纹、眼下、上唇、鼻唇沟）。

（1）正确示例：正面照要求面朝正前方，不要抬头或低头，嘴唇轻闭，保持放松，见图 8-4 和图 8-5。

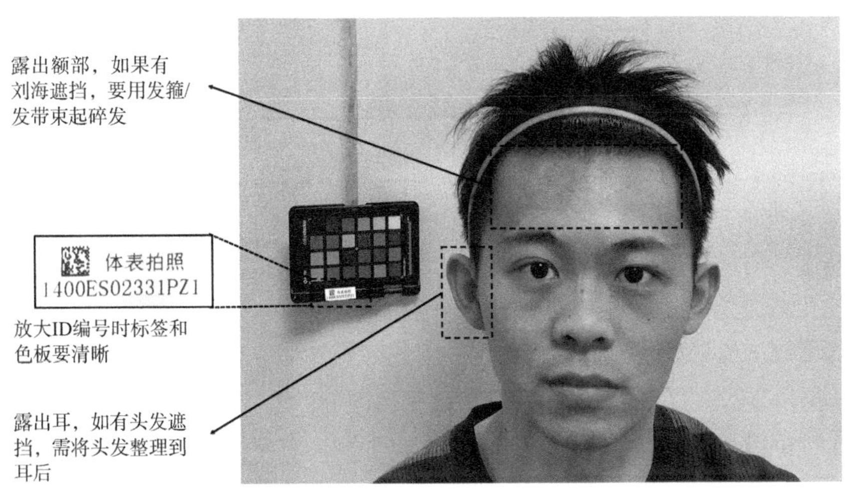

图 8-4　正面照–睁眼正确示例

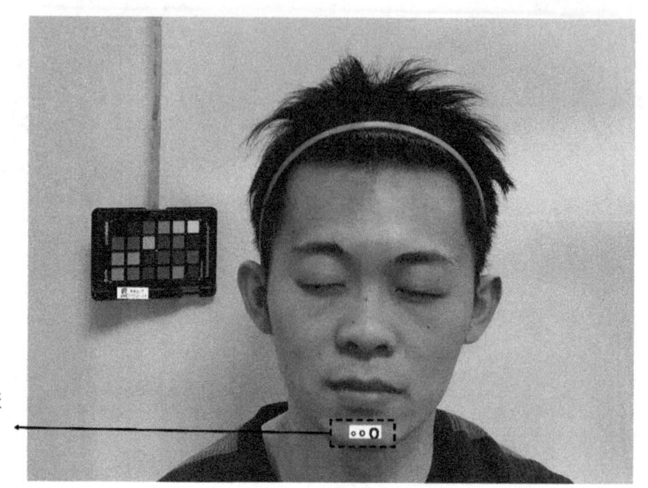

图 8-5　正面照–闭眼正确示例

（2）错误示例：因方向有偏移、面部角度倾斜、头发（刘海）影响、曝光过度等造成拍摄不合格，见图 8-6。

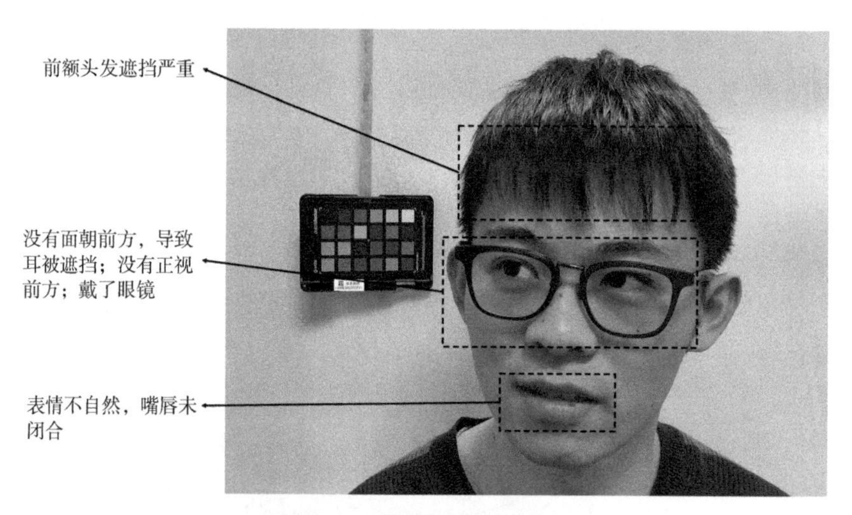

图 8-6　正面照–错误示例

3. 左右侧面照示例　45°侧面照主要用于读取鼻根高度、耳部表型等。90°侧面照用于读取前额凸度、眉弓凸度、鼻部表型及颏凸度等特征。在拍摄过程中，同样要求被调查对象保持自然状态，无明显表情。

闭眼侧面照主要采集包括面颊松弛度、鱼尾纹等表型，也用于皮肤老化指标在正面照看不清部位时的参考。

（1）正确示例：要求面部朝向对应的角度，不要抬头或低头，嘴唇轻闭，保持放松。闭眼照贴指示尺寸标签，见图 8-7～图 8-9。

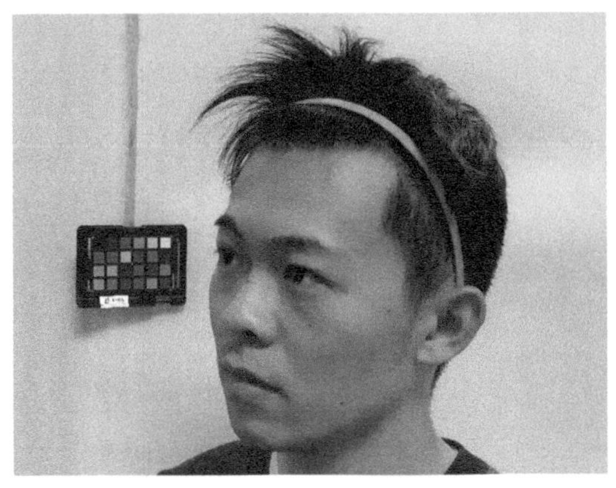
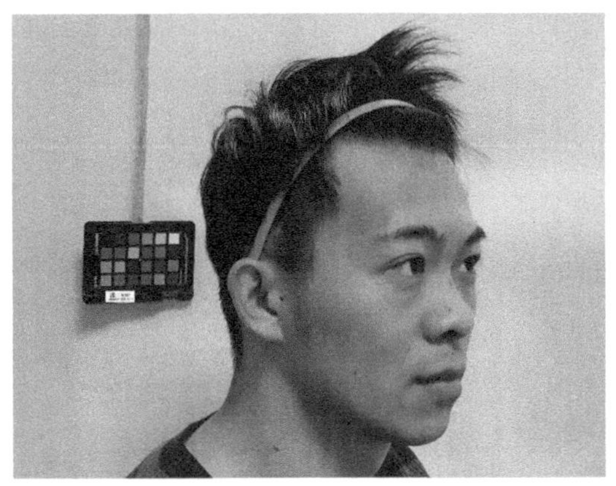

图 8-7　左右侧 45°照–睁眼正确示例

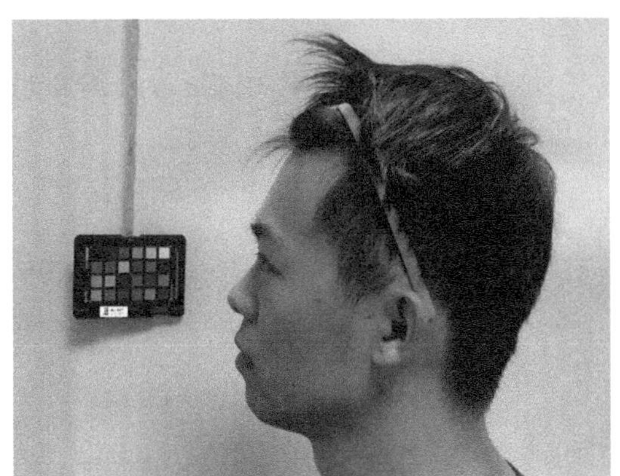
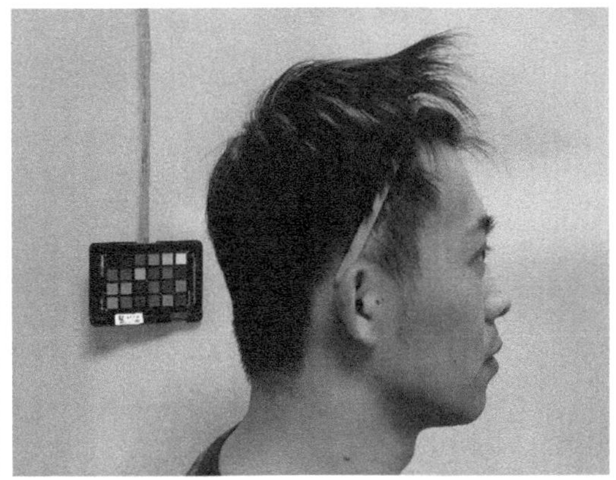

图 8-8　左右侧 90°照–睁眼正确示例

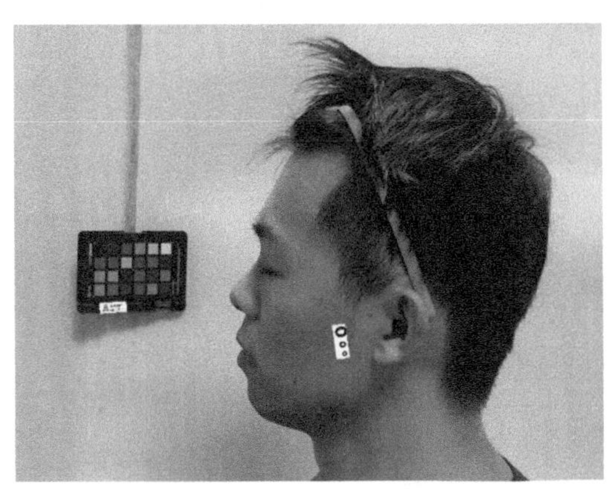
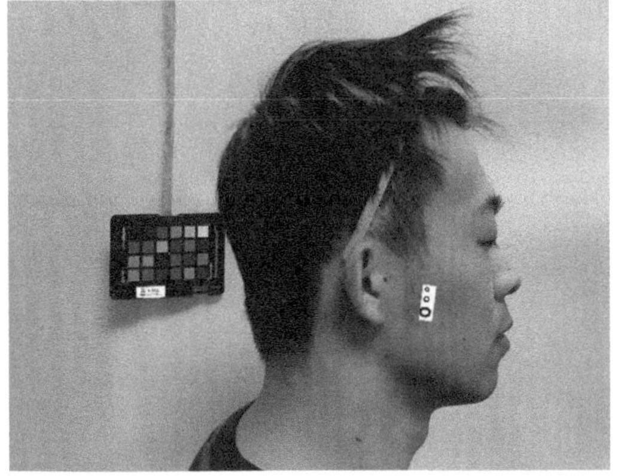

图 8-9　左右侧 90°照–闭眼正确示例

（2）错误示例：见图 8-10。

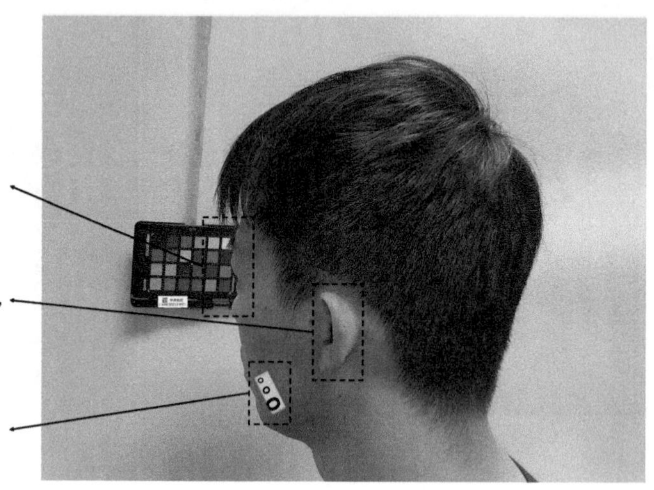

图 8-10　侧面照–错误示例

4. 眼部照示例　眼部照片采集眼色表型，拍照时眼睛要睁大，露出瞳孔，见图 8-11。

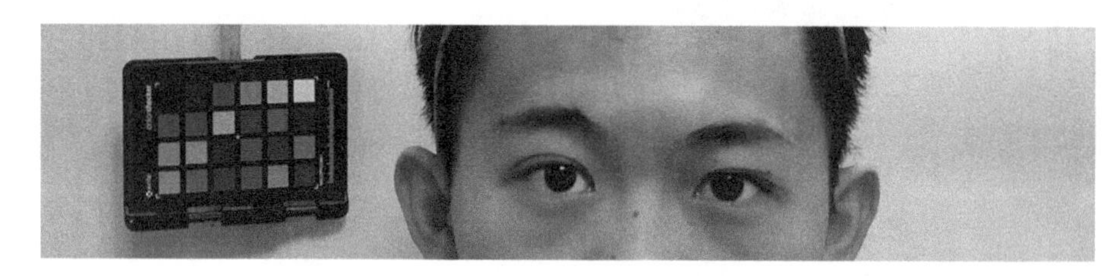

图 8-11　眼部照示例

5. 全头顶照示例　主要用于读取秃发及头顶发际线后移特征。要求被调查对象低头，将头发从中间向两侧分开，露出明显的中分线，尽可能拍到发旋。尽量将头顶正对相机进行拍摄（被调查对象保持坐位，头低到极限位置即可，不要弯腰；如果低头有难度，需要协助拍摄人员手动调整色板位置），见图 8-12。

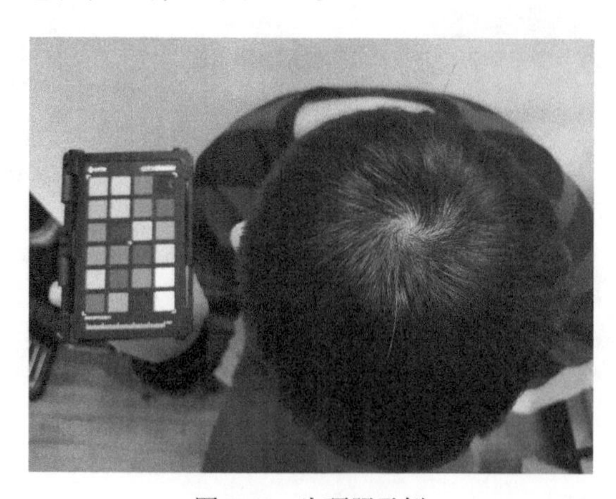

图 8-12　头顶照示例

二、体部2D图像采集

体部特征是指包括颈、手、足等部位的表型特征。通过2D高清照相机采集样本信息，拍摄记录体部特征，利用可视化软件对比标准进行表型读取，进一步识别表型差异，为之后的研究分析提供保障。

（一）采集前准备工作

1. 被调查对象 同第一节。

2. 物资、工具 2D单反高清相机、白平衡校正用灰卡、指示尺寸标签、ID编号标签、桌、椅、纸、笔、温湿度仪（皮肤老化指标评价需要）。相机无须固定，可自由移动，布置桌椅。

3. 采集人员 至少1名（包括拍照及协助志愿者贴标签等工作），负责拍照的人员需要掌握基本的单反相机拍摄技能，能够拍出清晰的局部特征照片，在图片被放大时仍清晰、不虚焦（尤其是小脚趾）。

4. 采样环境 采样环境需要确保有充足的光线，使用室内充足光源，注意过暗时要进行人工补光，如自备柔光箱。不可出现局部过度曝光的情况，以免影响表型读取，尤其是手臂色素斑。采样房间不能有大幅度温湿度的波动，最好能够使用空调恒温。

5. 相机设置

（1）光圈：f6～8较适宜，避免使用过大光圈。

（2）感光度：ISO控制在800以内，避免使用过高的感光度。

（3）白平衡：手动设置值，推荐5200K。

（4）照片保存格式：使用RAW+F（JPG精细）的格式，同时存储RAW格式照片。该存储格式文件较大，须配备足够大的存储卡（不同品牌相机拍摄的RAW格式照片扩展名不同）。

（5）应尽量选择全局（广域）对焦，避免点对焦造成局部清晰、其余部分模糊的情况。

6. 现场布置 一般在头面部拍摄完成后，需要移动到另一侧相机处拍摄手、脚、后颈局部照片，该处布置一套桌子、椅子，用于手臂摆放、调查问卷确认等。

（二）采集时工作

1. 确认被调查对象信息

（1）记录ID编号，确认被调查对象未戴手表、戒指等。

（2）贴ID编号标签及指示尺寸标签，标签见图8-2。注意不同部位照片要求不同，应变换标签位置。

1）后颈部照将ID编号标签贴在尽量靠后颈部下方处。

2）手臂、手背与手掌照将标签贴在手腕处，注意不要遮住色斑、皱纹及掌纹。

3）脚部照将ID编号标签贴在小脚趾处，不要遮住趾甲。

2. 照片拍摄 被调查对象调整好坐姿后进行拍摄，按照后颈—手—脚的顺序和要求拍摄。

（1）皮肤老化相关特征照片拍摄：在规定位置粘贴好标签后再进行拍摄。

1）后颈部照：采集人员要尽量将被调查对象衣服后领往下拉，最大限度地露出后颈。此外，被调查对象不要低头，保持正常坐姿即可，要避免被调查对象后颈部的皱纹被拉伸，影响照片评分。

2）双手前臂远端照（手臂的外侧，与手背同侧）。

3）双手前臂近端照（手臂的内侧，与手掌同侧）。

4）双手手背放松照：要求能看到手背的细纹，手部尽量放松，拍摄时注意让手背和手臂成一直线，不要产生明显的弯折。

注意：避免曝光过度影响手背、手臂色斑的读取。皮肤老化相关照片在拍摄时需要贴ID编号标签及指示尺寸标签作为参照，不要覆盖采样部位信息。

（2）环示指长特征照片拍摄：双手手掌并拢照，用于观察环示指长及手部掌纹。要求5个手指并拢伸直，相机镜头与手掌尽量垂直。照片应清晰显示手掌及指间纹路，能够鉴别环指与示指的长度。

（3）跰趾特征照片拍摄：先脱下鞋袜，再进行拍摄。

1）左脚照：要求清晰照出5个脚趾；可以比较脚趾的长度差别；小脚趾甲须清晰，可以看出趾甲是否分瓣等。

2）右脚照：同上。

（三）采集后工作——重命名照片

根据每张照片的ID编号及部位重命名照片，格式为“ID编号_采样部位代码”，采样部位代码详见表8-2。例如，ID编号为15XJ00004的志愿者的左脚照，命名为“15XJ00004_16”。

表8-2 采样部位代码示例

代码	采样部位	代码	采样部位
11	后颈部照	15	双手手掌并拢照
12	前臂远端照	16	左脚照
13	前臂近端照	17	右脚照
14	双手手背放松照		

（四）2D照片示例

1. 后颈照示例　见图8-13。

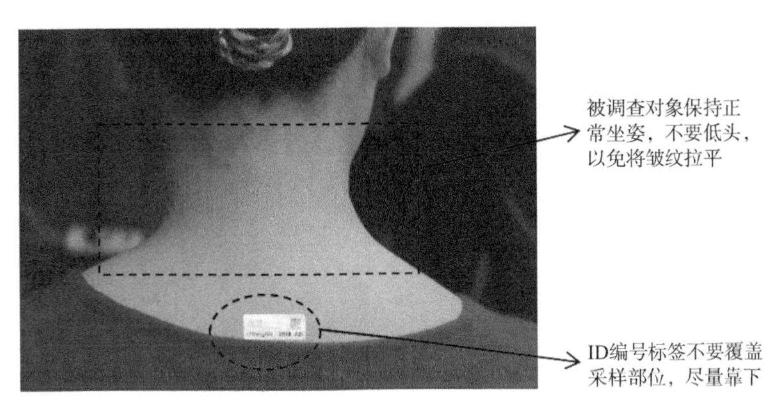

图8-13　后颈照示例

2. 前臂远端（外侧）照示例　主要采集手臂上的色素斑，见图8-14。

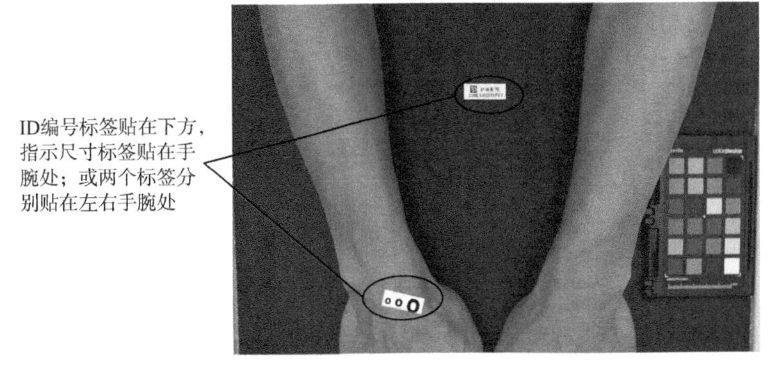

图8-14　前臂远端照示例

3. 前臂近端（内侧）照示例　见图8-15。

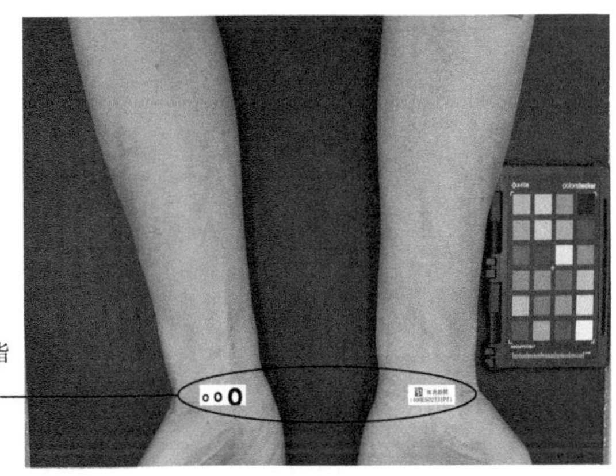

图8-15　前臂近端照示例

4. 双手手背照示例 主要采集手背面的细纹，注意双手放松，见图 8-16。

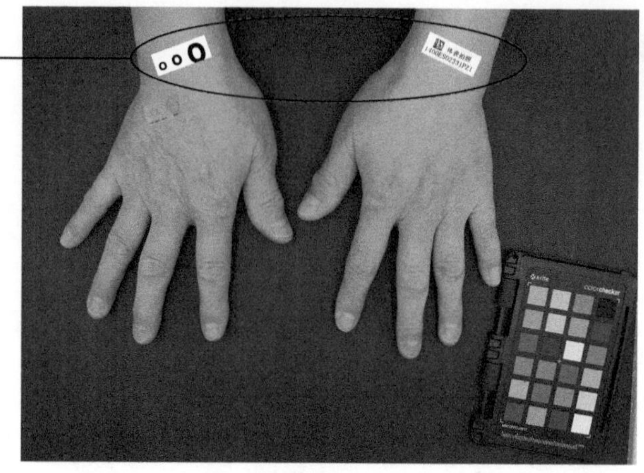

图 8-16 双手手背照示例

错误示例见图 8-17。

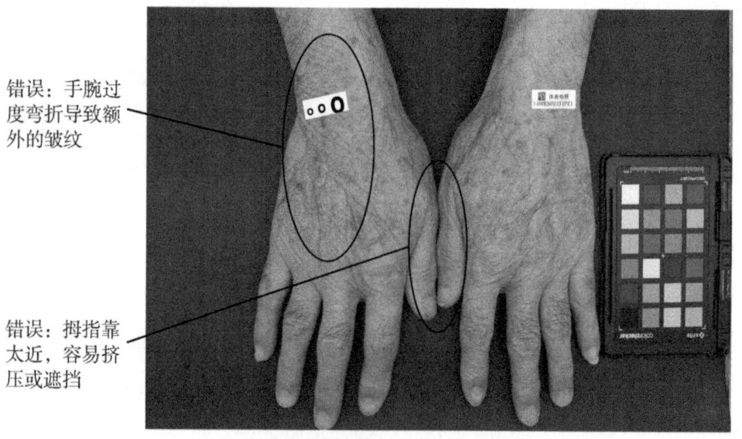

图 8-17 双手手背照错误示例

5. 双手手掌并拢照示例 见图 8-18。

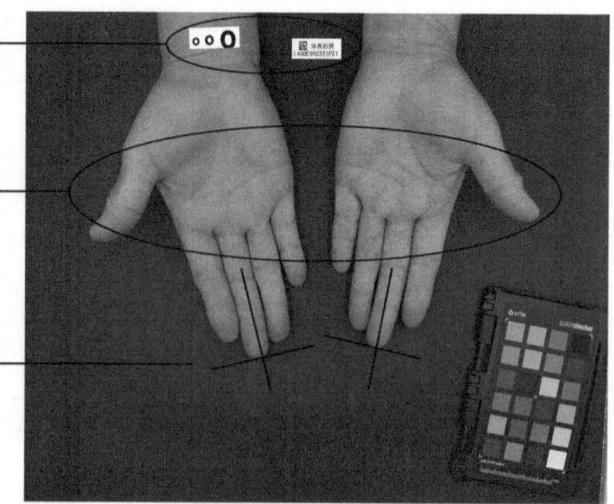

图 8-18 双手手掌并拢照示例

6. 脚部照片示例　见图 8-19。

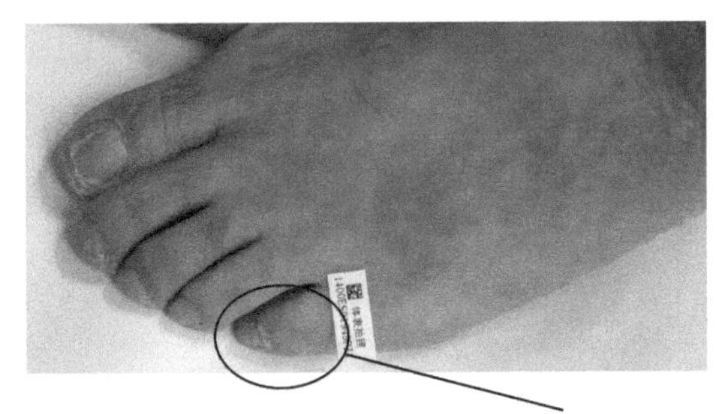

图 8-19　左脚照示例

三、2D 照片预处理

（一）色彩校正

形态观察表型中包括发色、肤色、虹膜颜色等，为了量化这些颜色类表型的值，并减少采样环境变化带来的偏差，在拍摄过程中使用色板作为重要的校正颜色的参考物。本部分使用的色板为 24 色 Color Checker Passport，可根据具体需要选择其他型号的色板。

色彩校正这个步骤可以使用 Adobe Lightroom 软件完成。第一步，点击“文件”—“使用预设导出”—“爱色丽预设选项：Color Checker”制作当前照片的配置文件；第二步，点击“修改图片”—“相机校准”—“配置文件”，选择制作好的配置文件；第三步，点击“修改图片”—“基本”—“白平衡”的取色管，选取色卡上的中性色块进行白平衡校正（图 8-20）。

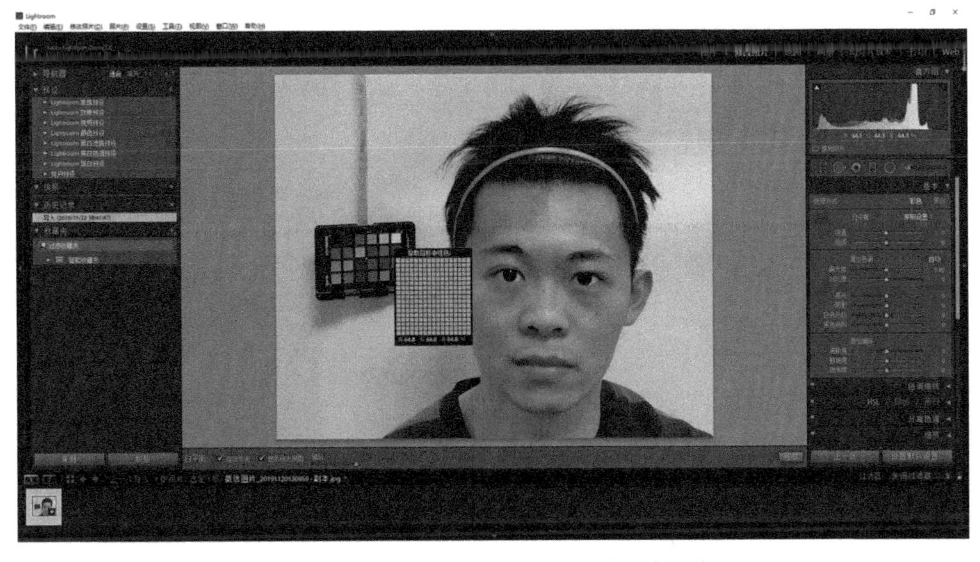

图 8-20　使用 Adobe Lightroom 校正白平衡

（二）面部标志点标定

体质测量表型中的各种测量表型依赖于关键测点的确定，随着计算机科学和深度学习技术的发展，面部关键点标定工作可通过多种工具和模型完成，本部分推荐使用“Face++”对正面照片进行 106 个标志点的标定（图 8-21），后续可利用这些点的坐标进行计算和分析。具体操作可根据官方网站提示，直接使用网页版（图 8-22），或在程序中使用 API 接口。

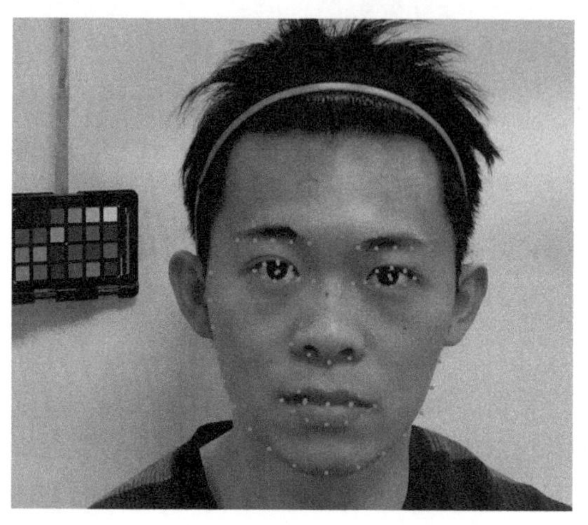

图 8-21　自动标定的 106 个标志点

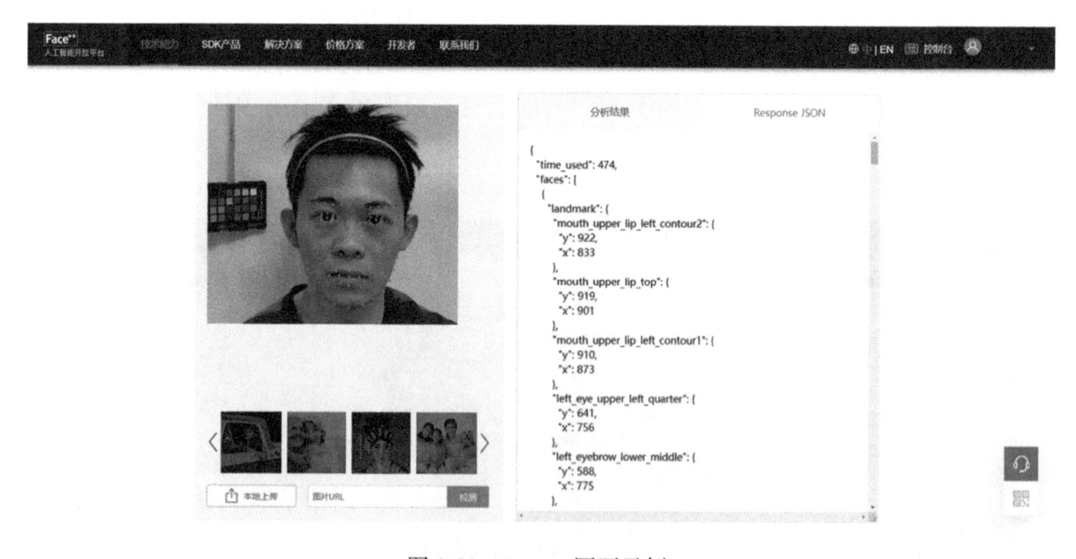

图 8-22　Face++网页示例

第二节　面部 3D 图像

近些年来，随着科学技术的发展和计算机技术的普及，三维测量技术广泛应用于医学、生物学、实物仿形、机器人视觉、塑形加工及人类学等领域，使传统的人体头面部测量方法发生了很大的变革。三维光学扫描仪是非接触式数字化人体测量系统，其优点在于速度快、精度高、数据量丰富，并使形态学测量从手工操作中得以解放，有利于资料的保存和管理。

三维扫描技术对建立一个比较完整的基因型和表型映射体系，构建多表型的复杂整体形状模型和中国人群头面部体质表型特征数据库具有非常重要的意义。三维扫描技术在研究中国人面部各表征多样性的分布、人群内多样性与人群间多样性的相互关系及其进化学意义，以及三维人脸识别等方面发挥越来越重要的作用。

一、3D VECTRA H1 成像仪的操作及应用

（一）主要技术原理

3D VECTRA H1 手持成像系统适用于灵活的采样环境，采用数字近景拍摄测量，通过在不同的位置和方向拍摄同一物体的三幅图像，经过图像处理、匹配、分析、计算后，得到面部精确的三维坐标，其测量原理是三角形交会法，测量几何分辨率为 0.8mm。采集时，被调查对象站在设备前，操作员从不同角度拍摄 3 张照片，使用 VECTRA 软件自动处理并合成 3D 面部图像（图 8-23）。

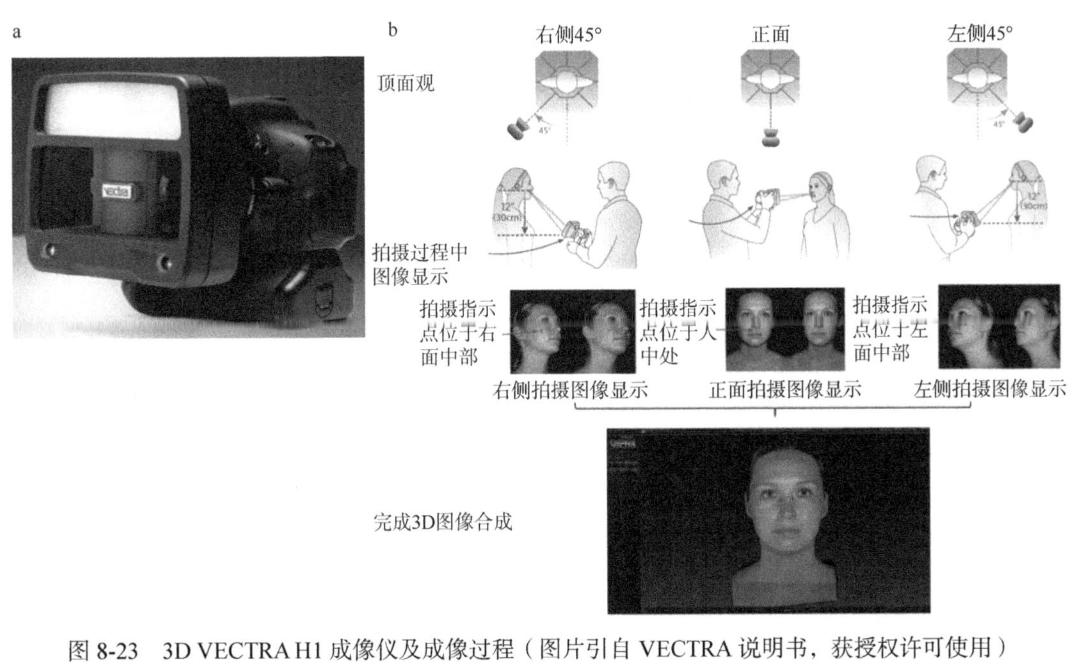

图 8-23　3D VECTRA H1 成像仪及成像过程（图片引自 VECTRA 说明书，获授权许可使用）

3D VECTRA H1 系统需要约 10min 进行装配及准备，无须校正，拍摄 3 张照片并等待计算机构建 3D 面部图像大约需要 3min。

（二）仪器介绍

该套系统仪器包括相机、电池、存储卡等（图 8-24），此外，还需要一台便携式计算机。

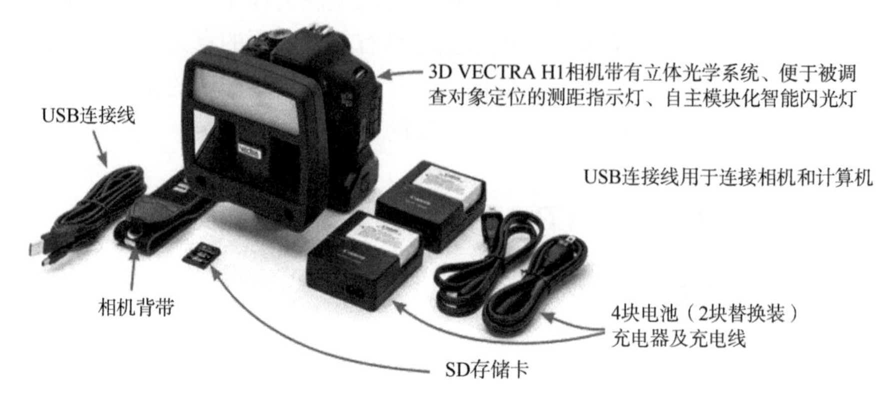

图 8-24　3D VECTRA H1 成像仪及配件（图片引自 VECTRA 说明书，获授权许可使用）

（三）3D VECTRA H1 成像仪使用说明

1. 计算机及界面准备

（1）打开计算机，连接 USB 接口，双击打开 VECTRA 软件。

（2）点击如图 8-25 所示右上角的新建被调查对象按钮，新建/输入被调查对象信息。

（3）新建后如图 8-25 所示，点击“look up patient”（查看被调查对象）。

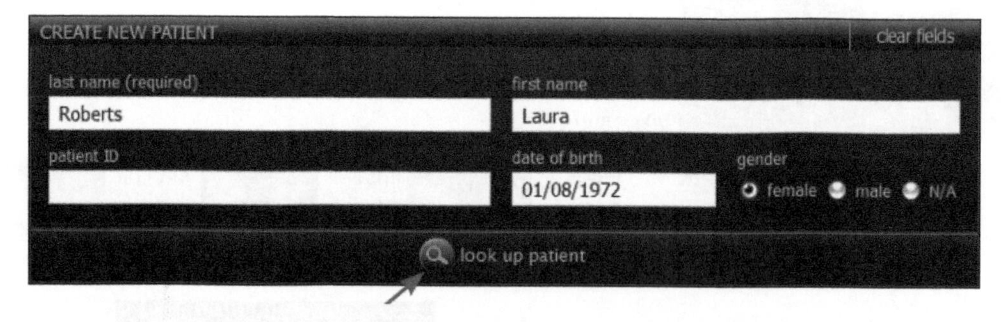

图 8-25　新建被调查对象界面（图片引自 VECTRA 说明书，获授权许可使用）

（4）点击“new capture”开始进行拍摄。

2. 拍摄相机准备

（1）插上相机电缆。

（2）打开相机开关，置于 M 模式。

（3）打开相机测距指示灯。

3. 拍摄过程　利用 3D VECTRA H1 拍摄面部，共需要拍摄 3 次，分别是右面部、中面部、左面部（图 8-26）。

（1）拍摄者按照软件提示顺序，分别站在被调查对象右前方 45°角、正前方、左前方 45°角处，手持仪器拍摄。

（2）拍摄时将相机生成的绿色光源点分别聚焦于右面颊颧骨处、人中处、左面颊颧骨处。在左、右面颊颧骨处时，相机镜头略呈从下向上拍摄的角度，以保证下颌能拍摄到。

（3）稳定镜头后，按下快门，拍摄图像。

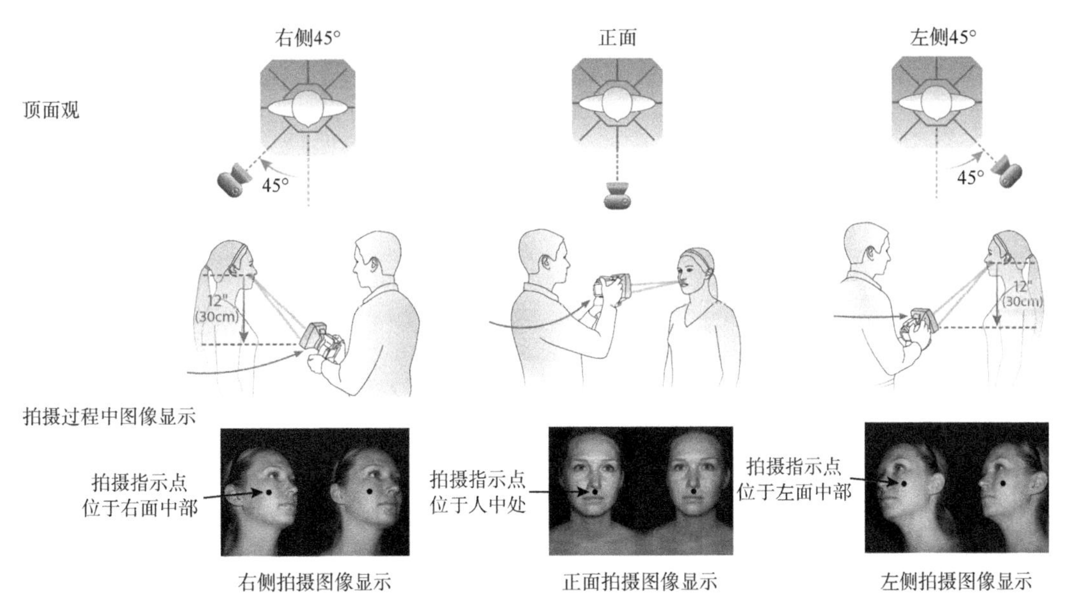

图 8-26　3D VECTRA H1 拍摄演示（图片引自 VECTRA 说明书，获授权许可使用）

拍摄结束后，会呈现 3 个方向拍摄的照片，随后软件自动开始合成，等待约 2min，合成结束（图 8-27）。

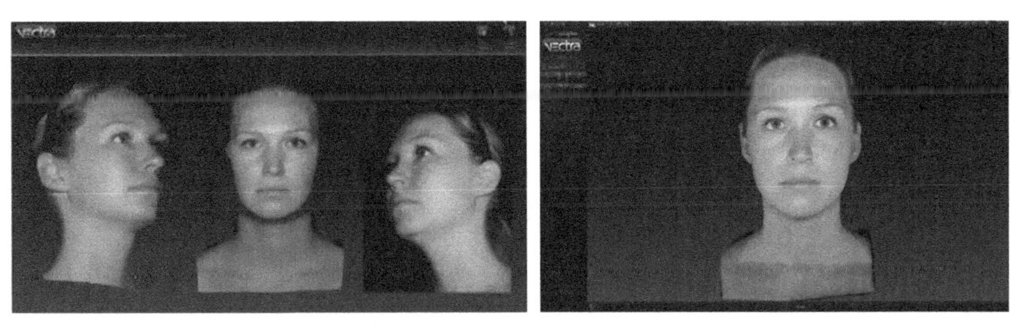

图 8-27　3D VECTRA H1 拍摄结果（图片引自 VECTRA 说明书，获授权许可使用）

（四）文件存储

完成拍摄后，点击左上角坐标轴按钮，跳入第二个蓝色界面，然后点击左上角“file-export”（文件输出），出现保存文件输入框。存储文件名一般采用采样单位统一对被调查对象的命名，如果被调查对象分配有条形码，可以使用条形码扫描，存储选择 OBJ 格式。

二、3dMDface 成像仪的操作及应用

（一）主要技术原理

3dMDface 成像仪即 3d MD 面部成像仪，适用于采样环境固定的情况，包含 6 个白炽闪光灯摄像头，能够在 2ms 内几乎同时成像继而合成图像，测量精度为 0.2mm。3dMD 面部成像系统采用双镜头单次成像技术，基于预先配准的几何信息，将镜头采集到的照片用算法拟合，从而构建面部形态。利用 3dMD 面部成像系统，采集空间要求约 3.0m×2.0m（图 8-28）。

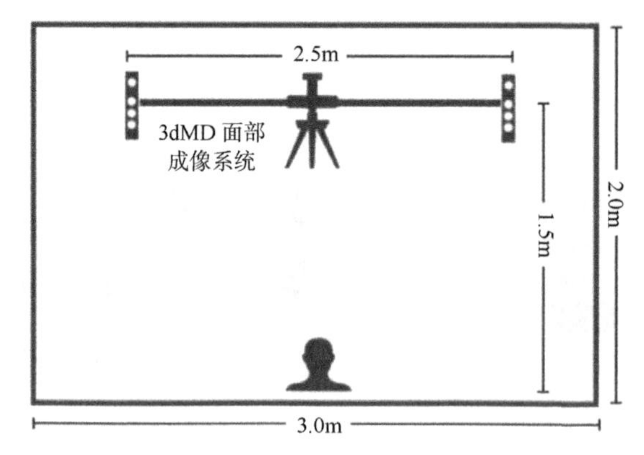

图 8-28　3dMD 面部成像系统空间要求

（二）成像系统

1. 仪器配置

（1）带有 2 个安装支架和 4 个黑皮螺栓的 2 个模块化装置（通称镜头）。
（2）模块化装置内部组成
1）大小：70mm×320mm×350mm。
2）重量：＜5kg。
3）2 个数码几何照相机（图 8-29A-1）。
4）1 个数码纹理照相机（图 8-29A-2）。
5）1 个斑纹处理器（图 8-29A-3）和 1 个纹理闪光灯（图 8-29A-4）。
（3）条形框架（3 个组件外加 2 个黑皮螺栓）。
（4）带有支撑架和电源线的电源盒。
（5）轻量的校准板。
（6）三脚架和三脚架头。
（7）连线及连接器。
仪器组装完毕后见图 8-29B。

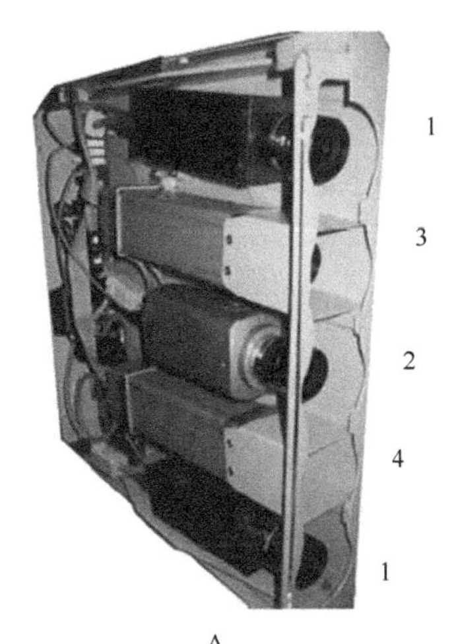

A B

图 8-29 3dMD 面部成像仪器及镜头（图片引自 3dMDface 说明书，获授权许可使用）

2. 应用软件

（1）图像采集和处理软件。

（2）3dMDpatient 软件。

3. 计算机及其系统 微软 Windows 系统。

（三）系统安装和连线

1. 安装条形框架 为携带方便，未安装的条形框架通常以电源盒为中心，两端分别延伸出 3 条连线穿过长臂折叠于行李箱中。

（1）同时取出相互折叠的电源盒框架、两端连线及左右两个长臂，保持以电源为中心的两端 3 条连线分别穿过左右两臂，并从两臂末端伸出。

（2）连接电源盒和长臂。分别将电源盒两端左右的黑皮螺栓拧松卸掉，将其对应的长臂插入电源盒支架臂内，确保黑皮螺栓的孔洞和交叉长臂的孔洞对应相通，再将卸掉的黑皮螺栓拧入原来的孔洞。

（3）连接过程中不能大力拉扯经由电源盒伸出长臂的连线，避免连线接触不良或扯断。黑皮螺栓应尽可能拧紧。

2. 条形框架嵌入三脚架 用于固定整个拍摄系统的三脚架通常包装在蓝色编织袋中，因三脚架头结构精细，通常需要多层包装，并避免撞击。

（1）固定三脚架。打开三脚架的包装，解扣三脚架的三腿，分开三脚架腿，使架头的高度略低于坐在其正前方的被调查对象，并调整三腿高度以确保架头与地面平行，参照三脚架头下面的水准仪精细调整三脚架高度，调整好后扣紧固定三脚架三腿上的扣环。

（2）三脚架头有固定条形框架的嵌入结构，拇指轻扳架头附近的夹状按钮，使架头处的夹子扩大，同时两人或三人合力将之前安装好的条形框架的中心（电源盒处）镶嵌入三脚架头，此时需保证电源盒正面朝向被调查对象。松开拇指，让夹子完全夹住条形框架，此时条形框架末端的飞翼结构近似呈垂直状态。

（3）固定好后确保框架左右位置水平，以三脚架头为中心，左右长短相同，再次查看三脚架头的水准仪是否平衡并进行调整。

（4）尽量将3D相机系统放置在墙角、靠墙或不易发生碰撞的位置。

3. 模块化装置（镜头）装入条形框架 因模块化装置前端的镜头是整套系统设备的核心，因此放置、携带、安装或拆卸时必须轻拿轻放，避免碰撞和擦划。通常两个模块化装置放在单独的防冲撞双肩包内，并在装置四周尤是镜头面和镜头周边棱角处用软垫等保护覆盖，以起到进一步缓冲的作用。

（1）取出镜头，拧松内侧的两个黑皮螺栓（不必将整个螺栓拧开），确保螺栓仍在镜头内侧。

（2）两人同时将两个拧松螺栓的镜头放入条形框架末端的飞翼结构凹槽内，完全放入后拧紧镜头内侧的螺栓（此时正面看镜头上的蓝色3dMD字样是倒立的）。

4. 连线镜头和电源盒 为保证正确成像，必须正确连接各条线路。为携带方便和保障线路通畅，各个装置间的连线都完全拆卸，并尽可能以功能为单位，合并保存在行李箱的网状夹内，同时根据相应功能对连线进行标记，以方便安装。

（1）正对装置时，左侧镜头在其外面标有“3”“4”的字迹，其有4条连线，分别是：①标识为“12V DC”的电源接口；②标识为“IN”的输入同步化接口；③标识为“OUT”的输出同步化接口；④标识为“Firewire”的火线接口。

（2）左侧镜头连线时，独有的黄色线一端连接“OUT”输出同步化接口，由条形框架伸出的标有“SD 13630”灰色线端连接“IN”输入同步化接口，黑色圆头接口连接“12V DC”电源接口，红色接口连接“Firewire”火线接口。

（3）正对装置时，右侧镜头在其外面标有“1”“2”“6”的字迹，其有3条连线，分别是：①标识为“12V DC”的电源接口；②标识为“IN”的输入同步化接口；③标识为“Firewire”的火线接口。

（4）右侧镜头连线时，由左侧镜头的“OUT”输出同步化接口伸出的黄线另一端连接到右侧镜头“IN”输入同步化接口，由条形框架伸出的红色接口连接“Firewire”火线接口，单独一条灰色线黑色圆头接口连接“12V DC”电源接口。标识为“OUT”的输出同步化接口未连接任何接口。

（5）电源盒左右两侧连线。正对装置时，电源盒左侧有一条连线，即由右侧镜头“12V DC”接口伸出的灰线，另一端连接左侧的“OUT”输出接口。电源盒右侧有2条连线，标识“OUT”输出接口连接由电源盒下端伸出的一条标有“OUT”的灰线，标识“AC MAIN IN”的大接口连接独立的一条黑色大接头。

注意：左右两镜头连接“12V DC”电源接口的灰线黑接口在插入后，应拧紧其上的金属螺旋，确保完全固定。

5. 连线计算机 连接显示成像的可移动计算机。

（1）照常连接计算机及电源。

（2）由条形框架上电源盒延伸出的接口长线连接在计算机上。

（3）各种接口插头都需完全固定，以防滑动。

至此，所有安装和连线工作完成。

注意：若3dMD面部成像系统有更新版，可根据官方提供的说明书及软件操作。

（四）软件应用

1. 打开和关闭软件

（1）双击桌面上的 3dMDface 打开软件。

（2）正常打开的软件界面会自动弹出两个照相视图窗口。

（3）单击界面左下端的“QUIT”按钮退出，也可单击左上端的“×”退出。

（4）若打开界面后不能出现两个照相视图，应逐一检查连线是否正确，尤其是检查左右两个镜头和电源的连线是否正确和固定，待确认正确后，重新打开软件，直到出现两个照相视图的窗口。

2. 校正系统

（1）单击校正按钮，此时系统会弹出窗口，询问“是否覆盖已经存在的校准”，只需点击“YES”即可。

（2）随后会弹出关于校正的对话框。之后的校正过程需要与其他人合作，一人双手持校正板站立在镜头前 2m 左右的位置，校正板的孔洞面朝向镜头，使板上的“T”完全颠倒。

（3）将校正板向上倾斜，与地面成 45°角，前后左右调整持板人站立位置，使计算机屏幕上两个照相视图窗口中倒立的“T”完全呈现，并确保倒立“T”水平、垂直延长线两端至少有两个孔洞在窗口显示。位置调整好后持板人保持不动，另一工作人员点击软件左下角“Acquire 1st Image Set”按钮，此时即有镜头方向的曝光拍照，等软件出现绿色进度条后即完成第一步调试校正。

（4）点击完成第一步校正，在绿色进度条完成后转换为校正对话框。持板人重复第一步校正时的位置调整过程，但要将校正板向下倾斜与地面成 45°角，待倒立“T”及其延长线端至少显出两个孔洞后，持板人保持不动，另一工作人员点击第二步校正对话框左下角的“Acquire 2nd Image Set”按钮，完成整个校正过程。

（5）在持板人站立位置放置椅子备用。

3. 命名被调查对象的图像 现场采样会将图像直接存储于计算机文件夹内。因计算机存储空间有限，建议采样现场携带大容量移动硬盘。当计算机存储图像超过 500 个时，即将这些图像存入移动硬盘，确保计算机有足够容量存储更多的图像。

（1）查看软件界面左上角，蓝色边栏中软件图标后是否为“Module System”，若不是，可更改软件默认存储文件夹至“C：/Modular System”。

（2）单击软件界面左上角位置三个按钮中间的白色按钮，表示新建一个样本图像存储文档。单击新建后，界面弹出名为“New Subject”的窗口，要求填写“Subject Name”，即被调查对象名称。通常命名由采集年份、民族、地域和编号组成，如“15Han Tz0001”，代表 2015 年在泰州采集的第一位汉族人样本，同时编号与血样编号及其他体质表型调查表编号相一致。其余两项“Other ID”和“Comment（optional）”设为空，不需要填写。

（3）“Subject Name”命名完成后，点击“OK”，此时会弹出另一个空白对话框，要求再次填写被调查对象的编号，在此填写和“Subject Name”相同的编号即可。

（4）被调查对象的编号必须完全正确，不能重复。若因失误需重新拍摄，应再次新建文件夹，命名为“被调查对象编号_2”。

4. 调整被调查对象位置

（1）被调查对象取坐位，面对条形框架的电源盒，调整头部和身体位置，确保头部完全摄入照相视图窗口（图 8-34）。

（2）拍摄过程需注意的事项

1）确保被调查对象的耳在照相视图窗口中是可见的。

2）露出被调查对象前额、耳，如有头发遮挡，需戴上事先准备的发箍。

3）在拍摄过程中被调查对象不能戴眼镜。

4）被调查对象眼睛看向前上方，与水平成 30°角，拍摄过程中不能眨眼，嘴唇自然闭合，面部表情放松。

5）下颌微抬，确保视图窗口中下颌清晰呈现。

不符合以上任意一条者均须调整被调查对象位置，然后重新拍摄，此时命名方式同上所述。

5. 正式拍摄被调查对象的 3D 面部

（1）一旦调整好被调查对象位置，即可点击左侧窗口“Capture”拍摄按钮。

（2）每个样本 3D 图像拍摄处理需要 30s 左右，由绿色进度条显示当前进度。进度条结束，说明此次拍摄样本图像已完整保存。

（3）及时查看处理过程中的成像，如表情或状态不符合拍摄要求，立即点击绿色进度条下方的“Cancel”按钮，重新拍摄，此时无须重新命名，再次调整被调查对象位置后重新点击绿色拍摄按钮。若进度条结束后才发现不符合拍摄要求，也需要调整被调查对象位置后重新拍摄，此时需要重新命名，命名过程即新建样本图像过程，需注意名称为“被调查对象编号_2”，以与此前的失误图像区分。

（4）待两个照相视图窗口恢复初始状态即可进行下一位被调查对象的拍摄。

（5）拍摄完成后，如需查看拍摄结果，点击绿色拍摄按钮之后的“3D View”灰色按钮，系统自动打开 3dMD Image View 软件，显示最近一次拍摄的被调查对象的 3D 图像。

6. 信息存储

（1）通常 3D 图像自动存储于“C：/Modular System/Data”中。

（2）每个样本图像以双层文件夹方式存储。

（3）采样过程中，建立样本信息文档，记录每个被调查对象的信息，包括 ID 编号、性别、年龄、民族及采样日期，便于现场和后期统计核查。

（五）拆卸系统及保存

按照安装系统过程反向拆卸并将其保存到相应的行李箱和包装袋中，应注意确保镜头完整。

三、面部 3D 图像的基本分析方法

成像仪得到的面部 3D 图像由于点云数目不同、姿态不一等问题，需进行预处理后再分析。3D 预处理技术已经较为成熟，主要包括构建模板脸、人脸模型配准及质量控制。

在完成模板脸的构建后，一般来说，首先需要找到鼻尖点，并使用 PCA 进行姿态校

正。然后将模板脸映射到采集的样本脸，通过刚性对齐、非刚性对齐及普氏对齐处理，将原始面部数据的点云数目及姿态进行统一，为后续分析做准备，完成3D人脸模型配准（图8-30）。

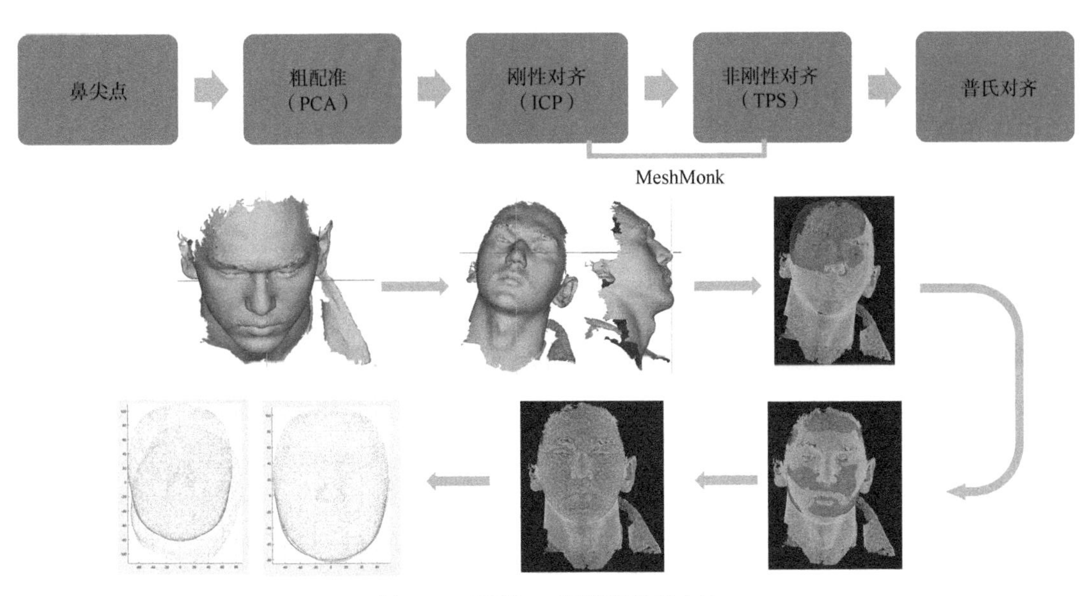

图8-30　面部3D图像预处理方法

经过预处理后，可以提取不同的面部表型。比较常用的有四类表型：基于解剖学特征点的几何形态测量学特征、基于高密度点的降维特征、具有生物学意义的颅面特征及基于聚类分割的面部表型（图8-31）。对于提取的特征，利用统计学方法研究个体或群体间面部形态的差异及分布规律，并开展与之相关的遗传、进化及发育学研究。

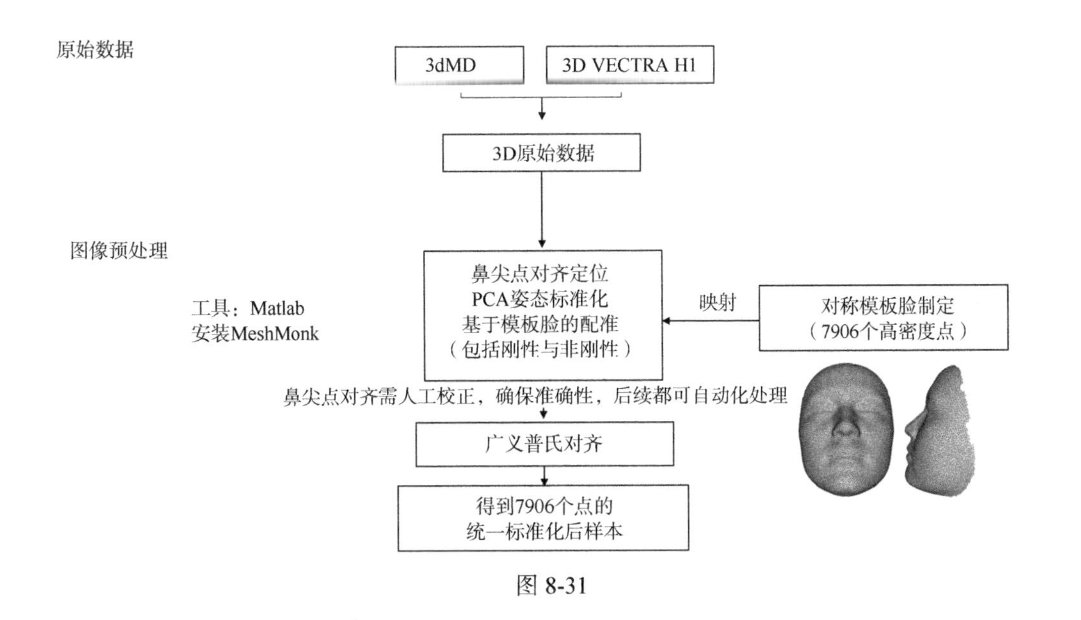

图8-31

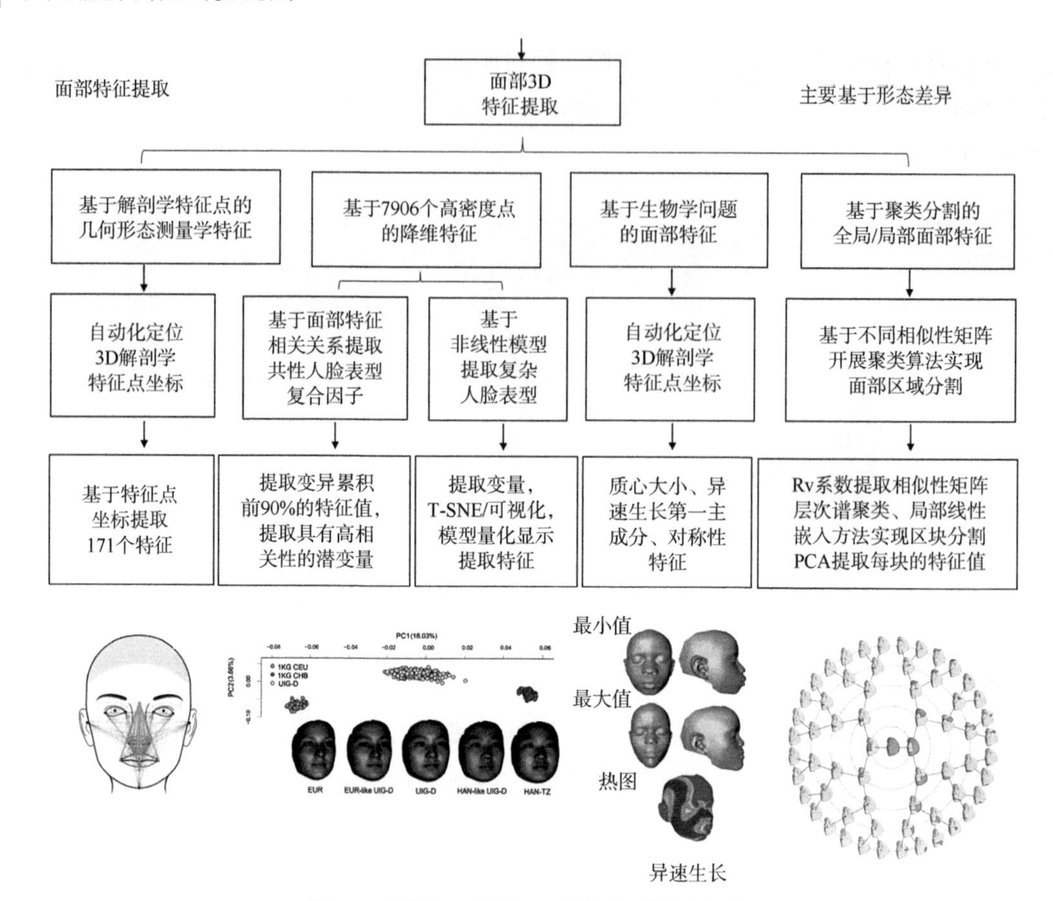

图 8-31（续） 面部 3D 图像表型提取方法

第九章　皮肤及附属器表型

第一节　皮　　肤

皮肤作为人体的第一道防线，有着强大的屏障功能，除了可以保护机体、抵御外界侵害外，还包括感受刺激、吸收、分泌、调节体温、维持水盐代谢、修复及排泄等功能，对保障人体健康起着重要作用。

皮肤组织自外而内分别为表皮层、真皮层和皮下组织三部分，见图 9-1。其中，最外层的表皮层，厚度在 0.05～1.5mm，又可分为基底层、棘皮层、颗粒层和角质层；真皮层的厚度为表皮层的 20～40 倍，结构更为复杂，由乳头层与网状层构成。皮下组织主要负责能量储存与体温调节。

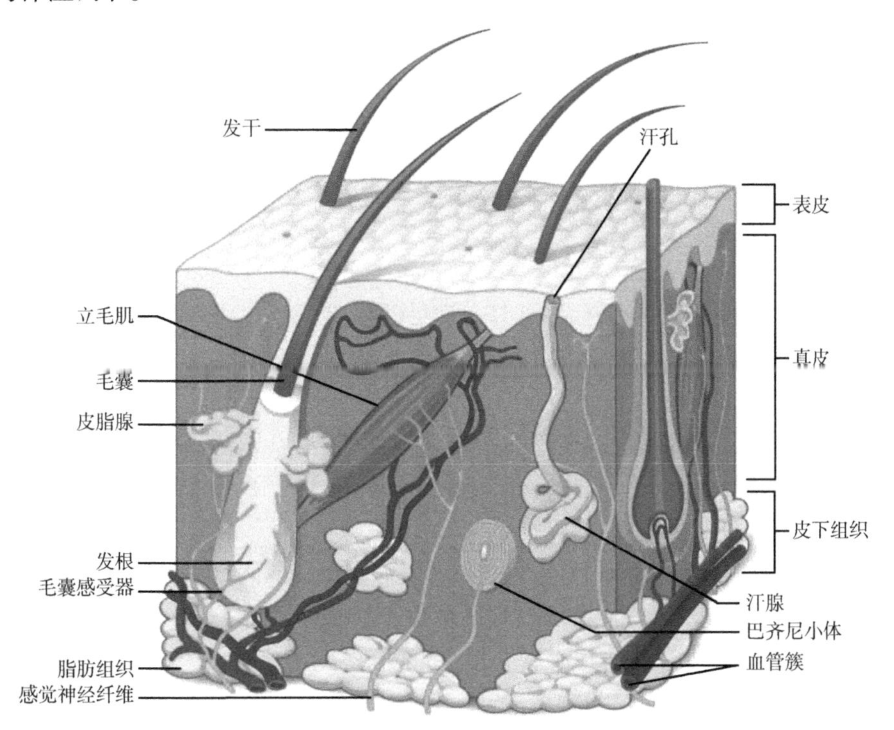

图 9-1　皮肤的生理结构示意（Betts et al.，2022）

广义的皮肤屏障功能包括：由表皮角质层构成的物理渗透性屏障；由黑色素细胞及其产物构成的色素屏障以保护皮肤免受紫外线辐射的损伤；由免疫细胞及其产物构成的免疫屏障以识别并清除异己物质。而狭义的皮肤屏障功能则是由表皮层，尤其是表皮角质层构成的物理渗透性屏障。皮肤屏障功能紊乱会导致皮肤变得敏感，甚至引发皮肤疾病，如变应性皮炎、银屑病等。

皮肤的渗透性屏障主要由角质层组成，其中水分含量占 10%～15%，若水分含量低于 10%，角质细胞延展性降低，皮肤更易受损。除了角质层含水量，经皮失水率（trans-epidermal water loss，TEWL）也是评价皮肤屏障功能的重要指标。TEWL 指皮肤中的水分从真皮层、表皮层等含水量较高的区域被动扩散到最外面角质层的速度。当皮肤屏障功能受损时，皮肤的水合能力显著下降，皮肤失水率升高。健康皮肤的表面为弱酸性，pH 值维持在 4.5～6.5，由皮肤排泄的水溶性物质、汗液等共同维持，表皮弱酸性可以调节一些酶的活性，维持皮肤细胞的正常代谢功能，若皮肤的弱酸性被破坏则会危害皮肤健康。皮肤表面还会分泌皮脂，起到润滑皮肤和抑制微生物生长的作用，皮脂分泌受许多因素影响，如机体激素水平、部位等。除此之外，皮肤黑色素细胞还可以分泌黑色素，防止紫外线辐射对皮肤造成损伤。

20 世纪 60 年代，科学家们首次发明了经皮失水率测量仪器，用于评价皮肤屏障功能，开创了皮肤功能评价的无创检测技术。随着科学技术的迅猛发展，越来越多的非侵入性检测方法用于对皮肤功能进行评价，如检测皮肤经表皮失水率、角质层含水量、皮肤酸碱度等。不同人群皮肤的基础指标，如肤色、皮肤水分、皮肤油脂、pH 值、经皮失水率等会有一定的差异，这与人群的遗传背景及日常生活的环境密切相关。温度、湿度、日晒、吸烟等环境因素的改变也会破坏皮肤屏障功能，甚至引发炎症反应，因此在数据采集时应考虑被调查对象的日常暴露因素。

一、采集前准备

（一）被调查对象准备

（1）被调查对象参与皮肤指标测试时需满足的要求

1）测试前一天晚上尽量避免使用磨砂等强效清洁用品洗脸，建议用清水洗。在测试前 12h 不在测试局部皮肤应用任何药物或保湿剂。

2）测试前一天，避免泡澡或蒸桑拿等容易发汗的行为，避免游泳。在测试前 3h，避免剧烈运动，无显性出汗。

3）测试时应尽量保持皮肤的自然状态，不要化妆。

4）测试部位无皮肤病或影响皮肤的全身性疾病。有以下情况的被调查对象不能参加测试：①测试部位有湿疹、特应性皮炎、接触性皮炎、脂溢性皮炎或其他皮肤病变，测试困难者，或近 1 个月内有皮肤病治疗史者。②参加测试前 3 个月内，接受过免疫抑制剂治疗。③参加测试前 1 个月内，接受过全身性激素治疗或光疗。④参加测试前 2 周内，接受过抗组胺等止痒药、抗雄激素制剂、雌激素、抗抑郁类药物及角质剥脱剂等外用药治疗。⑤严重的肝、肾功能不全者，慢性消耗性疾病患者。

如果在通知时无法确认，调查员应在测试时询问被调查对象是否有上述情况，并在调查问卷中备注，以便后期数据分析时进行因素控制。调查问卷见本节附录。

（2）被调查对象测试前可以选择用水清洁待测试皮肤，并用面巾纸吸干多余水分，或者用不含酒精的湿巾清洁待测试皮肤，然后静息等待 10～20min 再开始测试。

（二）环境准备

调查员应对采样场所的环境进行了解，应尽可能达到每项测试所要求的环境条件。如无法达到，可以酌情取消该项目的测试。

“★类标准”测试环境应满足：无阳光直射，无风，室温 20～24℃，湿度 40%～60%，周围无过度干扰。

其余测试项目应满足：无阳光直射，环境温度＜30℃，湿度＜70%，周围无过度干扰。

二、皮肤表型采集

（一）肤色测试

基于油脂测试胶带在吸收油脂前后的透光率发生改变，计算相同时间内等体积胶带吸收油脂量的大小，从而反映皮肤油脂分泌情况。

1. 测试仪器及耗材　MPA 9 主机，Cortex DSM 3 多探头皮肤测试系统，配套纯白校正头 1 个，2 节 1.5V 电池。

2. 仪器校正　打开仪器背面电池盖，放入 2 节 1.5V 电池，关上盒盖。轻按“ON/MEASURE”按钮开机，首先调试仪器，将仪器对准配套纯白校正头，长按“MODE/CAL”按钮，屏幕中“M”和“E”显示为 0 时结束校准。

3. 测试方法　轻按“MODE/CAL”按钮，分别选择“红黑色素模式”“红绿蓝模式”“Lab 模式”。

测试部位为前额及上臂内侧。将探头垂直对准测试区域，避免探头漏光，轻轻扶稳，不要用力挤压皮肤，见图 9-2。应避免将探头放在有明显色差的部位或色素斑附近。

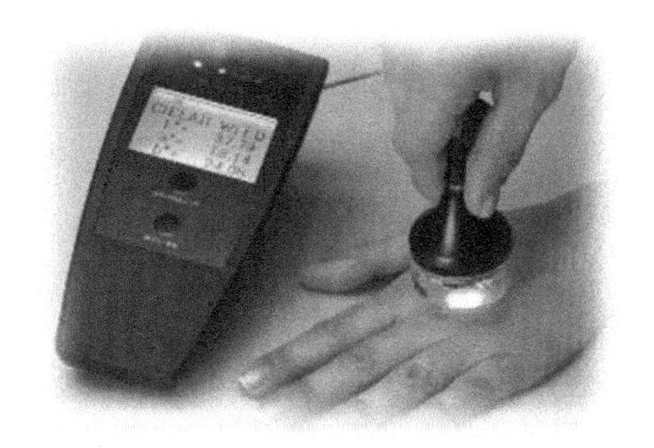

图 9-2　肤色测试操作（图片引自 www.cortex.dk，获授权许可使用）

轻按“ON/MEASURE”按钮，探头中的 LED 灯闪烁一次，测试数据输出，记录数值。

（二）皮肤油脂测试

皮肤油脂测试时环境要求为“★类标准”。

1. 测试仪器及耗材　MPA 9 主机，Sebumeter 测试孔探头，配套油脂测试盒，配套空白校正测试盒 1 套。

2. 仪器校正　将主机与计算机连接，打开软件，显示连接成功，选择“Sebumeter”测试项目。

选择校正程序，将空白校正测试盒插入油脂测试孔，等待校正结束。

3. 测试方法　测试部位为前额及面颊右侧。

开始测试前，将干净的胶带测试探头插入油脂测试孔中，向孔内轻轻按下，维持 1s，进行零校准。

保持探头垂直于测试部位皮肤，轻轻压在皮肤表面，等待 30s，见图 9-3。

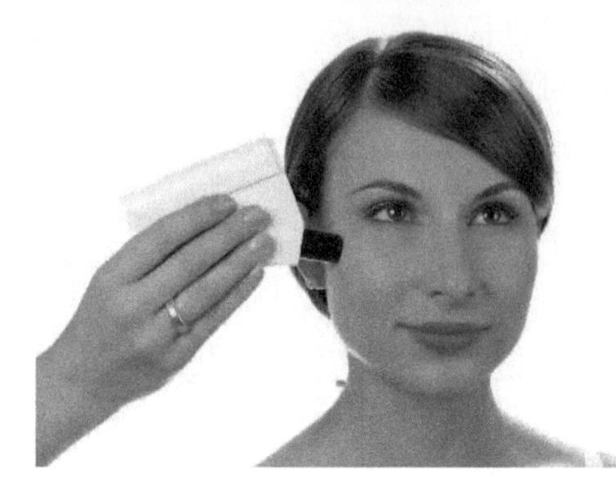

图 9-3 皮肤油脂测试操作（图片引自 www. courage-khazaka.de，获授权许可使用）

30s 后及时将探头插入油脂测试孔中，向孔内轻轻按下，读取数值。屏幕会显示 0～350 的油脂测试数值，若单次测试值高于 350，可在同一处再测试一次，取二者和为记录值。

每次测试结束后，向下拉动油脂测试盒边上的滑块，然后向上轻轻推送，获取干净的新胶带。

（三）角质层含水量测试

被调查对象出汗及护肤品或化妆品的使用会对角质层含水量造成较大影响，因此必须保证被调查对象皮肤处于自然状态。

1. 测试仪器及耗材 MPA 9 主机，Corneometer 探头，探头保护胶帽 1 个，配套校正元件 1 套。

2. 仪器校正 将探头与仪器主机连接，再将主机与计算机连接，打开软件，显示连接成功，选择“Corneometer”测试项目。

在配套半透膜中滴入蒸馏水，待半透膜浸润，选择校正模式，用探头在半透膜上轻轻按压，等待约 1s，完成校正。

3. 测试方法 测试部位为前额、面颊右侧及右前臂内侧。

调查员将探头放在被测试的皮肤表面，用 1.1～1.5N 的力按压测试探头（相当于托起 2 个鸡蛋的力量），等待约 1s，记录数值，见图 9-4。

图 9-4 角质层含水量测试操作（图片引自 www. courage-khazaka.de，获授权许可使用）

每个部位重复测试 3 次，取平均值。注意 3 次按压探头的力度要保持一致。

（四）经皮失水率测试

测试时环境要求为“★类标准”。

1. 测试仪器及耗材　MPA 9 主机，Tewameter TM300 探头，探头保护胶帽 1 个，配套校正头 1 个。

2. 仪器校正　将探头与仪器主机连接，再将主机与计算机连接，打开软件，显示连接成功，选择“Tewameter”测试项目。

选择校正模式，将探头插入校正头中，按下手柄侧面按钮，等待提示，完成校正。

3. 测试方法　测试部位为面颊右侧及右前臂内侧。

开始测试前，调查员握住探头手柄，将探头顶端圆柱体短的一端放在被测皮肤表面，确保探头表面完全接触皮肤。注意不要压得太紧，防止皮肤进入探头内部，见图 9-5。

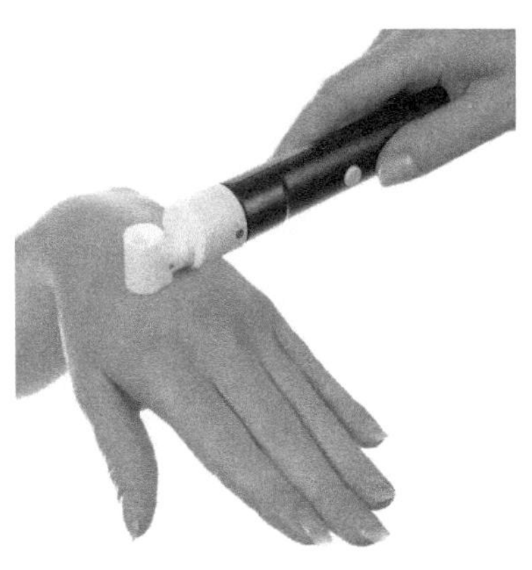

图 9-5　经皮失水率测试操作（图片引自 www. courage-khazaka.de，获授权许可使用）

测试过程中保持探头静止状态，避免可能干扰被调查对象情绪的情况。

按下手柄侧面按钮开始测试。仪器每秒读取一个数值，在开始的 4～5s，由于探头会预热以达到和皮肤表面温度一致，读数逐渐增加。待读数平稳后（一般为 20s 以上，图 9-6），再次按下手柄侧面按钮，结束测试。记录最后 5s 的读数平均值。

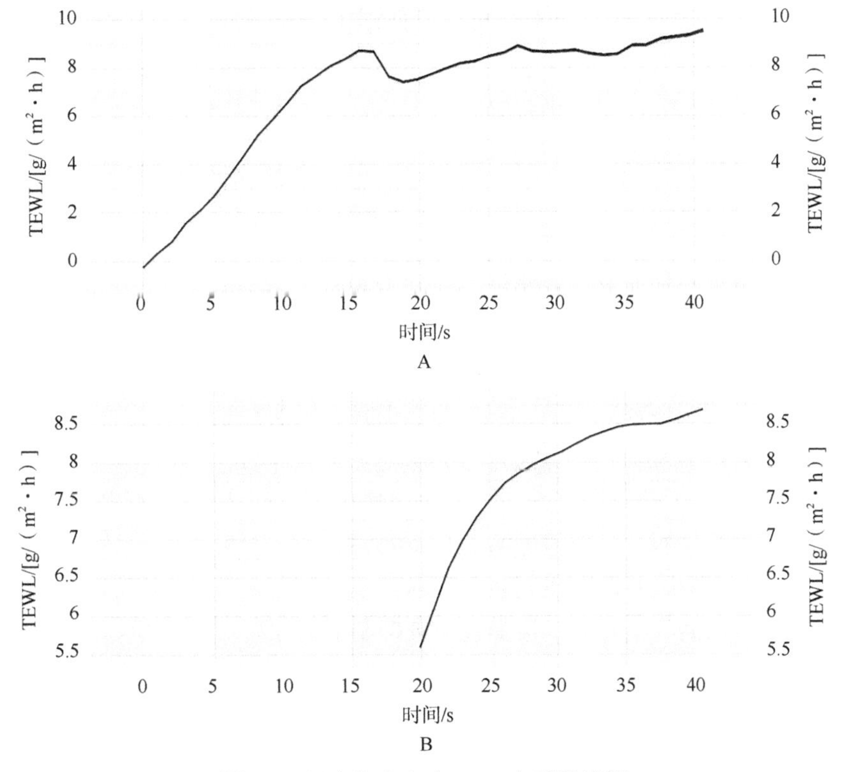

图 9-6　经皮失水率（TEWL）读数示例

A. TEWL 值；B. TEWL 均值

（五）皮肤酸碱度测试

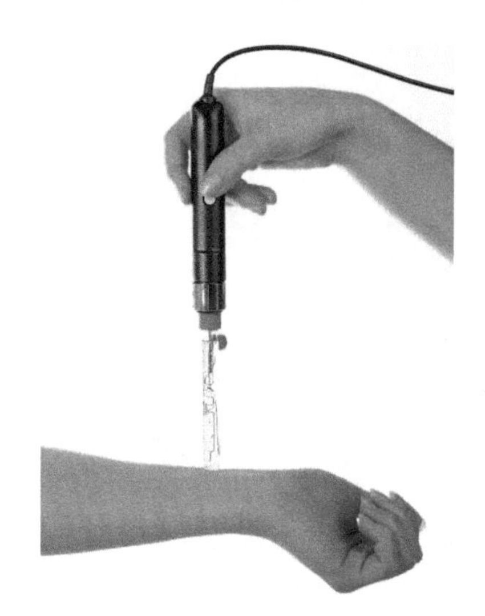

图 9-7 皮肤酸碱度测试操作（图片来自 www. courage-khazaka.de，获授权许可使用）

1. 测试仪器及耗材 MPA 9 主机，探头手柄 1 个，玻璃探头主体 1 个，探头保护胶帽 1 个，配套缓冲液（3 mol/L KCl 溶液），配套校正溶液一套（pH=4.01 的酸性校正溶液，pH=11 的碱性校正溶液）。

2. 仪器校正 组装探头手柄与主体，探头与仪器主机连接，再将主机与计算机连接，打开软件，显示连接成功，选择 pH 值测试项目。

选择校正程序，将探头从缓冲液中取出，根据提示，分别将探头放入酸性校正溶液和碱性校正溶液中，完成校正。

3. 测试方法 测试部位为面颊右侧及右前臂内侧。

测试前将探头浸在缓冲液中，测试时将探头取出，将探头最前端的半透膜贴在测试部位皮肤表面，见图 9-7。

按下手柄侧面按钮，等待约 1s，记录数值。同一部位重复测试 3 次，取平均值。

附：皮肤测试问卷

1. 测试时温度________℃；相对湿度________%。
2. 您今天是否使用过任何面霜或者化妆品？ 否____ 是____
   不论您今天是否使用过化妆品，请擦拭您的面颊并等待 15min。
3. 您今天是否抽过烟？ 否____ 是____
   如果是，请您在抽血及皮肤测试前等待 15min。
4. 您今早是否饮用过任何茶/咖啡/热饮/酒类？ 否____ 是____
   若您在 1h 内饮用过任何以上饮品，请在皮肤测试前等待 30min。
5. 您上次泡澡/淋浴/游泳是在________h（小时）以前？
6. 您是否患有以下类型的皮肤疾病？请在相应项上打钩。
   （1）湿疹 （2）特应性皮炎 （3）接触性皮炎 （4）脂溢性皮炎
   （5）其他皮肤疾病（其他请标明） （6）无
7. 您是否有以下情况？请在相应项上打钩。
   （1）参加测试前 3 个月内，接受过免疫抑制剂治疗
   （2）参加测试前 1 个月内，接受过全身性的激素治疗或光疗
   （3）参加测试前 2 周内，接受过抗组胺等止痒药、抗雄激素制剂、雌激素、抗抑郁类药物及角质剥脱剂等外用药的治疗
   （4）严重的肝、肾功能不全，慢性消耗性疾病
   （5）无上述情况

第二节　肤　　纹

人类的皮肤纹理简称肤纹（也称皮纹），包含指纹、掌纹和足纹，是人类表型组和体质人类学的重要内容，是人类外露的性状。肤纹是由表皮组织真皮乳头突向表皮的嵴组成的各种花纹，约在胚胎 6 个月时形成。肤纹是灵长类动物都有的体表特征。

肤纹在个体“各不相同，终身稳定”，每个人的指纹都不一样，从婴儿到老年肤纹形态不会改变。肤纹在人群或民族中各自有基本固定的频率，是研究人群迁徙、演化、融合的生物学标志。肤纹在医学诊断，特别是染色体疾病的早期诊断中有非常重要的意义。

进行肤纹研究分析，首先要遵循伦理学原则，签署知情同意书。

世界上曾经有过几种肤纹分类学派，如德国、法国、奥地利、阿根廷、日本、英国、美国等学派，对我国的肤纹研究均有一定的影响。近 50 年来，人类肤纹学以英美学派为主流。英美学派以美国学者 Cummins（1893～1976）的技术分析主张为规范，这是对英国学者 Galton（1822～1916）和 Henry（1850～1931）的分析技术的继承。

20 世纪 80～90 年代，美国标准-中国版（ADA standard-CDA edition）是中国 56 个民族肤纹研究的技术或分类标准。中国肤纹研究协作组制定了项目标准，又称中国标准（CDA standard）。技术标准和项目标准的制定，保证了全球肤纹研究实验室资料的完整统一，具有借鉴可比性。

一、肤纹分类技术

（一）嵴纹细节

单条嵴纹的形态构造为肤纹的细节，各种细节见图 9-8。嵴纹有起点（向心点）和终点（远心点）。嵴纹从起点行进到中间分开为分叉；两条嵴纹相遇融合成一条嵴纹为结合；一条嵴纹分叉迅速又结合为小眼；仅有 1 个汗腺孔的短嵴纹为小点；有 2 个汗腺孔的嵴纹为短棒；有大于或等于 3 个汗腺孔的嵴纹为线状嵴；在两条嵴纹中间有一桥状线为小桥；嵴纹上小点或短棒式的分叉为小钩。一条长的嵴纹可能是光滑的弧线或圆弧线（测量值是弧度）；也可能是有拐点的折线（测量值是角度）。

嵴纹上的汗腺发育不完全，在嵴纹上看不到汗腺孔，形成的细瘦嵴称为次生嵴。次生嵴一般不长，镶嵌于发育的嵴纹之间。次生嵴纹不连成片，组不成花纹，它们的细节依上述发育嵴纹分类和命名，观察时要特别说明。次生嵴的粗细小于正常嵴纹的 1/2。嵴纹的细节和其上的汗腺孔构成了千变万化的肤纹花纹，其排列格局构成肤纹的形态和生物多样性。

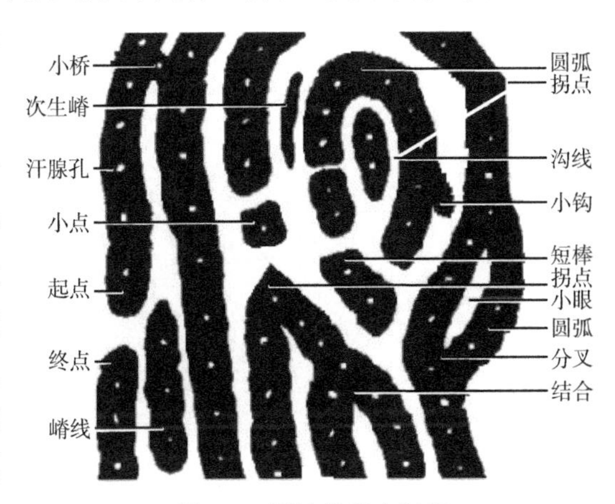

图 9-8　嵴纹的基本细节

三个方向的嵴纹向一点汇集组成三角，三条嵴纹之间的夹角各约为 120°。阅读肤纹图，最有助于分析的标志是三角，如指纹上的指纹三角，指根指垫部的指三角，手掌近侧部的轴三角（简称 t 三角），足掌面上趾根部的趾三角等。

（二）指纹分类

指纹的分类比较复杂，但一般习惯分为三大类六亚型（图 9-9）。

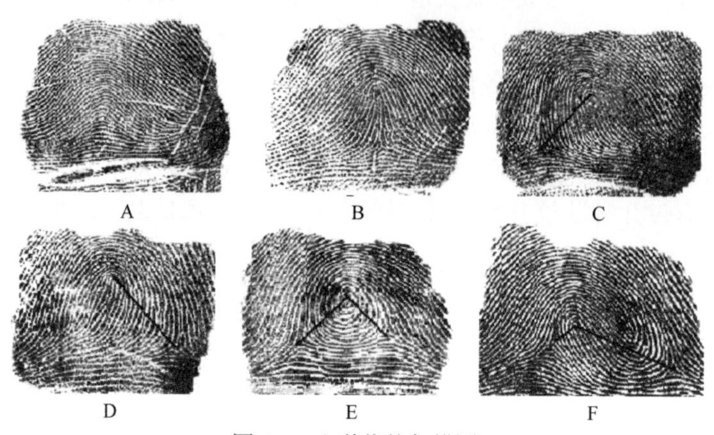

图 9-9　六种指纹扫描图

A. 简弓（simple arch，As），右示指；B. 帐弓（tented arch，At），右示指；C. 尺箕（ulnar loop，Lu），右中指；D. 桡箕（radial loop，Lr），右示指；E. 一般斗（simple whorl，Ws），左示指；F. 双箕斗（double loop whorl，Wd），右拇指

1. 弓形指纹（arch，A）　嵴纹从起点到终点，中间没有弧形回旋。弓形指纹没有指纹三角或中心花纹。可分为两种亚型：嵴纹在中间没有三角，称为简单弓或称为简弓；嵴纹在中间呈天幕式或帐篷式，则称为帐弓，帐弓有一个三角，三角的上部支流长短决定帐弓的高低，高低帐弓的界限不明，帐弓没有中心花纹。

2. 箕形指纹（loop，L）　嵴纹从一方发出，中间又以弧形回旋到发出的这一方。箕形指纹至少有一个指纹三角和一个中心花纹。箕形也分为两种亚型：大部分为尺箕，又叫正箕；少量为桡箕，又称反箕。这主要依据箕的开口方向而定。

3. 斗形指纹（whorl，W）　嵴纹成为螺旋、同心圆、双曲线等形状。斗形纹必须有两个指纹三角和一个中心花纹。有一种斗形纹中间两个完整的箕纹互相交联，这是斗形纹的一种亚型，称为双箕斗。双箕斗的中心必须有一条完整的"S"形嵴纹或嵴沟，并把两个完整箕头分开（图 9-10）。其他（除双箕斗外）各种斗纹统归于另一种亚型，称为一般斗形纹。

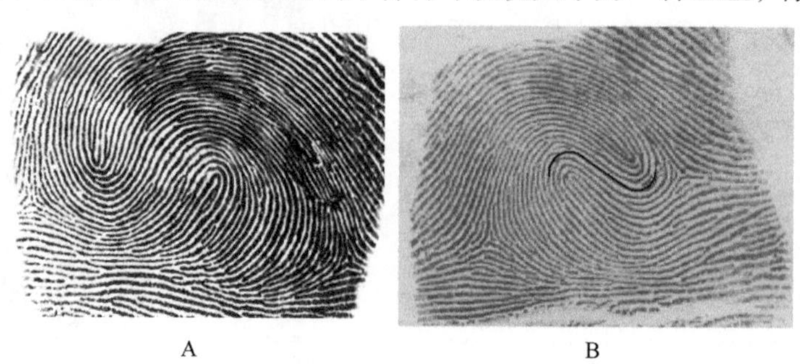

图 9-10　11 条"S"形嵴纹把两个箕头分开（A），5 条完整的"S"形嵴纹把两个完整箕头分开（B）

双箕斗的双箕，一个是正头箕，另一个是倒头箕。正头箕的开口朝向尺侧（约占 80%），少部分朝向桡侧（约 20%）。双箕斗也可分为尺侧双箕斗和桡侧双箕斗。桡侧双箕斗在示指上多见。双箕斗有两个指纹三角和一个中心花纹，以正头箕的中心花纹为指纹的中心花纹。

斗形纹依据两个三角内部支流的上下层关系，可以划分为尺偏斗、平衡斗和桡偏斗三种类型（图 9-11）。

图 9-11 斗形纹的尺偏斗、平衡斗、桡偏斗与内部支流（粗线）的关系（图的左边为桡侧，右边是尺侧）

指纹在左右手的对应手指上是非随机组合的，在上海的汉族人群中约有 79%手指左右花纹对称，即左右手同名对应的手指有同一类型的指纹。根据每个手指的指纹，可以分析三类指纹在一手五指上出现的组合，以及双手十指同为一种类型花纹的百分率。

库明斯指纹指数（Cummins index）也叫指纹强度指数（pattern intensity index，PII），是一种常用的肤纹指数。其计算公式为

$$PII=(2W+L)/N$$

式中：W 是斗形指纹的百分率，L 是箕形指纹的百分率，N 是常数 10（10 个手指）。例如，汉族人的斗形指纹为 50.86%，箕形指纹为 47.12%，指数是 14.88，即

$$PII=(2\times 50.86+47.12)/10=14.88。$$

（三）掌纹分类

手掌上的花纹在统计时仅计真实花纹和非真实花纹两大类。

1. 大鱼际纹 大鱼际纹仅统计各种箕、斗和箕斗复合纹，这些花纹称为真实花纹。各种弓形纹则不在真实花纹之列，称为非真实花纹。各种真实花纹和非真实花纹见图 9-12。非真实花纹有两种：一种是弓形纹，为开放型；另一种花纹呈微复杂化，繁于弓、简于箕，称为退化纹。真实花纹中的斗也包括两种类型，即一般斗和复合斗。真实花纹中的箕种类较多，按箕开口方向分为四种类型，即远箕、桡箕、近箕和尺箕。大鱼际真实花纹中最常见的是远箕。大鱼际纹与第 Ⅰ 指间区纹不易区分，故常合在一起分析，记为 T/ Ⅰ 或者 T。

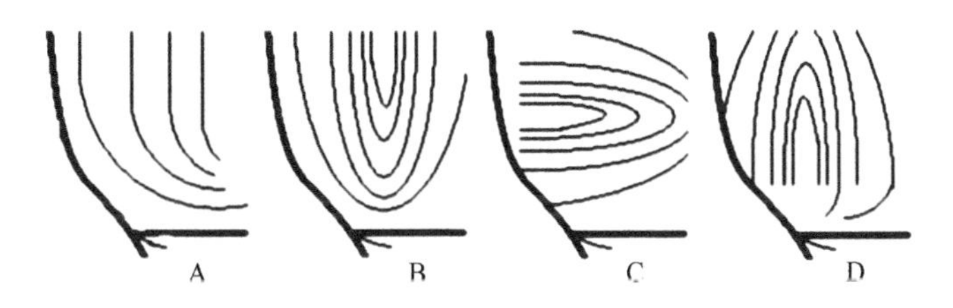

图 9-12

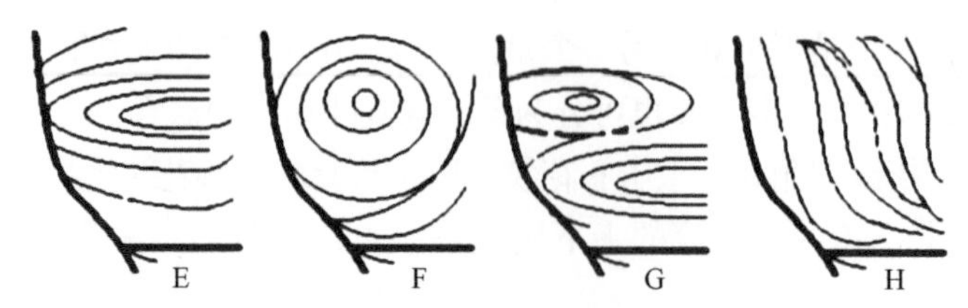

图 9-12（续） 大鱼际的各种花纹（A 和 H 是非真实花纹，其他为真实花纹）

2. 指间区纹 指三角与指三角之间的花纹称为指间区纹，也仅计真实花纹，其中以远箕为多见，偶有斗纹。在Ⅱ、Ⅲ和Ⅳ区中又以Ⅳ区的真实花纹频率最高，Ⅲ区内少见，Ⅱ区内很少见。有的个体在Ⅳ区内有两个真实花纹，还有的个体在Ⅲ区和Ⅳ区之间有跨区的真实花纹。

3. 小鱼际纹 小鱼际纹分析也仅计算真实花纹，其基本分类与大鱼际纹十分相似。

4. 主要掌纹线 主要掌纹线简称主线，分别从指三角 a、b、c 和 d 向心发出嵴纹，分别以大写字母 A、B、C 和 D 表示。各主要掌纹线自指三角发出，跟踪其行迹，直到终止。终止区按照手掌的 13 个区域编码表示（图 9-13）。各终止区的编码依照 D、C、B 和 A 的次序列出，就是主要掌纹线公式。常见的公式是 9、7、5′、3，它代表 D 线止于 9 区，C 线止于 7 区，B 线止于 5′区，A 线止于 3 区。

（四）手掌屈肌线、指间褶和白线（皱褶）

1. 手掌屈肌线 手掌上的屈肌线共有三条（图 9-14），分别称为远侧屈肌线，也叫第一屈肌线；近侧屈肌线，又称第二屈肌线；纵侧屈肌线，为第三屈肌线，其环绕大鱼际，又称大鱼际屈肌线。屈肌线也可称屈际线、曲肌线等。

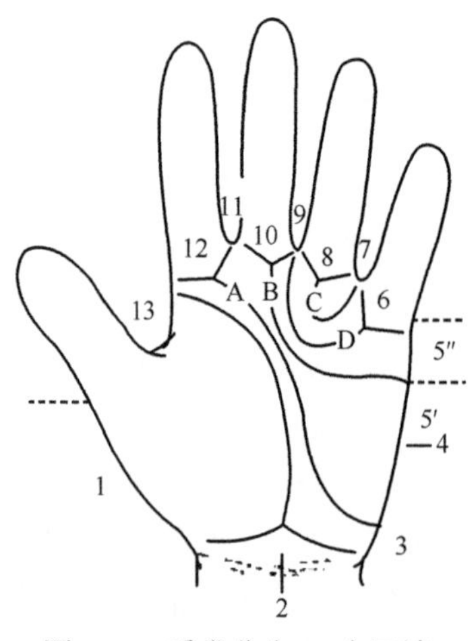

图 9-13 手掌分为 13 个区域

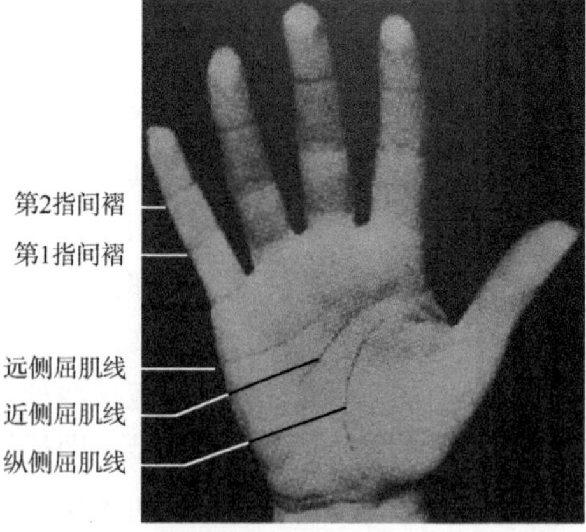

图 9-14 手上的指间褶和屈肌线（Schaumann and Alter，1976）

远侧屈肌线起读点处于尺侧。近侧和纵侧屈肌线的起读点在虎口边缘或附近，表现为两种情况：一种情况是二线相连共用一个起读点，为汇合型，多见；另一种情况为起读点有 2 个，为不汇合型，或称“川”字线型，少见。近侧屈肌线的起读点有时在虎口区附近，而不在虎口边缘，变化较大。屈肌线并不是由表皮组织的嵴纹形成，而是由结缔组织的深筋膜形成，外观透明致密，故对屈肌线的分析仅为肤纹研究的附属内容。

此外，可根据屈肌线主支是否横贯整个手掌进行分类（图 9-15），横贯者即为通贯手。通贯手大约可分为四种（见图 9-15A～D）：

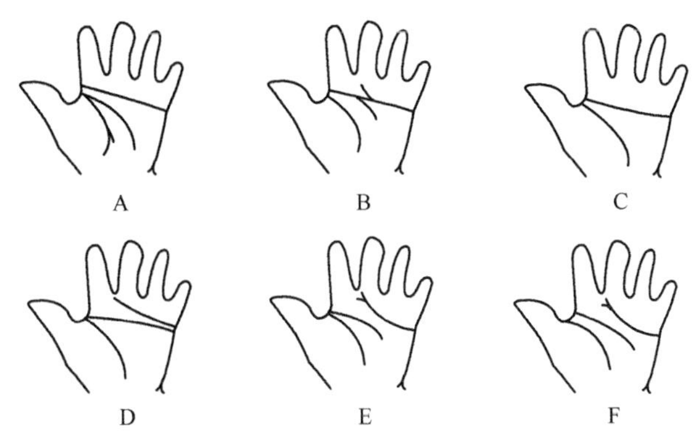

图 9-15　屈肌线及通贯手和“川”字线型手（Schaumannet and Alter，1976）

A～D. 通贯手；B. 相遇型；C. 相融型；D. 悉尼线；E. 一般型；F. “川”字线型

（1）远侧屈肌线单独横贯整个手掌。

（2）远侧屈肌线（第一屈肌线）和近侧屈肌线（第二屈肌线）相互沟通而横贯整个手掌，也叫“一二相遇”型。

（3）远侧和近侧屈肌线互相融合（已分不出远侧和近侧屈肌线）而横贯整个手掌，也称“一二相融”型（图 9-16）。

（4）近侧屈肌线单独横贯整个手掌。

上述前三种通贯手也称为“猿线”型，第 4 种通贯手称为“悉尼线”型。悉尼线是由近侧屈肌线单独横贯手掌形成。相互沟通而形成的猿线，是从近侧和远侧屈肌线的起读点开始分析，只有当两条屈肌线的主支相互沟通时才认为是猿线。

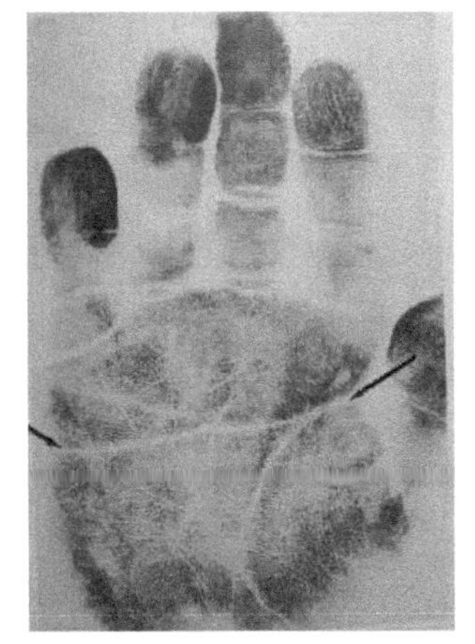

图 9-16　远侧和近侧屈肌线融合的通贯手（Schaumann and Alter，1976）

图 9-15E 为一般型屈肌线。屈肌线随年龄而变化，年龄越大，屈肌线越复杂，进行通贯手分析时要注意。猿线观察误差多是对第 2 种类型（相遇型）的判断失误所造成。通贯手还有其他的分类方法和命名方法，多是在第 2 种类型中进一步细分。第 2 种类型也称为过渡型或桥贯型，还可以对此进一步细分为过渡Ⅰ型和过渡Ⅱ型（或称桥贯Ⅰ型和桥贯Ⅱ型）等。

2. 指间褶　手指上有指间褶（见图 9-14），除大拇指只有一道指间褶外，其他四指都有两道指间褶。在正常人群中，小指只有一道指间褶的个体罕见，此特征有很重要的临床诊断意义。

3. 手上白线　除了三大屈肌线外，手上皱褶很多，在捺印时纸上显示为白线，故皱褶也称“白线”。按部位有指白线、掌白线、足白线之分。与屈肌线相比，白线都是小皱褶，它们的构造不同于屈肌线。白线是厚型皮肤的皱褶，与年龄有关，年龄越大，白线也越大越多。有时新产生的白线与屈肌线相连或相近，易误认为是屈肌线发生了变化。

（五）足纹

足掌部花纹如同手掌纹一样，可表达大量的生物学信息。肤纹在诊断唐氏综合征时，足纹提供25%的信息。在群体或个体的肤纹研究中应尽量收集足纹捺印图。足掌各部位肤纹的名称见图9-17。

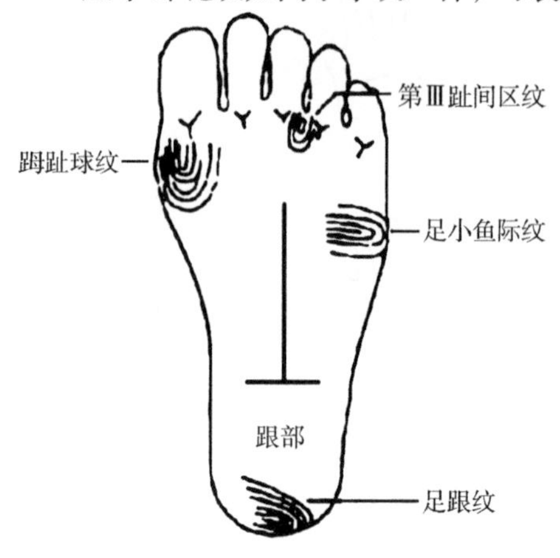

图9-17 足掌各部位肤纹的名称

1. 踇趾球纹 踇趾球纹与第Ⅰ趾间区不易区别，故也作一个区域分析，记为H/Ⅰ，不分真实花纹与非真实花纹。踇趾球纹分为3类11种，见图9-18。踇趾球纹的第一类是弓类，分为5种，即胫帐弓、远弓、胫弓、近弓和腓弓。弓形纹基底线（弓弦）的位置决定了弓形纹的类型。第二类是箕类，分为4种，即远箕、胫箕、近箕和腓箕。箕形纹开口的方向决定了箕形纹的类型。第三类是斗类，有斗和复合斗两种。

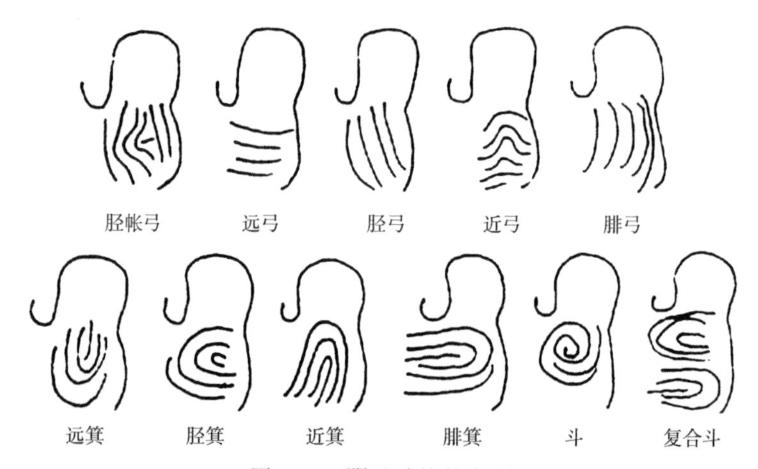

图9-18 踇趾球纹的类型

2. 趾间区纹 趾三角之间的花纹称为趾间区纹，分析时仅计真实花纹。真实花纹中以远箕多见，近箕较少，斗罕见。Ⅲ区内趾间区纹真实花纹频率最高，Ⅱ区和Ⅳ区趾间区纹真实花纹较少见。由于足趾间三角捺印不一定清楚，区域的判断有些困难。

3. 足小鱼际纹 对足小鱼际纹分析仅计真实花纹。真实花纹中基本或全部是胫箕，斗极少，腓箕罕见。非真实花纹的出现率为70%～80%。大多数胫箕的箕头在足掌的腓侧，捺印未显示腓侧箕头的箕看上去与弓形纹一样，因此只有在捺印图质量很好的群体中才能进行此项分析。有的花纹繁于弓而简于箕，被称为退化纹，属非真实花纹的一种。

4. 足跟纹 足跟纹分析仅计真实花纹。花纹中以胫箕为主，目前在足跟所见真实花纹都是胫箕。有研究者报道在足跟见到斗。真实花纹的出现率在各个群体中都不高，仅占3%左右。足跟纹胫箕的箕头一般处于足跟腓侧的上部，难以捺全这个花纹，因此捺印图的质量会影响观察频率。

（六）肤纹的测量值

肤纹中有些项目为计量资料，如 atd 角度和 t 百分距离（tPD）等。肤纹学界习惯把指纹总嵴纹数（TFRC）和指三角 a-b 间的嵴纹数（a-bRC）也纳入计量资料的范围。

1. 轴三角 轴三角的位置可以用 atd 角度和 tPD 值来衡量。atd 和 tPD 的测量方法如图 9-19 所示。

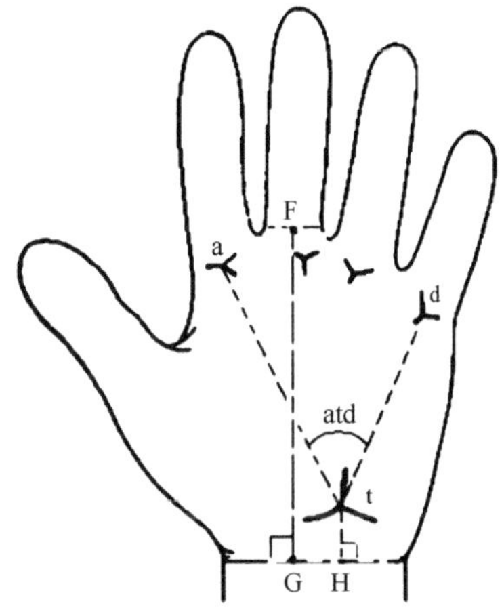

图 9-19 atd 和 tPD 的测量

测量 atd 角时，以轴三角 t 为顶点向指三角 a 和 d 分别作两条直线，得到一个夹角，用量角器量出其角度。手指强行撑开或并拢，将有±5°差异，故提倡自然位置的捺印和测量。

tPD 的测量，先以中指掌指褶的中点（F）向掌腕褶作一条垂线，交点为 G，量出其全长，这是掌长（FG）。然后以轴三角（t）向掌腕褶作一条垂线，交点为 H，量出直线距离（tH），tH 平行于 FG（tH 叫短线，FG 叫长线）。tPD 的计算公式为

$$tPD=(tH/FG)\times 100$$

atd 角的测量不能缺少指三角 a 或 d，也不能没有轴三角 t。tPD 的测量可以没有指三角，但不能缺少 t 三角。有的个体在手上有两个或两个以上的 t 三角，称为超常数 t 三角，正常人群中约 2%的个体有超常数 t 三角。

分析中可见 atd 角增大，则 tPD 值也增加，反之亦然。在汉族人群中对这两个指标求直线回归方程组。

已知 atd，求 tPD 时用公式：

$$Y_{tPD}=0.4396\times atd-1.3732$$

已知 tPD，求 atd 时用公式：

$$Y_{atd}=0.4219\times tPD+32.7677$$

轴三角在手掌上的位置可以用 t、t′、t″和 t‴表示，t 在手掌的近侧，t‴在最远侧。每相邻两个位置上的轴三角，tPD 相差 20，atd 相差 9°。t″在手掌长轴的中央位置，其 tPD 应是 50（47～60），atd 应是 55°（51°～59°）。

2. 指纹总嵴纹数 指纹总嵴纹数（TFRC）是分别计数个体十枚指纹的箕线数，然后相加而得。只能在箕形指纹和斗形指纹中进行分析，即在内部花纹的中心点和三角区的中心点之间画一条线（三角区的中心点见图 9-20），数出经过这条线的嵴纹，包括嵴纹中所有的点、线、棒、眼，但计数时不把中心点和三角点上的嵴纹算在内，也就是不计算、不包含起点和终点。

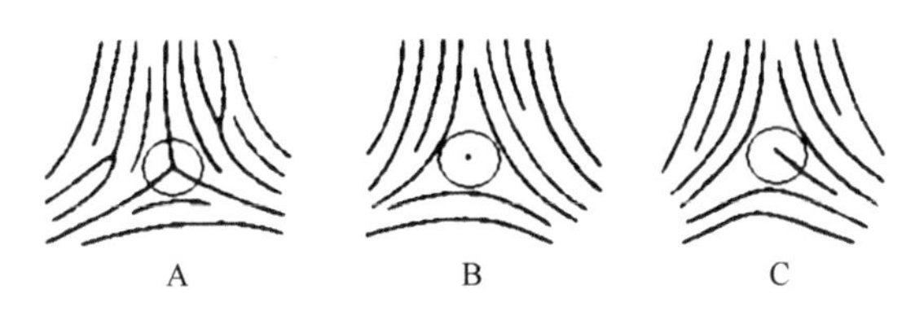

图 9-20 三角区的中心点（圆圈的中央）

一枚指纹的嵴纹数记为 FRC。箕形纹有一个中心和一个三角，故只有一个 FRC 计数。斗形纹有一个中心和两个三角，可有两个 FRC 计数，按取大舍小原则，以大数参加总和计算，见图 9-21。弓形指纹没有三角和中心，FRC 计数为 0。十指的计数相加，即得指纹总嵴纹数值。

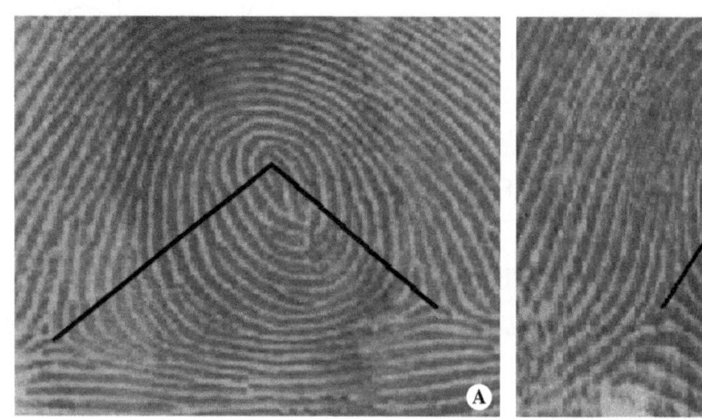

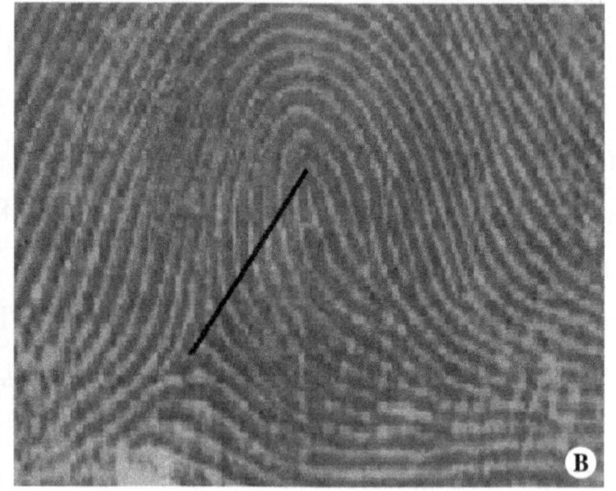

图 9-21 FRC 计数法

A. 斗形纹嵴数分别为 16 和 10 条，取 16 舍 10；B. 箕形纹嵴数为 8 条

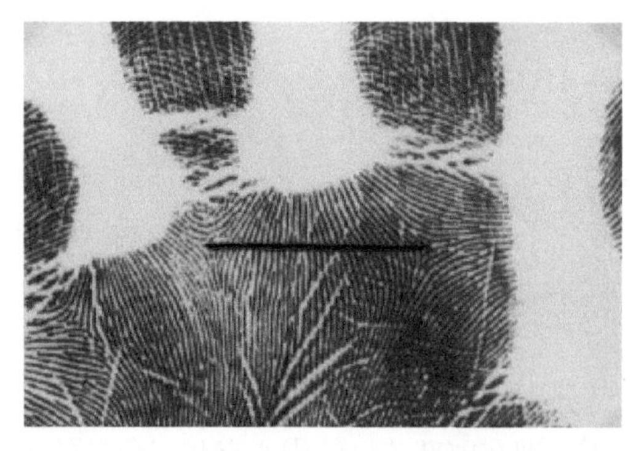

图 9-22 a-b 间嵴纹数（a-b RC）计数法（33 条）

斗形纹的偏向与计算嵴纹的位置有关，尺偏斗多取桡侧的嵴纹，桡偏斗多取尺侧的嵴纹，平衡斗是取桡侧还是取尺侧的嵴纹要视情况而定。

3. 指三角 a-b 间嵴纹数 指三角 a-b 间嵴纹数（a-b RC）是在指三角 a 和 b 之间画一条直线，除去起止点，数出经过直线的嵴纹（图 9-22）。在 b-c、c-d 三角间也可以计算嵴纹数。

二、肤纹项目品种

模式样本依照肤纹项目品种——中国标准提取的项目数，可分为三级（1 级模式样本、2 级模式样本、3 级模式样本）。

1 级模式样本：含有指纹的 A、Lu、Lr、W、TFRC 项目。

2 级模式样本：包含 1 级模式样本全部和掌纹的 a-bRC、T/I、Ⅱ、Ⅲ、Ⅳ、H 项目。

3 级模式样本：包含 2 级模式样本全部和足纹的踇趾球纹（A、L、W）、Ⅱ、Ⅲ、Ⅳ、H、足跟纹项目。

其他项目多而不限。

CDA 团队完成的研究包含我国全部的 56 个民族、68 846 例个体，涉及 121 个 2 级模式样本。我国目前尚有二十几个民族的肤纹调查没有达到 3 级模式样本标准。在今后的研究中，提倡向 3 级模式样本的规模努力；2 级模式样本为基本要求；1 级模式样本基本不提倡了。

第三节　汗　　腺

汗腺是皮肤腺的一种，以手掌、足底部最多。其主要作用是分泌汗液，湿润皮肤，蒸发散热，排出部分水和离子，有助于调节体温和水盐平衡。

不同个体之间汗腺密度有一定的差异，这与个体的遗传和环境因素直接相关。通过对人体手指汗腺密度及活性汗腺密度的测量，结合汗腺密度表型分析系统与遗传数据进行分析，对了解人类高密度汗腺形成及汗腺个体差异的生物学机制和进化机制有着重要的意义。

一、总汗腺采集

（一）使用指纹采集仪 MultiScan 1000 进行总汗腺采集

1. 采样前准备

（1）器材准备：MultiScan 1000（含电源线、USB 线）、仪器窗口清洁布（眼镜布即可）、便携式计算机、75%医用酒精、塑料小碗（盛酒精用）。

（2）软件安装：在首次使用指纹采集仪 MultiScan 1000 的计算机上安装驱动软件。安装成功后，将仪器接入计算机 USB2.0 接口，重启计算机即可。

2. 采样操作

（1）被调查对象准备：被调查对象十指用医用酒精进行清洗，然后自然晾干；若被调查对象手指干燥、温度低，可以通过指间摩擦进行升温，从而提高采集成功率。

（2）指纹拍照操作过程：双击“MultiScan 1000”文件夹下“GBMSDemo.exe”应用程序，点击“New”新建文件，进入操作界面，用条形码数字对数码相片文件进行命名标记。点击“Start acquisition sequence”。首先按照指示对左手除拇指以外 4 个手指进行采集，将手指并拢平铺在界面上（图 9-23），然后稍用力向下压，使界面左侧对比度值达到 220 以上（图 9-24），界面右侧显示清晰的 4 个指纹（图 9-25），然后点击“STOP”。若对该图片进行保存，点击“√”。若需要重新采集，点击“√”后方双箭头刷新“Repeat”，后面的两个按钮分别为后退、前进。按照指示对右手的 4 个手指进行同样操作。最后测左右手拇指指纹（图 9-26）。点击“OK”，一个样本采集完毕，在“MultiScan 1000”文件夹下对生成的文件进行重新命名，命名与被调查对象所对应的条形码保持一致。

图 9-23 手指扫描方式

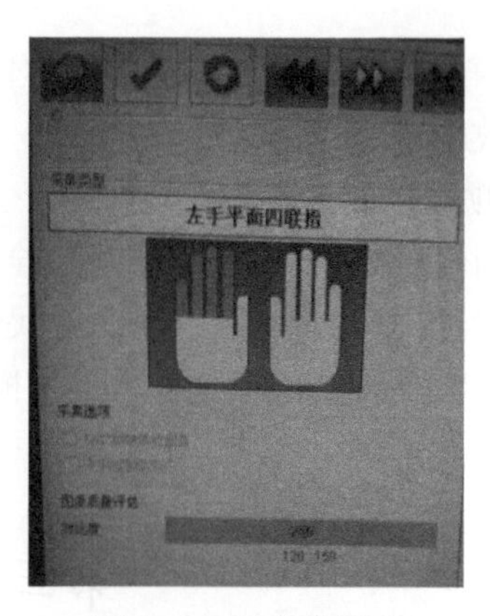

图 9-24 对比度显示

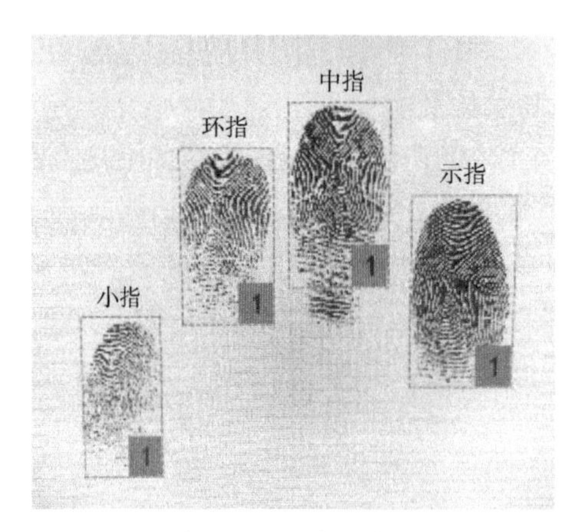

图 9-25 生成的指纹

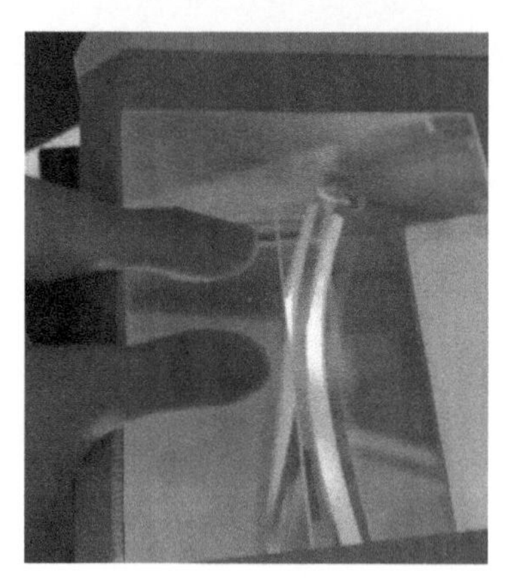

图 9-26 拇指扫描

注意：MultiScan 1000 的分辨率（1000dpi）高于 DactyScan26 的分辨率（500dpi），功能也有了进一步的升级，但基本操作两者类似。

采集指纹时如果对比度达不到要求，可以采取以下两种方式：①双手十指互相摩擦，增加手指温度和湿度；②扫描指纹时用力向下压紧手指。

（二）使用指纹采集仪 DactyScan26 进行总汗腺采集

1. 采样前准备

（1）器材准备：DactyScan26（含 USB 线）、仪器窗口清洁布、便携式计算机、75%医用酒精、塑料小碗（盛酒精用）。

（2）软件安装：在首次使用便携式指纹采集仪 DactyScan26 的计算机上安装驱动软件。安装成功后，将仪器接入计算机 USB2.0 接口，重启计算机即可。

2. 采样操作

（1）被调查对象准备：同 MultiScan 1000。

（2）指纹拍照：双击“MultiScan Demo”文件夹下“GBMSDemo”应用程序，点击“New”新建文件，进入操作界面。用条形码数字对数码相片文件进行命名标记。点击“Start acquisition sequence”，按照指示先对左手拇指进行采集，若界面左侧对比度值达到 150 以上，界面右侧指纹图片中白色汗腺点清晰可见（图 9-27），点击“STOP”。若对该图片进行保存，点击“√”。若需要重新采集，点击“√”后方双箭头刷新“Repeat”，后面的两个按钮分别为后退、前进。按照指示依次采集完 10 个手指扫描图片。点击“OK”，一个样本采集完毕，在“MultiScan Demo”文件夹下对生成的文件进行重新命名，命名与被调查对象所对应的条形码保持一致。

图 9-27 指纹及总汗腺

二、活性汗腺采集

（一）淀粉–碘涂抹法

该方法具有一定的局限性，不能在身体各部位进行活性汗腺的采集，但检测手指活性汗腺仍可以采用该方法。

1. 采样前准备

（1）器材准备：食用淀粉、食用蓖麻油（或普通菜籽油）、塑料瓶（盛淀粉糊用）、塑料搅拌棒、碘酒、棉签、条形码、75%医用酒精、塑料小碗（盛酒精用）、白纸、单反相机（含电池）。

图 9-28 蓖麻油与淀粉混合搅拌

（2）淀粉糊准备：将准备的蓖麻油（或普通菜籽油）与淀粉混合（体积比不超过 1∶1），搅拌成糊状混合物（图 9-28）。

注意：搅拌之后的糊状混合物稠度须适中，以均匀无块状淀粉能挂在搅拌用的筷子上不聚滴快速滴落为宜，加入蓖麻油的量不应超过淀粉体积。为避免对所加蓖麻油量的估计不足，导致淀粉糊过稀，建议先加入少量蓖麻油，搅拌均匀，观察糊状混合物的稠度，如过于黏稠，则再少量多次补充蓖麻油，至糊状混合物稠度适合为止。

（3）被调查对象准备：被调查对象双手的无名指须保持洁净，用医用酒精进行清洗，并自然晾干。

注意：不能用纸擦拭，并且采样前手指保持干燥。

2. 采样操作

（1）在被调查对象的两个无名指用酒精清洗并晾干后，采样工作人员将碘酒涂抹于被调查对象的手指上，可用普通不掉棉屑的棉签涂抹碘酒。自然晾干，手指变浅黄色。

（2）利用洁净、干燥的棒状物将采样前已准备好的蓖麻油与淀粉糊状混合物均匀涂抹于手指上（注意：涂抹淀粉糊前确保手指上的碘酒已完全晾干，否则会影响后续显色）。

（3）涂抹淀粉糊后，等待 10s 左右，手指上会出现黑色或深蓝色的点状汗腺，此即为活性汗腺。

注意：不同的被调查对象，显色时间会有较大差异。如显色较慢，可建议被调查对象通过适当活动手指加快出汗速度，缩短显色时间。但要注意控制手指活动的幅度，避免因活动过于剧烈导致显色过度。

（4）在上一步中出现较多深色点状汗腺的手指的邻近位置，贴上被调查对象所对应

图 9-29　手指上的活性汗腺拍照准备

的条形码编号，用高分辨率单反相机拍照保存（图 9-29，见彩图 8）。

注意：拍照时，手指旁加散光源，镜头尽量聚焦于手指指纹中心处。

（二）碘-淀粉纸法

Gagnon 于 2012 年提出了一种基于碘-淀粉纸法采集活性汗腺的改良方案，其使用改良碘纸技术和计算机辅助分析评估活性汗腺的数量。

1. 采样前准备

（1）器材准备：100%纯棉纸、固态碘、密闭容器（干燥器或其他）、实验用手套（包括一次性塑料手套、一次性橡胶手套）、直尺、剪刀、刀片、密封塑料袋、医用胶带、75%医用酒精、塑料小碗（盛酒精用）、条形码、单反相机（含电池）。

（2）淀粉碘纸的制备：在现场采样 4～5 天前，需要制作采集活性汗腺的淀粉碘纸。具体制作过程如下：

1）将 100%纯棉纸裁剪成 2cm×2cm 大小的纸片。

2）将裁剪好的纸片放入装有固体碘的密闭容器中（图 9-30）。

注意：操作过程中须戴手套，并避免纸片与固体碘直接接触。

3）大约 24h 后，纯棉纸片中浸入碘蒸气变为深棕色（图 9-31，见彩图 9）。

注意：可根据实际情况适当延长纸片浸碘时间，使其饱和。

4）将浸碘后的纸片迅速装入密闭塑封袋中保存（图 9-32，见彩图 10）。

2. 采样操作

（1）采样前，被调查对象皮肤应保持洁净、干燥，可用医用酒精对检测部位进行清洗，自然晾干。

图 9-30　干燥器

图 9-31　干燥器中充满紫色碘蒸气

（2）为确保浸碘纸片能够与皮肤完全贴合，可用双面胶将纸片一面贴在稍硬的塑料板上（边长比纸片稍长）。

（3）将固定于硬塑料板上的浸碘纸片贴在被调查对象的皮肤上，等待 5s 左右，取下纸片。观察纸片，发现纸片上出现黑色或深蓝色汗腺点。

注意：过程中可让被调查对象来回走动以提高出汗速度，但应保证纸片不能在皮肤上移动。

图 9-32　装入塑料密封袋中的纸片

（4）取下纸片，贴上被调查对象所对应的条形码编号，标注检测部位，利用高分辨率单反相机对呈现深色点状汗腺的纸片进行拍照保存，照片须能清晰看出深蓝色点状汗腺（图 9-33，见彩图 11）。

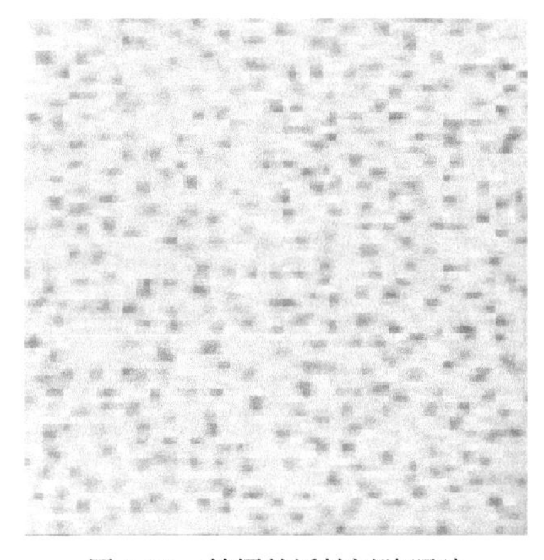

图 9-33　拍摄的活性汗腺照片（Gagnon et al.，2012）

（5）拍照完成后，纸片放入密封袋保存，并贴上条形码（即第 4 步拍照所用的条形码），并在密封袋上标注采样位置。

三、汗腺表型密度计数

（一）人工计数方法介绍

人工标注的方法：首先截取 300dpi×300dpi 的正方形（图 9-34，见彩图 12），用 MATLAB 计数汗腺点，标注为红色；机器无法识别的汗腺点用人工标注，标注为绿色（图 9-35，见彩图 13）。

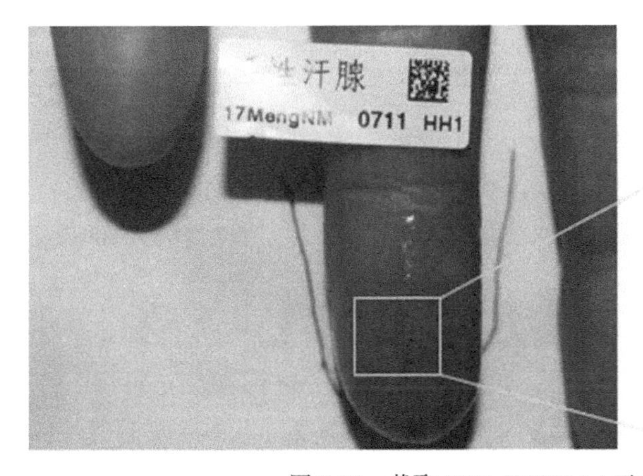

图 9-34　截取 300dpi×300dpi 正方形图示

图 9-35 MATLAB 和手工标记的汗腺点

A. 原始汗腺分布图；B. 半自动汗腺标点图；C. 人工校正汗腺标点图

（二）人工计数结果的确立

活性汗腺密度计数值选用两名志愿者进行标注，对图片的标注结果定义为取两名志愿者计数的均值。

第四节 毛 发

毛发是皮肤的附属器，由毛干和毛根组成，外露部分叫毛干，皮肤内的部分叫毛根，毛根外面包有毛囊。毛囊底部的上皮细胞分裂增殖，使毛发不断生长。毛发有保护皮肤和保持体温的作用。人类与哺乳动物的一大区别在于，人类的大部分毛囊发生萎缩，从而失去大部分体毛。但是，人类头部的毛囊没有退化，并且毛发在不同人群中呈现出多种形态与颜色。

毛发密度及特性在人群中个体差异显著，通过对人体头部毛发密度及毛发样本的采集，结合遗传学数据进行分析，对研究人类毛发特征的形成及个体差异的生物学机制有重要意义。

一、采样前准备

（1）器材准备：检测仪器-6100U、便携式计算机（XP 系统）、镊子、医用剪刀、分封袋、记号笔、条形码。

（2）软件安装：在首次使用轻便式数字显微成像仪的 XP 系统计算机上，安装驱动软件 6100U-Driver。安装成功后，将仪器接入计算机 USB2.0 接口，重启计算机即可。

二、采 样 操 作

（一）毛发拔取

毛发采集人员用镊子在被调查对象的头皮部位采集 3 根带有毛囊的完整毛发，并分袋封装，粘贴被调查对象的条形码。

注意：拔取毛发时使用镊子，尽量夹住毛发底部拔取，避免拔断。拔取时速度应快，这样有利于获得带毛囊的完整毛发。

（二）毛发拍照

在需要对头皮毛发拍照的部位（后枕部，如图 9-36 所示），用医用剪刀剪短约 1cm^2 面积的头发，预留头发长度约为 5mm（注意：采集图片部位剩余头发过长、过短、长短不一均不利于拍照）。如图 9-37 所示为采集成功的图片；图 9-38 所示为采集失败的图片。

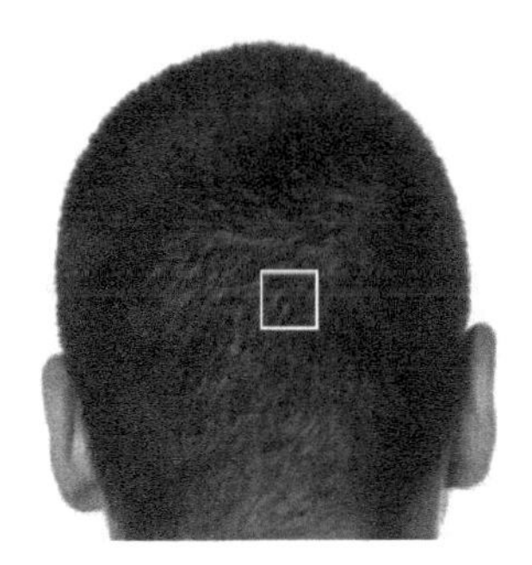

图 9-36　头皮后枕部

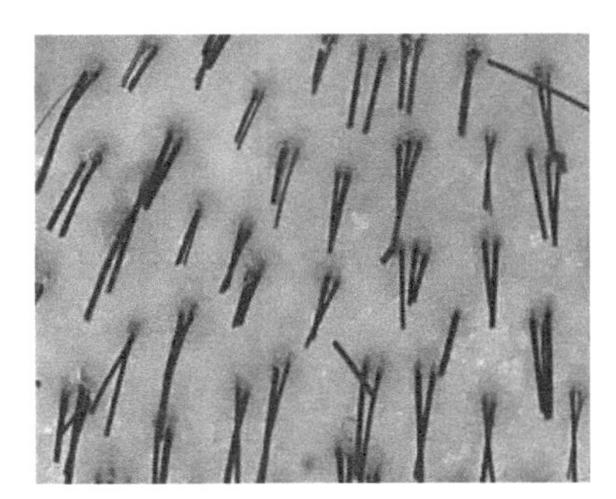

图 9-37　采集成功的图片

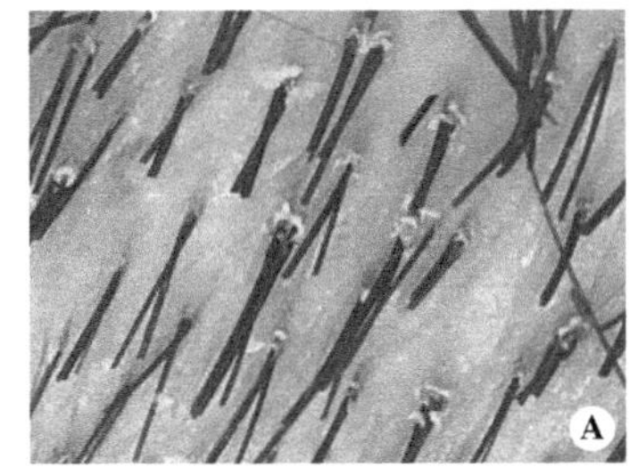

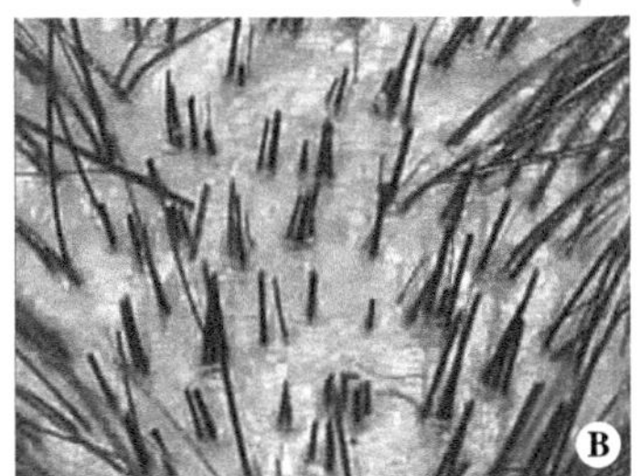

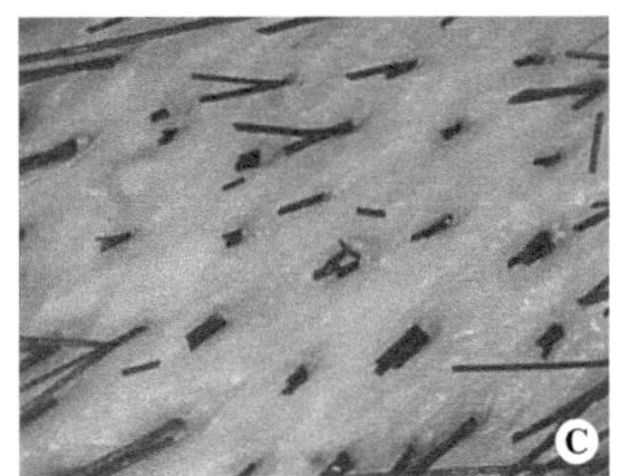

图 9-38　采集失败的图片

A. 预留毛发过长；B. 预留毛发长度不一致；C. 预留毛发过短，且有残余的碎发

点击“影像分析系统”文件下的“影像测试”，打开数字显微成像仪手柄处椭圆形电源开关（图 9-39，键 1）。左手扶住被调查对象的头部，使其头保持不动，右手持显微成像仪，在剪短头发的枕部，选择合适的拍摄位置，按下仪器上方圆形保存键（图 9-39，键 2），拍摄头皮表面照片，并通过软件保存图片。

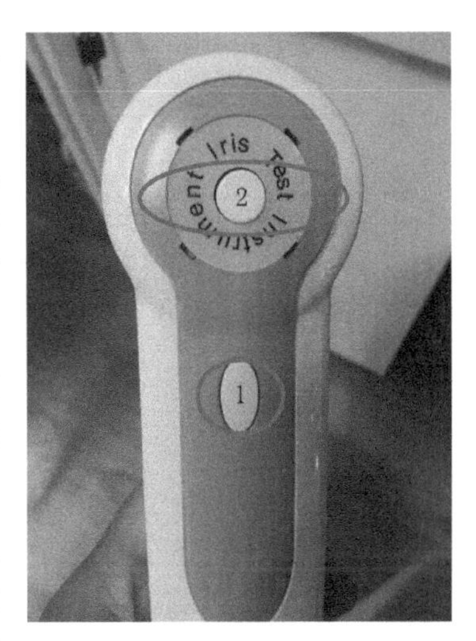

图 9-39　图像采集仪

每位被调查对象的毛发图片采集完成后，保存时应对数码相片文件按一定规则进行命名，文件名与该被调查对象的条形码一致。

如果还需要采集其他部位如前额、腋窝、后背、胸部、前臂、小腿、大腿等处的毛发图片，由于这些部位的毛发短小、稀疏，拍照时不需要用剪刀剪掉毛发，图片采集方法同前。

如果同时采集多个部位的毛发图片，在命名图片时要对采集部位进行标记，命名规则为：条形码编号_部位。

注意：采集完成后要查看所保存图片详细信息，如是否为 900kb、640dpi×480dpi（移动鼠标在图片上查看，或点击右键，通过查看图片属性查看）。若图片非上述尺寸，则需在图像采集窗口修改“输出大小”为 640dpi×480dpi。

关于仪器其他详细使用情况，请参考仪器标准配件使用手册。

三、毛发密度计数

采集图片后，即可对图片中的毛发与毛囊进行计数。计数前，需要对拍摄的图片再次进行检查，剔除模糊或难以数清的图片。至少需要 3 人参与计数，取其平均值作为测量值。计数过程中应尽量避免更换计数人员。

第十章 牙齿表型

人类牙齿咬合面上常存在一些沟、窝、嵴等解剖学特征，如齿结节、中断沟、卡氏尖、臼齿咬合面沟纹、转向皱纹等。研究表明这些特征主要是受多基因遗传控制，在不同的人群中具有明显的群体分布差异，而且这种群体差异的形成与各种族人群的地理分布和人群的起源过程有着十分密切的关系。因此，牙齿表型特征在人类学研究领域具有极为重要的价值。

对于古代人骨，如果有牙齿存在的，可以直接观察其牙齿的形态特征。但是，对于现代活体，通常借助一些辅助手段，比如制作成牙齿石膏模型，或拍摄口腔 CT 片等方式，间接读取牙齿的形态特征。在人类学研究领域，对于现代活体的牙齿表型特征研究，常常通过采集活体的牙齿石膏模型，观察牙齿石膏模型上的沟、窝、嵴等特征的表型和表现程度，间接采集牙齿特征数据。

采用牙齿石膏模型进行牙齿表型观察已被多位研究者采用，如 Kamberov 等（2013）、Kimura 等（2009）、Park 等（2012）和金泽英作等（2009），已被证明是比较成熟可靠的牙齿形态观察方法。

第一节 牙模采集

一、制作牙模所需器材

1. 牙托 见图 10-1。

图 10-1 牙托（一次性）

2. 口镜 见图 10-2。

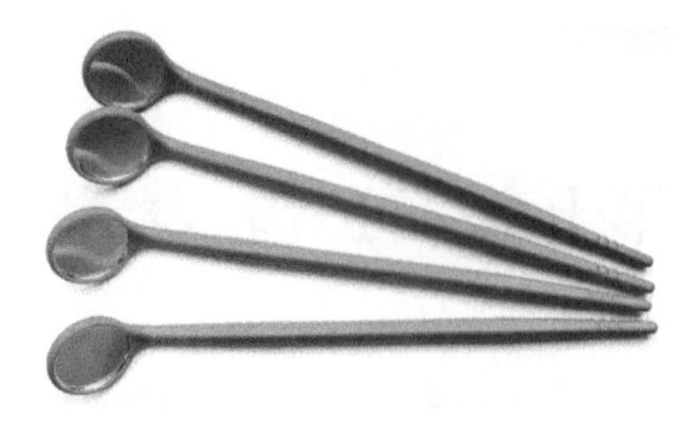

图 10-2 口镜（一次性）

3. 橡皮碗 见图 10-3。

图 10-3 橡皮碗

4. 调刀 见图 10-4。

图 10-4 调刀

5. 印模材料 见图 10-5。

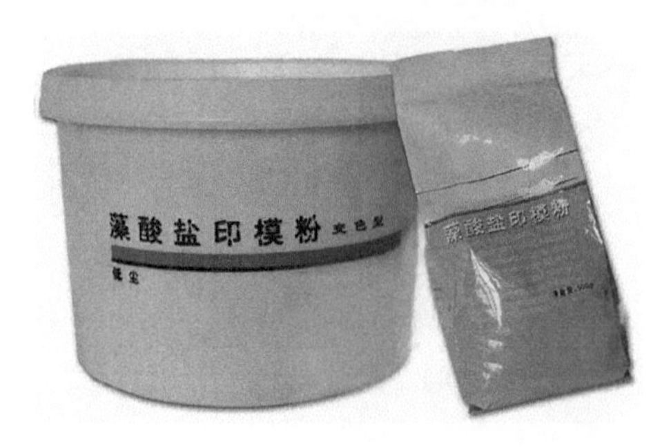

图 10-5 印模材料

6. 医用超硬石膏 见图 10-6。

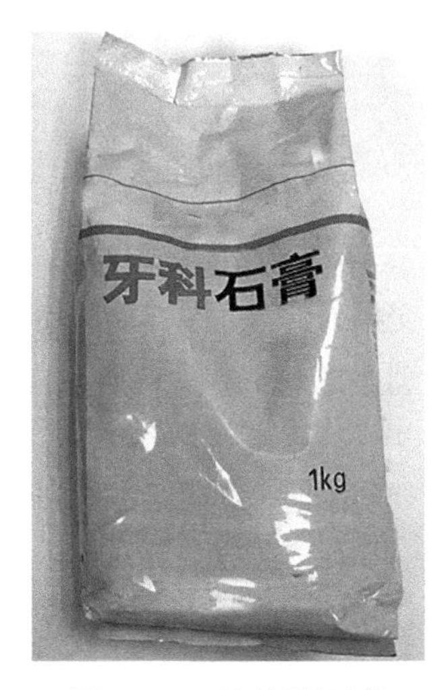

图 10-6 医用超硬石膏

二、被调查对象

被调查对象纳入标准：

（1）身体健康，无明确影响牙齿形态发育的全身及局部疾病。

（2）年龄：成年（≥18 岁）。

（3）性别：男性和女性。

（4）牙列基本完整，即无牙齿缺失，无破坏咬合面和邻面牙齿基本结构的龋坏或磨耗，无各种活动固定修复体。

（5）牙周基本情况良好，肉眼观察牙根暴露不超过 3mm。

（6）无正畸治疗史。

三、牙模制作方法

步骤一：让被调查对象坐在椅子上，保持情绪稳定、呼吸平稳。

步骤二：操作者用牙科口镜检查被调查对象的牙齿健康状况，确认是否符合纳入标准。

步骤三：让被调查对象漱口，将口腔内的食物残渣清除干净。

步骤四：将粉状的印模材料约 50mg 放入橡皮碗中，加入适量纯净水，用刮刀调成糊状，几分钟内印模材料凝固成胶冻状。把胶冻状印模材料均匀地涂抹在一次性牙托内，将牙托置于被调查对象口中，让被调查对象咬住牙托，等待 1～2min。待印模材料凝固后取出，即制成了牙列和牙龈的“阴模”。

步骤五：将医用石膏灌注到牙托的“阴模”上，将“阴模”立起来在桌面上快速颠一颠，直到石膏盖住压面，尽量排出其中的气泡，以免制成的牙模不结实或变形或产生较多气泡而影响观察。待石膏凝固后取出，进行打磨，牙模即制作完成，包括上下颌（图 10-7）。

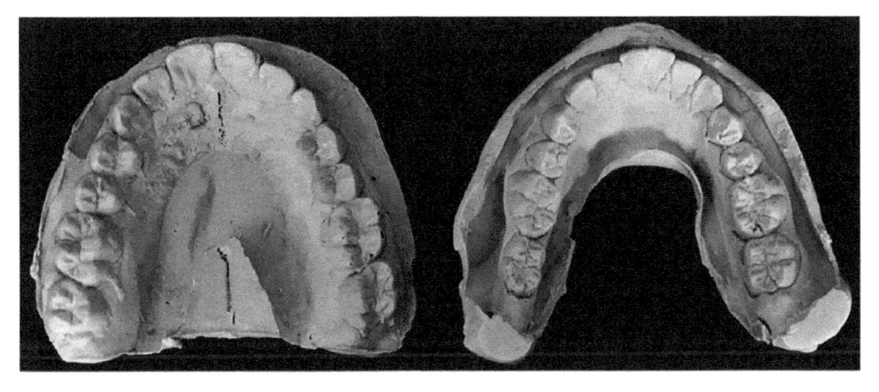

图 10-7 制成的牙齿石膏模型

第二节 牙齿的解剖结构和方向

1. 牙齿的解剖结构 人类牙齿是由牙冠、牙颈和牙根三部分组成，牙颈是牙冠和牙根交界处的弧形曲线部分。牙齿的主要构成物质是牙本质（也称牙质），其冠部和根部表面分别由牙釉质和牙骨质覆盖，牙釉质是人体最坚硬的骨质。牙骨质外面还包有由纤维组成的牙周膜，把牙齿固定在牙槽中。牙本质中央的牙髓腔内有牙髓组织，其内含有丰富的血管和神经，血管和神经经由牙根管、牙根尖孔与牙根周围的组织相连。

2. 牙齿的种类和名称 人类一生中会萌生出两套牙齿，一套是乳牙，另一套是恒牙。乳牙是指自婴儿出生后 7～8 个月至两岁半左右所萌出的牙齿，共 20 枚，包括乳门齿（乳切牙）、乳犬齿（乳尖牙）和乳臼齿（乳磨牙）。

六七岁时，乳牙开始逐渐脱落，换生恒牙。有些人的第三臼齿会终身不萌出，因此恒牙的数目一般会有 28～32 枚，包括有门齿（切牙）、犬齿（尖牙）、前臼齿（前磨牙）和臼齿（磨牙）。

3. 齿式及缩写符号 齿式是用分数来记录牙齿的种类、数目和排列次序的一种方式，分子表示上颌的牙齿，分母表示下颌的牙齿。由于齿列两侧对称，因此一般只用一侧牙齿组成齿式。左右牙齿数量相同，故乘 2，为总的牙齿数量。

按牙列的前后顺序，表示乳牙的齿式为

$$\mathrm{i}\frac{2}{2}\mathrm{c}\frac{1}{1}\mathrm{m}\frac{2}{2}\times 2=20$$

其中，i 为乳门齿，c 为乳犬齿，m 为乳臼齿。分子和分母的数字表示乳牙每侧有 2 颗门齿、1 颗犬齿、2 颗臼齿。乘 2，表示全口乳牙的总数。

按牙列的前后顺序，表示恒牙的齿式为

$$\mathrm{I}\frac{2}{2}\mathrm{C}\frac{1}{1}\mathrm{P}\frac{2}{2}\mathrm{M}\frac{3}{3}\times 2=32$$

其中，I 为门齿，C 为犬齿，P 为前臼齿，M 为臼齿。分子和分母的数字表示恒牙每侧有 2 颗门齿、1 颗犬齿、2 颗前臼齿、3 颗臼齿。乘 2，表示全口恒牙的总数。

在人类学研究中，将数字写在符号的上角或者下角表示上下颌牙齿，例如 M^1、M^2、M^3 表示上颌第 1～3 臼齿，而 M_1、M_2、M_3 则表示下颌第 1～3 臼齿；将上颌简写为 U（upper），下颌简写为 L（lower）；左侧简写为 L（left），右侧简写为 R（right）。

4. 牙齿的方向 和一般的人体解剖学方向用语不同，在牙齿上使用其特有的解剖学方向用语（图 10-8）。

口腔前壁为唇或颊，经口裂通向外界，后经咽门与口咽槽骨形成牙弓将口腔分为两部分，牙列与唇颊之间为口腔前庭，牙列以内为固有口腔。在口腔前庭，前牙（门齿和犬齿）位于牙列的前面，其齿冠接近唇黏膜面，称为唇面或唇侧。后牙（前臼齿和臼齿）位于牙列的后面，其齿冠接近颊黏膜面，称为颊面或颊侧。与唇面和颊面相反的一侧，即位于固有口腔内，上颌齿冠接近上腭面，称为腭面或口盖侧。下颌齿冠接近舌面，称为舌面或舌侧。同一牙弓内相邻两颗牙相互接触的面，称为邻面或邻接面。唇侧和颊侧又统称为前庭侧，而口盖侧和舌侧又统称为口腔侧。

在牙列上正中位置即左右中央门齿相接触的部位，为正中矢状面。每颗牙齿的牙冠离正中矢状面较近的邻面称为近中面或近心侧，牙冠离正中矢状面较远的邻面称为远中面或远心侧。上下颌咬合时齿冠相接触的一面，称为咬合面或豁面。

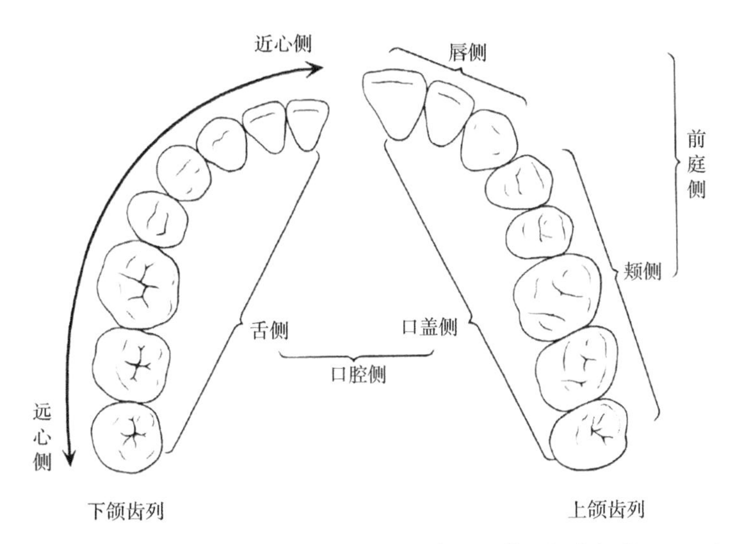

图 10-8 从水平面观察牙齿的解剖方向示意图（藤田恒太郎等，1998）

第三节 牙齿表型记录标准

牙齿表型的记录主要采用美国亚利桑那州立大学牙齿人类学系统（Arizona State University Dental Anthropology System，ASUDAS）的标准及模型。采用个体记录法记录用于统计分析的数据。该方法的原则：①对每一特征观察并记录双侧牙齿。②当双侧表现不对称，一侧为“有”，而另一侧为“无”时，则记录为“有”；如果双侧都出现，但表现程度不同时，则按高级别侧记录。③当个体仅存在单侧牙齿，而另一侧缺失或破损不能观察时，则以存在的一侧为准并将该个体按双侧对称看待。④当双侧对称，表现程度相等时，记录一侧。这种方法的优点在于便于对个体进行遗传学分析。当双侧不对称，一侧“有”而另一侧为“无”，或双侧表现程度不同时，出现侧或高度表现侧代表着该个体的遗传学背景。这样使得个体牙齿形态特征的最大表现形式在计算群体出现率时得到充分体现。偶尔有些牙齿模型制作存在质量问题，或某颗牙齿磨耗程度较重，或牙齿缺失，把这些不能被明确观察的牙齿表型标记为缺失数据（表 10-1）。

表 10-1　牙齿表型的记录方法

牙齿表型	英文名称	简写	观察齿位[a]	记录方法[b]
门齿扭转	winging	WUI	UI1	+/–，+[c]
铲形门齿	shoveling	SUI	UI1～2	3～7/0～7[d]
双铲形门齿	double shoveling	DSUI	UI1～2	2～6/0～6
中断沟	interruption grooves	IGUI	UI1～2	+/–，+
齿结节	tuberculum dentale	TDUI（C）	UI1～2，UC	1～6/0～6
近中嵴	mesial ridge	MRUC	UC	1～3/0～3
远中副嵴	distal accessory ridge	DARUC	UC	2～5/0～5
次尖（第 4 尖）	hypocone（cusp 4）	C4UM	UM1～3	2～5/0～5
第 5 尖	cusp 5	C5UM	UM1～3	1～5/0～5
卡氏尖	carabelli’s trait	CCUM	UM1～3	2～7/0～7
前副尖	parastyle	PUM	UM1～3	1～5/0～5
舌侧齿尖变异	lingual cusp variation	PVLP	LP1～2	2～9/0～9
臼齿齿尖数	cusp number	CNLM	LM1～3	3 尖～7 尖
4 尖型	cusp 4	C4LM	LM1～3	+/–，+
下次小尖（第 5 尖）	hypoconulid	C5LM	LM1～3	1～5/0～5
第 6 尖	cusp 6	C6LM	LM1～3	1～5/0～5
第 7 尖	cusp 7	C7LM	LM1～3	1～4/0～4
原副尖	protostylid	PLM	LM1～3	1～7/0～7
转向皱纹	deflecting wrinkle	DWLM	LM1～3	2～3/0～3
Y 形沟纹	Y-groove	GPYLM	LM1～3	+/–，+
+形沟纹	+-groove	GP+LM	LM1～3	+/–，+
X 形沟纹	X-groove	GPXLM	LM1～3	+/–，+
中心结节	odontomes	OLP（M）	LP1～2，LM1	+/–，+
先天缺失	congenital absence	CALM	LM3	–（缺失）/–，+
缩小/钉形	reduced/peg	RPLM	LM3	1～2/0～2

a UI1. 上颌中央门齿；UI2. 上颌侧门齿；UC. 上颌犬齿；U（L）P1～2. 上颌（下颌）第 1、2 前臼齿；U（L）M1～3. 上颌（下颌）第 1、2、3 臼齿。

b 性状出现等级/全部等级。

c +. 出现；–. 不出现；门齿扭转的单翼状、双翼状和反翼状三种形态记录为出现；中断沟的 M、D、MD 和 Med 四种形态记录为出现。

d 性状的等级共分为 0～7 级，其中 3～7 级记录为出现。其他牙齿表型以此类推，记录出现情况。

第四节 牙齿表型

一、上颌牙齿表型

1. 门齿扭转 又称翼状门齿。上颌中门齿（UI1）在近中口盖侧向两侧扭转，从咬合面观察呈翼状（图 10-9），有双翼状、单翼状、反翼状和直形四种形态。本调查记录双翼状、单翼状和反翼状三种形态为出现。本调查参照 Turner 等（1991）及 Scott 和 Turner（1997）的观察。

（1）双翼状：两个上颌中门齿都向近中舌侧扭转，咬合面呈“V”形。

（2）单翼状：只有一侧上颌中门齿扭转，另一侧为直形。

（3）反翼状：一个或两个上颌中门齿向远中舌侧扭转，呈倒“V”形。

（4）直形：两个上颌中门齿呈直形，或者顺着齿弓曲度。

2. 铲形门齿 出现在上下颌门齿（U/LI1～2）或犬齿（U/LC）上，近中和远中舌面边缘嵴明显增厚，齿冠舌面明显凹陷，呈铲形（图 10-10～图 10-12）。铲形门齿分为 0～7 级。本调查参照刘武和朱泓（1995）及 Turner 等（1991）的观察标准，记录出现等级为 3～7 级。

0 级：齿冠舌面基本上是平的，无凹陷；

1 级：舌面近中和远中缘嵴增厚现象很弱，但能看到和触摸到；

2 级：边缘嵴增厚容易观察到；

3 级：边缘嵴增厚比较强烈，并在齿带处两侧缘嵴有聚合倾向；

4 级：在齿带处两侧边缘嵴的增厚及聚合现象，比 3 级更强烈；

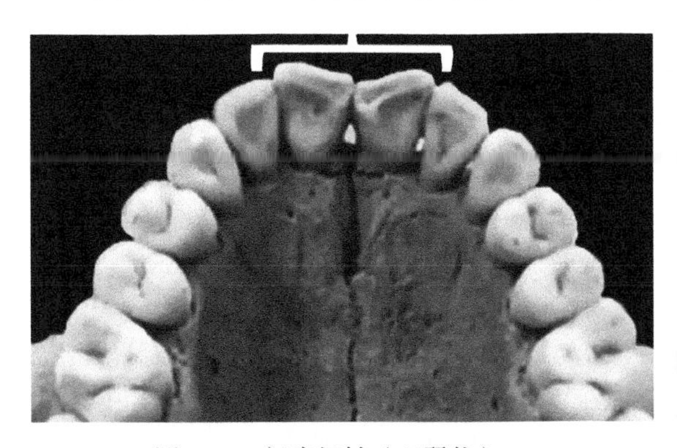

图 10-9 门齿扭转（双翼状）

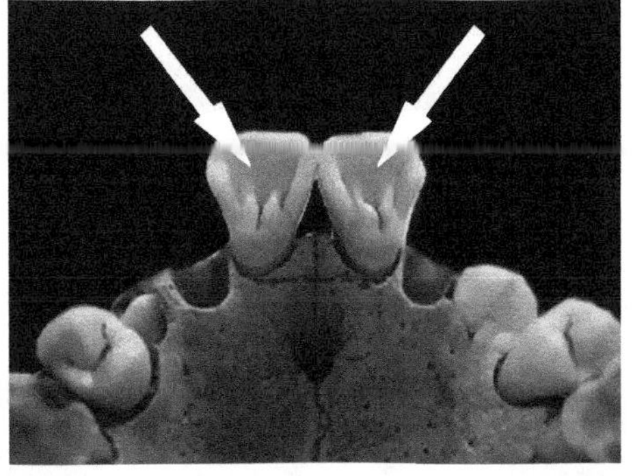

图 10-10 铲形门齿（UI1）

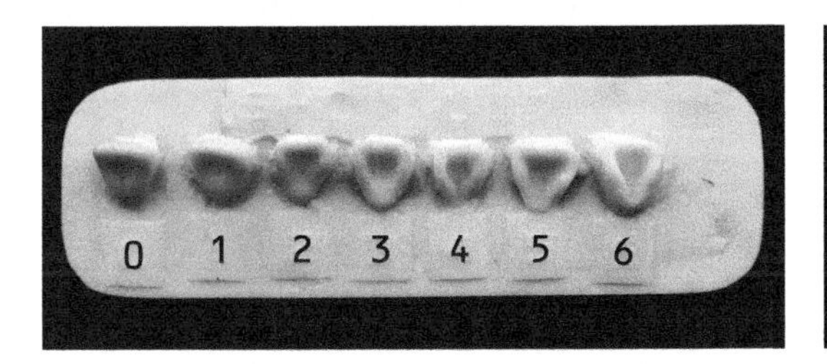

图 10-11 UI1 铲形门齿分类等级

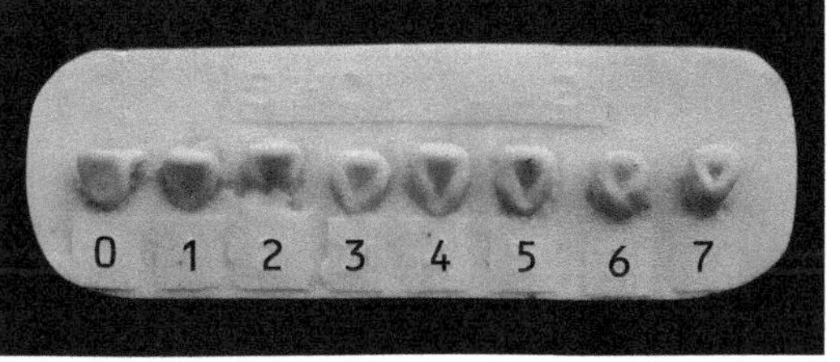

图 10-12 UI2 铲形门齿分类等级

5 级：两侧边缘嵴强烈增厚，在齿带处几乎互相接触；

6 级：两侧边缘嵴极强烈发育，近中和远中舌嵴在齿带处相结合；

7 级：缘嵴发育超过 6 级，几乎呈筒形。

3. 双铲形门齿 在上颌门齿（UI1～2）唇侧面近中和远中边缘嵴隆起很发达时，其间的唇面窝明显凹陷（图 10-13、图 10-14）。双铲形门齿分为 0～6 级。本调查参照刘武和朱泓（1995）、Turner 等（1991）及 Scott 和 Tumer（1997）的观察标准，记录出现等级为 2～6 级。

0 级：上门齿唇侧面光滑；

1 级：在强的光线反差下，能看到近中和远中边缘嵴存在，在本级或更强烈的级中，远中缘嵴也可能缺乏；

2 级：近中和远中边缘嵴可观察到和触摸到；

3 级：近中和远中边缘嵴更容易触摸到；

4 级：至少在总齿冠高度的 1/2 以上，两嵴显著；

5 级：左右两嵴很突出，出现于从咬合面到齿冠与根部接合处；

6 级：呈现出极端的双铲形。

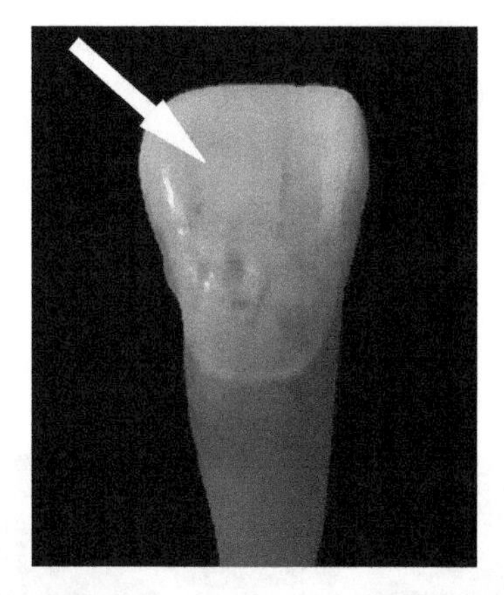

图 10-13 双铲形门齿（UI1）

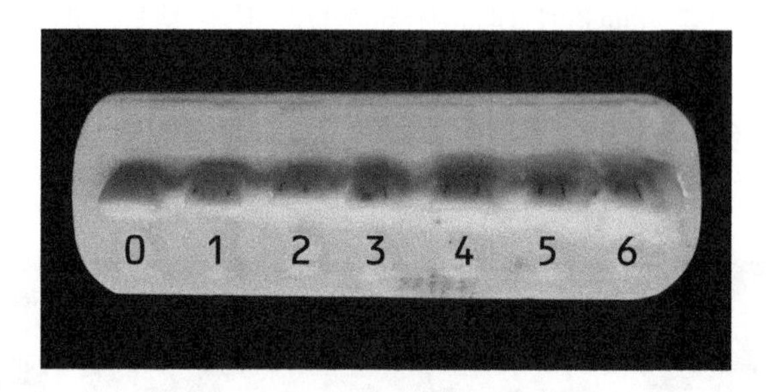

图 10-14 双铲形门齿分类等级

4. 中断沟 又称斜切痕。在上颌门齿（UI1～2）舌侧面上有一沟或切痕横越齿带，通常在侧门齿（UI2）上比在中门齿（UI1）上更为多见（图 10-15）。发生在中央部位的沟，经常会向下延续到根部。中断沟分为 0 级、M、D、MD 和 Med 几种形态。本调查记录除 0 级以外的几种类型为出现，参照刘武和朱泓（1995）、Turner 等（1991）及 Scott 和 Turner（1997）的观察标准。

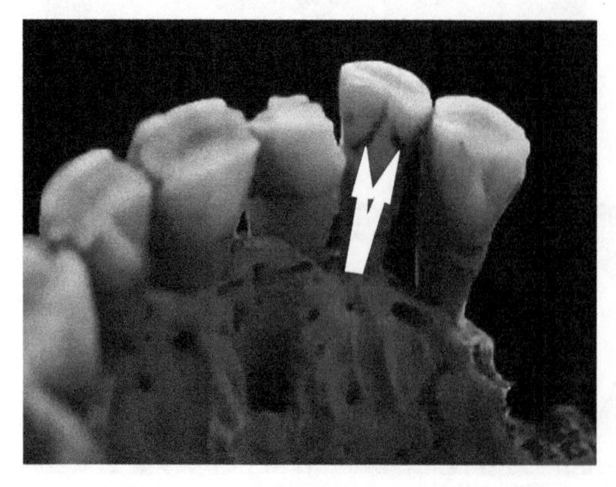

图 10-15 中断沟（UI2，MD）

0 级：门齿舌面近中、远中和中央部位光滑连续，没有沟或切痕；

M：中断沟出现于近中舌侧边缘（M 为近中符号）；

D：中断沟出现于远中舌侧边缘（D 为远中

符号）；

MD：中断沟在近中和远中舌侧边缘均出现；

Med：中断沟在齿带中央部位发育。

5. 齿结节 又称指状突起。出现在上颌门齿（UI1～2）和犬齿（UC）的舌面齿带区，这种结构是从基底结节向切缘方向突出，形成1～3个突起（图10-16、图10-17）。在特别发达的情况下具有独立的尖，向舌侧面窝方向发育，呈隆线状结构。齿结节分为0～6级。本调查参照刘武和朱泓（1995）、Turner等（1991）及Scott和Turner（1997）的观察标准，记录出现等级为1～6级。

0级：没有任何结节出现，舌面齿带区光滑；

1级：有很弱的嵴痕迹；

2级：有比1级强的嵴痕迹；

3级：嵴强烈，有更明显的嵴状；

4级：有发育弱的小尖附着于近中或远中舌侧边缘的嵴上，但小的齿尖不游离；

5级：有发育弱的游离尖顶的小齿尖；

6级：有发育强烈的游离尖顶的齿尖。

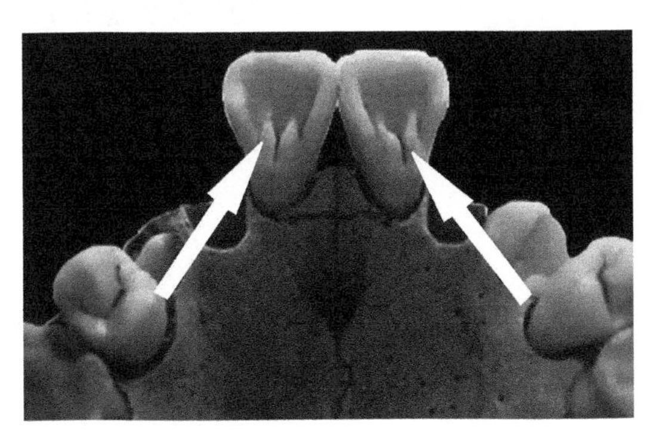

图10-16 齿结节（UI1）

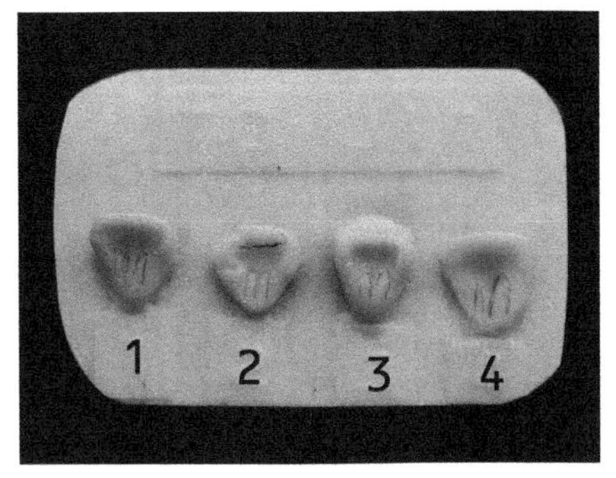

图10-17 齿结节分类等级

6. 近中嵴 通常出现在上颌犬齿（UC）舌面上，在犬齿舌面近中边缘隆嵴比远中边缘隆嵴明显发达，近中边缘隆嵴向基底结节延续，与基底结节结合在一起（图10-18、图10-19）。犬齿舌面近中嵴分为0～3级。本调查参照刘武和朱泓（1995）、Turner等（1991）及Scott和Turner（1997）的观察标准，记录出现等级为1～3级。

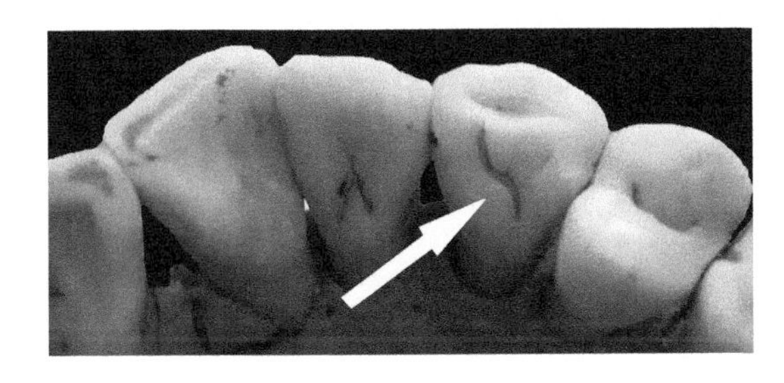

图10-18 犬齿舌面近中嵴（UC）

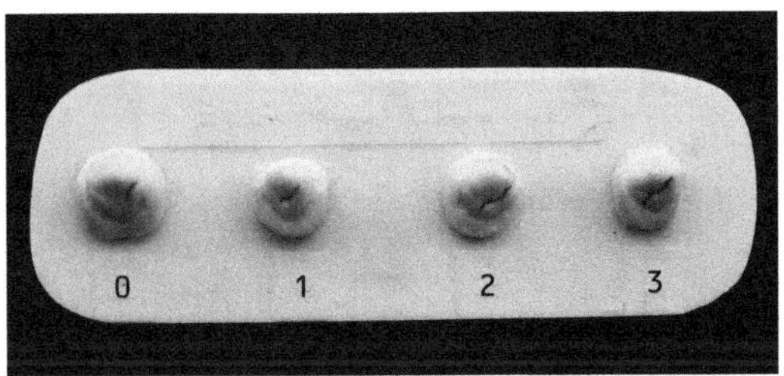

图10-19 犬齿舌面近中嵴分类等级

0 级：近中和远中舌嵴大小相等，假如存在齿结节，这两个嵴都不附着于它；

1 级：近中舌嵴大于远中舌嵴，并且微弱地附着于齿结节；

2 级：近中舌嵴大于远中舌嵴，并且中等程度地附着于齿结节；

3 级：近中舌嵴比远中舌嵴大得多，并且与齿结节充分合并，这是典型样式。

7. 远中副嵴 通常出现在上颌犬齿（UC）舌面上，在中间隆嵴两侧有时可见到近中和远中副嵴，常发生在齿尖顶与远中舌面边缘嵴之间的远中舌面小窝上（图 10-20、图 10-21）。舌面远中副嵴分为 0～5 级。本调查参照刘武和朱泓（1995）、Turner 等（1991）及 Scott 和 Turner（1997）的观察标准，记录出现等级为 2～5 级。

0 级：远中副嵴不存在；

1 级：有很微弱的远中副嵴；

2 级：有较弱的远中副嵴；

3 级：有中等发达的远中副嵴；

4 级：有强烈的远中副嵴；

5 级：有特别强烈的远中副嵴。

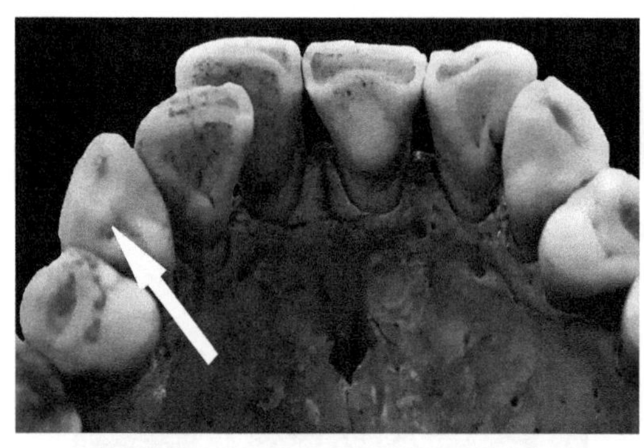

图 10-20 犬齿舌面远中副嵴（UC）

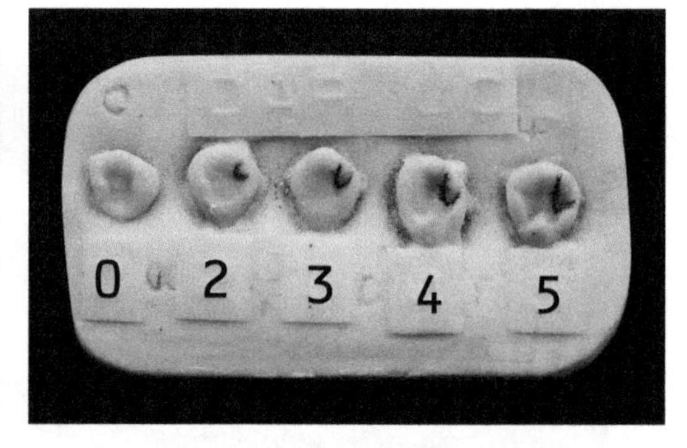

图 10-21 犬齿舌面远中副嵴分类等级

8. 次尖 又称第 4 尖，或上次尖，或上臼齿远中舌侧尖。出现在上颌臼齿（UM1～3），基本形态以第 1 臼齿（UM1）最具代表性。它一般有四个发育良好的齿尖，即原尖（近中舌侧尖）、前尖（近中颊侧尖）、后尖（远中颊侧尖）和次尖（远中舌侧尖）。但在上颌第 2 和第 3 臼齿上，次尖和后尖有退化现象，尤以次尖退化显著，甚至有时次尖完全缺失而呈三尖型（图 10-22、图 10-23）。次尖分为 0～5 级。本调查参照刘武和朱泓（1995）、Turner 等（1991）及 Scott 和 Turner（1997）的观察标准，记录出现等级为 2～5 级。

0 级：出现部位光滑，只有 1 个单独的远中沟存在，将后尖和次尖隔开；

1 级：只有微弱的小尖出现；

2 级：有 1 个小尖痕迹；

3 级：出现小型尖；

4 级：比 3 级略大的小尖；

5 级：中等大小的齿尖。

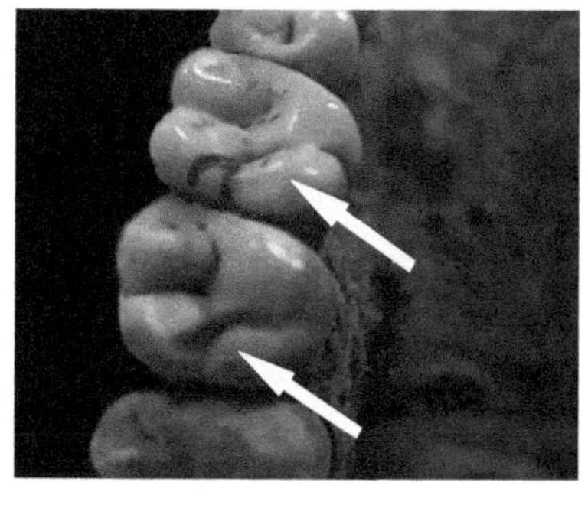

图 10-22 次尖（UM）

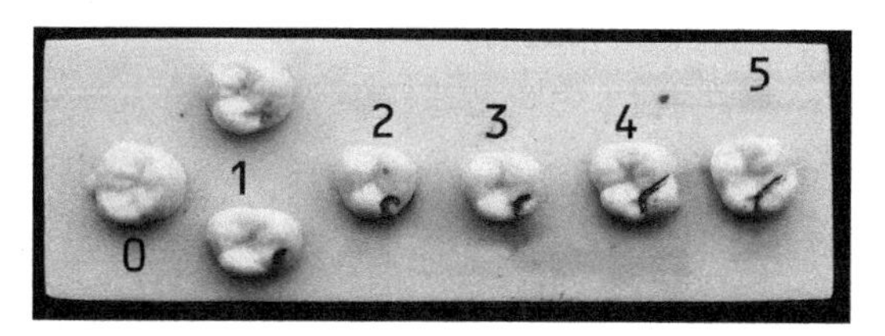

图 10-23 次尖分类等级

9. 第 5 尖 又称后小尖。一般出现在上颌臼齿（UM1～3），偶然出现在后尖（远中颊侧尖）和次尖（远中舌侧尖）之间的远中凹（图 10-24、图 10-25）。第 5 尖分为 0～5 级。本调查参照刘武和朱泓（1995）、Turner 等（1991）及 Scott 和 Turner（1997）的观察标准，记录出现等级为 1～5 级。

0 级：出现部位光滑，只有 1 个单独的远中沟存在，并把后尖和次尖隔开。

1 级：非常微弱的小尖；

2 级：有小尖的痕迹出现；

3 级：出现小型尖；

4 级：比 3 级略大的小尖；

5 级：中等大小的齿尖。

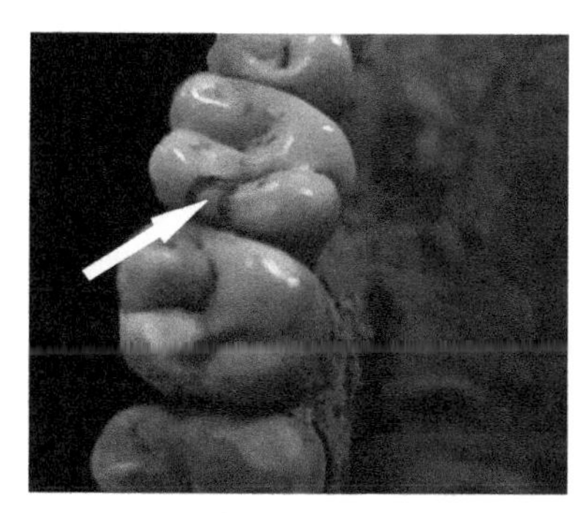

图 10-24 第 5 尖（UM）

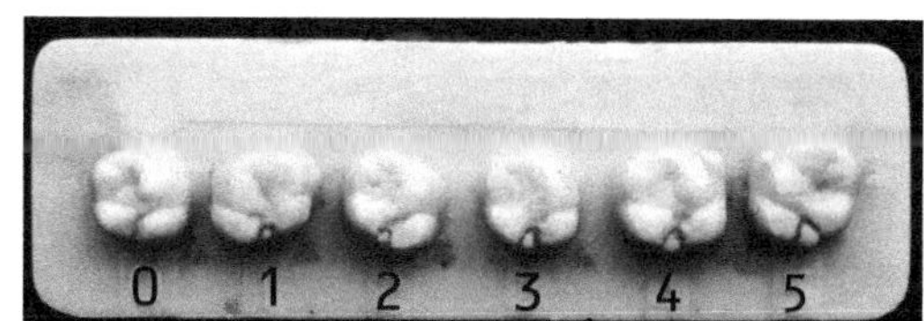

图 10-25 第 5 尖分类等级

10. 卡氏尖 出现于上颌臼齿（UM1～3）齿冠的近中舌侧面，即原尖（近中舌侧尖）舌侧面上的小结节。当此特征发育不良时，有时呈小窝或沟的形状（图 10-26、图 10-27）。卡氏尖分为 0～7 级。本调查参照刘武和朱泓（1995）、Turner 等（1991）及 Scott 和 Turner（1997）的观察标准，记录出现等级为 2～7 级。

0 级：原尖的近中舌侧面光滑；

1 级：出线沟状；

2 级：出现小窝；

3 级：出现小的“Y”形压凹；

4 级：出现大的“Y”形压凹；

5 级：出现小的齿尖，但没有形成游离尖，齿尖的远中边缘与隔离原尖和次尖的舌侧沟不接触；

6 级：出现中等大小齿尖，具有附着的尖顶，亦同中部的舌侧沟接触；

7 级：出现大而游离的尖。

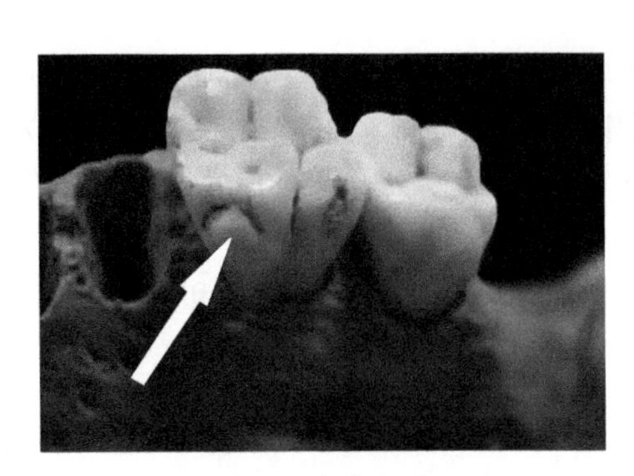

图 10-26 卡氏尖（UM）

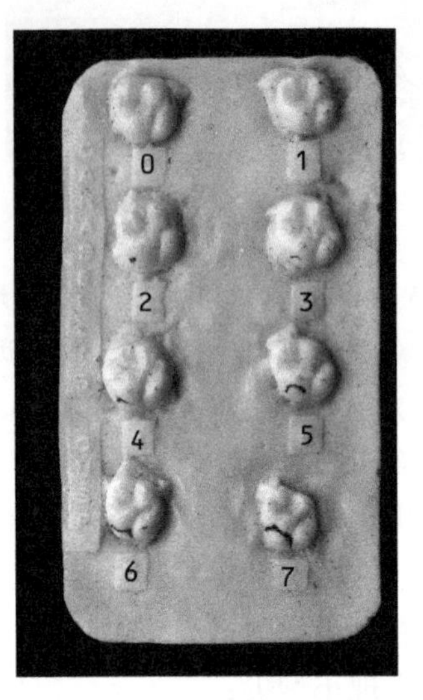

图 10-27 卡氏尖分类等级

11. 前副尖 又称臼齿旁结节。出现在上颌臼齿（UM1～3），最常出现于 UM3 的近中颊侧面（前尖和后尖的颊侧面），在其他上颌臼齿的前尖（近中颊侧尖）或后尖（远中颊侧尖）颊侧面上也会出现（图 10-28、图 10-29）。前副尖分为 0～5 级。本调查参照刘武和朱泓（1995）、Turner 等（1991）及 Scott 和 Turner（1997）的观察标准，记录出现等级为 1～5 级。

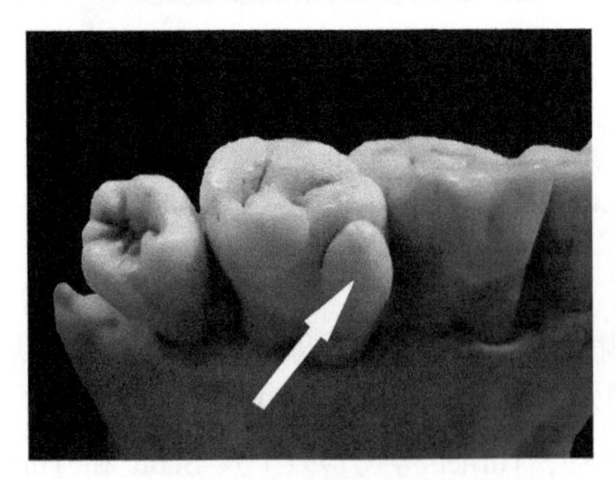

图 10-28 前副尖（UM）

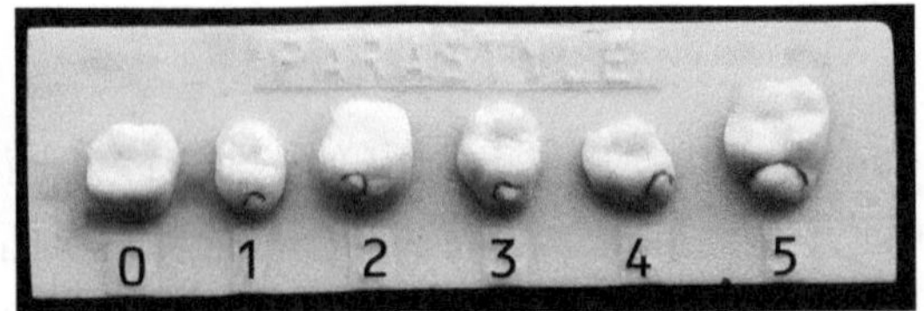

图 10-29 前副尖分类等级

0 级：前尖和后尖的颊侧面光滑；

1 级：在前尖和后尖之间的颊侧沟上或靠近此沟处出现小窝；

2 级：出现具有附着尖顶的小齿尖；

3 级：出现有游离尖顶的中等大小齿尖；

4 级：出现有游离尖顶的大的齿尖；

5 级：出现有游离尖顶的很大齿尖；

6 级：出现附着于第 3 臼齿（UM3）的游离钉形齿冠，这种情况罕见。

二、下颌牙齿表型

1. 齿尖变异　一般下颌前臼齿（LP1～2）舌侧面只有 1 个齿尖（舌尖），当下颌前臼齿舌侧尖很大时，可能会产生各种变异，通常发生在 LP2。舌尖比较发达时，会发育出 1 或 2 个副尖（图 10-30～图 10-32）。舌侧齿尖变异分为 0～9 级和 A 级。本调查参照 Turner 等（1991）及 Scott 和 Turner（1997）的观察标准，记录出现等级为 2～9 级。

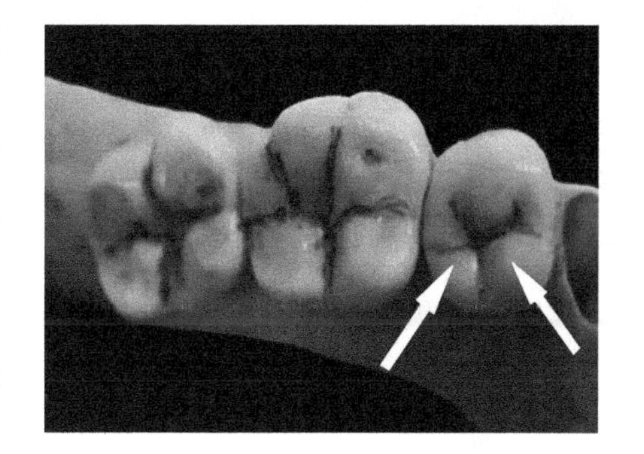

图 10-30　舌侧齿尖变异（LP）

A 级：没有舌尖，出现 1 个嵴，暗示没有游离尖；

0 级：1 个舌尖，其大小和形式可能很多，但能看到尖；

1 级：1 个或 2 个舌尖，这个不太明确的分级不能用于磨损过的牙齿，最好当缺失处理；

2 级：2 个舌尖，近中尖比远中尖大得多；

3 级：2 个舌尖，近中尖与远中尖相比较大；

4 级：2 个舌尖，近中尖和远中尖大小相等；

5 级：2 个舌尖，远中尖与近中尖相比较大；

6 级：2 个舌尖，远中尖比近中尖大得多；

7 级：2 个舌尖，远中尖与近中尖相比极大，磨损情况下，这个等级可能同 0 级混淆，有疑问时按缺失处理；

8 级：3 个舌尖，每个尖大小大致相同；

9 级：3 个舌尖，近中尖比中尖或远中尖更大，磨损情况下，这一级可能和 3 级混淆，有疑问时按缺失处理。

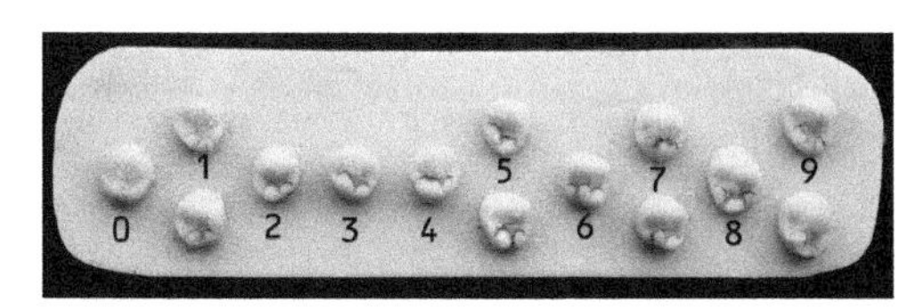

图 10-31　舌侧齿尖变异分类等级（LP1）

图 10-32　舌侧齿尖变异分类等级（LP2）

2. 臼齿齿尖数　下颌第 1 臼齿（LM1）基本上有 5 个齿尖，而第 2 臼齿（LM2）和第 3 臼齿（LM3）往往退化成 4 尖型或 3 尖型。一般退化最明显的是下次小尖（第 5 尖），但有时 LM1 也会增多至 6 个尖，甚至是 7 个尖。臼齿齿尖数一般分为 3 尖型、4 尖型、5 尖型、6 尖型和 7 尖型。本调查分别记录 3～7 尖的出现情况。

3 尖型：退化为 3 个齿尖；

4尖型：退化为4个齿尖；

5尖型：除上述4个齿尖外，还出现下次小尖，即第5尖，5个齿尖是LM1的基本形态；

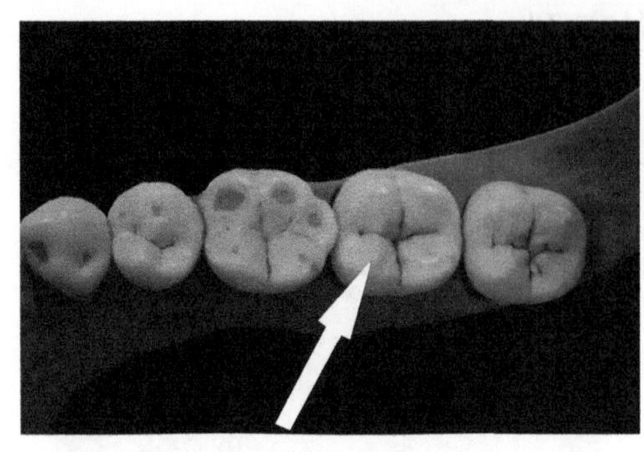

图10-33　4尖型（LM）

6尖型：有时齿尖趋于增多，出现第6个齿尖，即下内小尖；

7尖型：除下内小尖外，有时还会出现第7个齿尖。

3. 4尖型　即下颌臼齿的下次小尖由于退化缺失而呈4个齿尖，一般记录下颌第2臼齿（LM2）（图10-33）。本调查参照刘武和朱泓（1995）的观察标准，分为“4尖型”和“非4尖型”两种类型。

4尖型：臼齿齿尖为4个尖；

非4尖型：臼齿齿尖为3个或5个、6个尖等。

4. 下次小尖　又称第5尖。出现在下颌臼齿（LM1～3）远中咬合面上，在无第6尖时，是以其大小分类的（图10-34、图10-35）。下次小尖分为0～5级。本调查参照Turner等（1991）的观察标准，记录出现等级为1～5级。

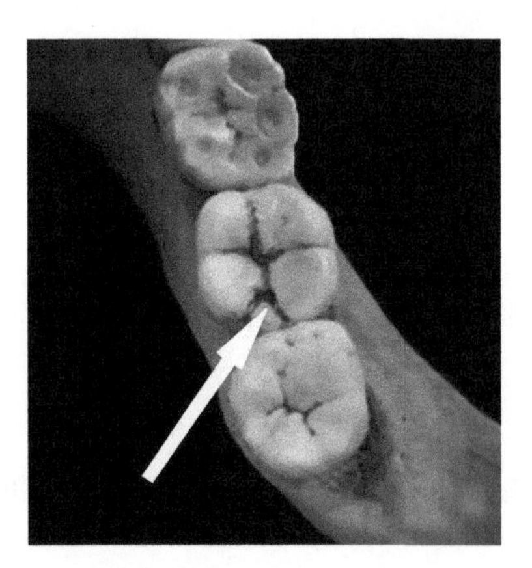

图10-34　下次小尖（LM）

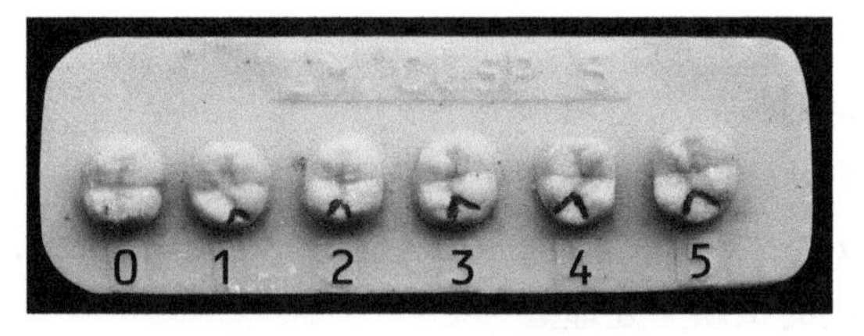

图10-35　下次小尖分类等级

0级：无第5尖出现，臼齿只有4个尖；

1级：第5尖出现，但很小；

2级：第5尖较小；

3级：第5尖中等大小；

4级：第5尖偏大；

5级：第5尖很大。

5. 第6尖　又称下内小尖。在下颌臼齿（LM1～3）下内尖（远中舌侧尖）和下次小尖（第5尖）之间出现的齿尖形结节，一般出现在远中凹第5尖的舌侧面（图10-36、图10-37）。第6尖分为0～5级。本调查参照Turner等（1991）及Scott和Turner（1997）的观察标准，记录出现等级为 1～5 级。

0 级：无此第 6 尖出现；

1 级：第 6 尖比第 5 尖小很多；

2 级：第 6 尖比第 5 尖稍小一些；

3 级：第 6 尖和第 5 尖大小基本相等；

4 级：第 6 尖比第 5 尖稍大；

5 级：第 6 尖比第 5 尖大很多。

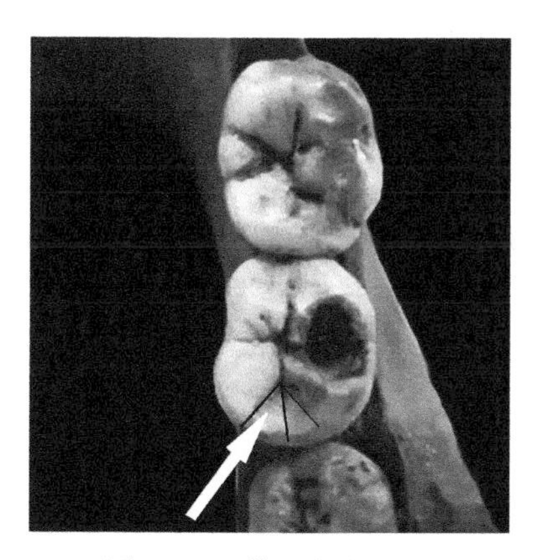

图 10-36 第 6 尖（LM）

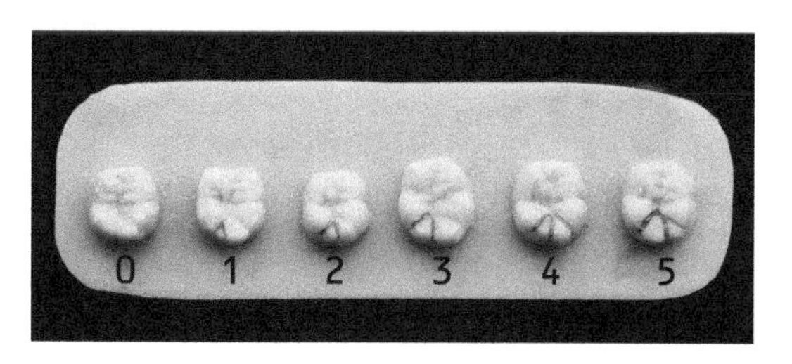

图 10-37 第 6 尖分类等级

6. 第 7 尖 又称下后小尖。在下颌臼齿（LM1～3）下后尖（近中舌侧尖）和下内尖（远中舌侧尖）之间舌侧沟上的钉尖状或齿尖形结节，普遍出现在 LM1 上。第 7 尖的出现与具体的齿尖数无关，只要是出现在舌侧面近中与远中之间的小尖即为第 7 尖（图 10-38、图 10-39）。第 7 尖分为 0～4 级。本调查参照刘武和朱泓（1995）、Turner 等（1991）及 Scott 和 Turner（1997）的观察标准，记录出现等级为 1～4 级。

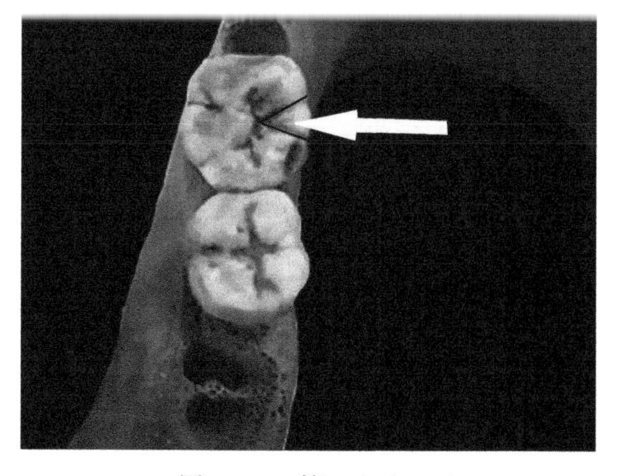

图 10-38 第 7 尖（LM）

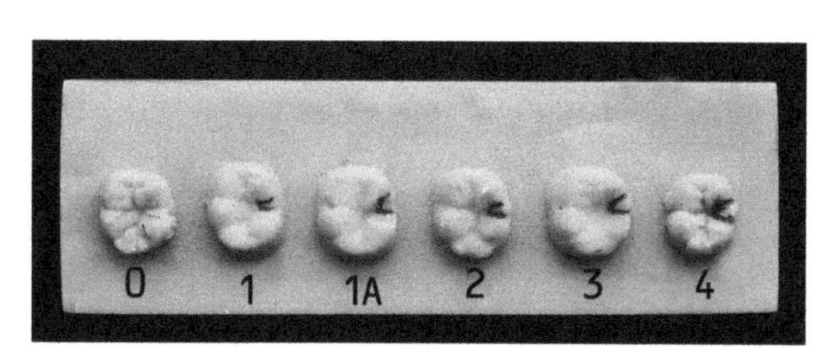

图 10-39 第 7 尖分类等级

0 级：无此尖；

1 级：出现微弱的尖，即出现 2 条弱的舌侧沟（原只有 1 条舌侧沟）；

1A 级：出现微弱的尖状，替代下后尖舌面上的膨胀结节；

2 级：此尖小；

3 级：此尖中等；

4 级：此尖大。

7. 原副尖 又称原次小尖。出现在下颌臼齿（LM1～3）下原尖（近中颊侧尖）的颊侧面的小尖，通常与分隔下原尖和下次尖的颊侧沟相接，呈笔尖状。这种小尖最常出现于 LM1 和 LM3（图 10-40、图 10-41）。原副尖分为 0～7 级。本调查参照刘武和朱泓（1995）、Turner 等（1991）及 Scott 和 Turner（1997）的观察标准，记录出现等级为 1～7 级。

0 级：颊侧面光滑，没有任何表现；

1 级：颊侧沟上出现小窝；

2 级：颊侧沟向远中方向弯曲；

3 级：有一微弱的次生沟从颊侧沟向近中方向延伸；

4 级：次生沟发育更明显；

5 级：次生沟更强烈而易于观察到；

6 级：次生沟越过原尖大部分的颊侧面而延伸，呈弱小的齿尖；

7 级：出现有游离尖顶的齿尖。

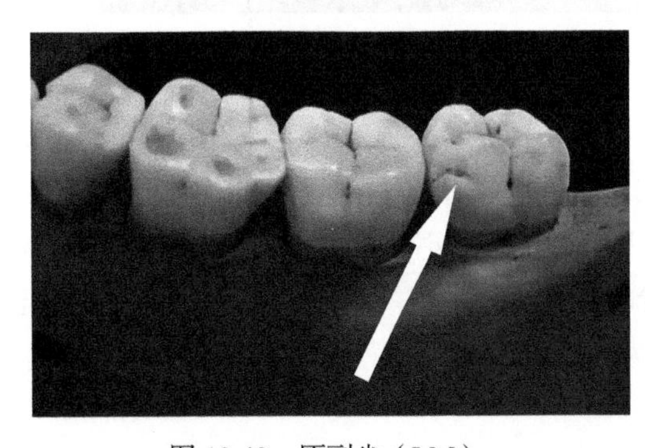

图 10-40 原副尖（LM）

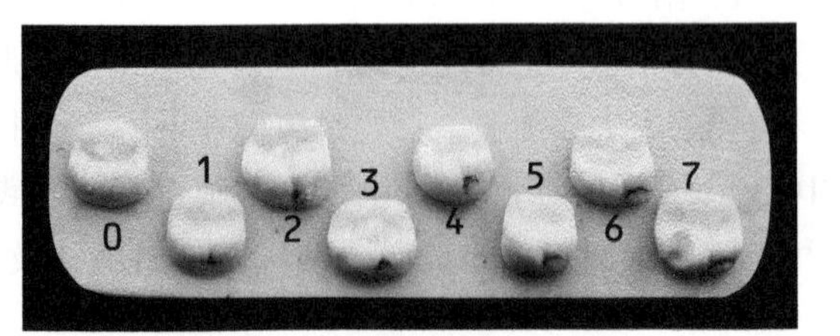

图 10-41 原副尖分类等级

8. 转向皱纹 又称屈曲隆嵴。下颌臼齿（LM1～3）下后尖（近中舌侧尖）咬合面中间隆嵴发达，从齿尖顶向下原尖（近中颊侧尖）方向到达中央沟后向远中方向以略近直角屈曲，越过下原尖和下次尖（远中颊侧尖）之间的颊侧沟，使下次尖和下内尖（远中舌侧尖）相接触。这是下后尖上近中隆嵴的变异形态，最常见于 LM1（图 10-42、图 10-43）。转向皱纹分为 0～3 级。本调查参照刘武和朱泓（1995）、Turner 等（1991）及 Scott 和 Turner（1997）的观察标准，记录出现等级为 2～3 级。

0 级：缺乏屈曲隆嵴，下后尖中间嵴是直的；

1 级：下后尖中间嵴是直的，但表现出中点结构；

2 级：下后尖中间嵴向远中方向屈曲，但不与下内尖接触；

3 级：中间隆嵴向远中方向屈曲，形成“L”形嵴，此中间嵴与下内尖接触。

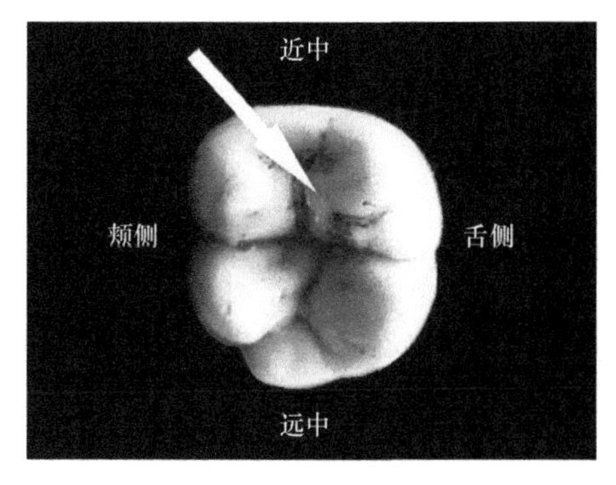

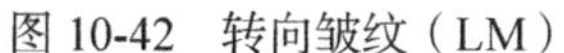

图 10-42 转向皱纹（LM）

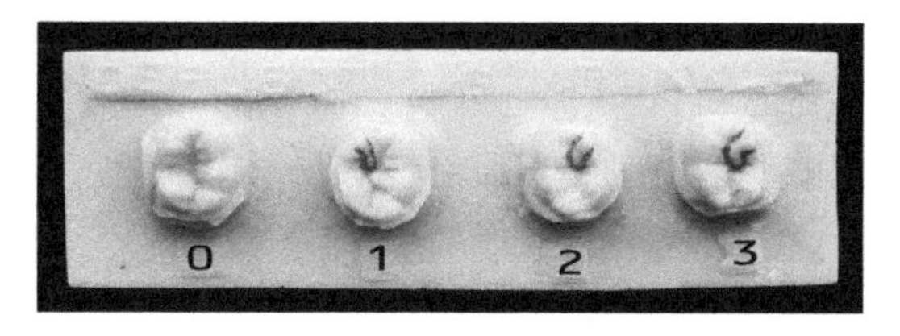

图 10-43 转向皱纹分类等级

9. 下臼齿咬合面沟纹 下臼齿 LM1 上最有代表性的是在下后尖和下次尖之间互相以沟相隔的“Y”形。这种咬合面沟形在 LM2 和 LM3 上产生许多变异：一种是下原尖（近中颊侧尖）、下后尖（近中舌侧尖）、下次尖（远中颊侧尖）和下内尖（远中舌侧尖）4 个齿尖以点状接触而呈“+”形；另一种是在下原尖和下内尖之间以沟状接触而呈“X”形。分为“Y”形沟纹、“+”形沟纹和“X”形沟纹三类（图 10-44）。本调查参照刘武和朱泓（1995）、Turner 等（1991）及 Scott 和 Turner（1997）的观察标准，分别记录三类沟纹的出现情况。

“Y”形沟纹：下后尖和下次尖以沟相接触，可细分为 Y-5 和 Y-4；

“+”形沟纹：4 个主要齿尖呈点状接触，可细分为+-5 和+-4；

“X”形沟纹：下原尖和下内尖以沟相接触。

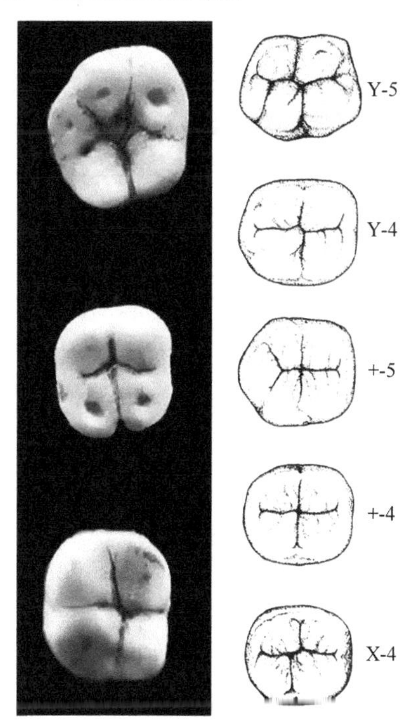

图 10-44 下臼齿咬合面沟纹及分类（LM）（藤田恒太郎等，1998）

三、上下颌牙齿均有的表型

1. 中心结节 在上下颌前臼齿（U/LP1～2）及第 1 臼齿（U/LM1）的咬合面中间部位出现的圆锥状结节（图 10-45）。中心结节分为出现和不出现两种情况。本调查参照刘武和朱泓（1995）及 Turner 等（1991）的观察标准，记录出现情况。

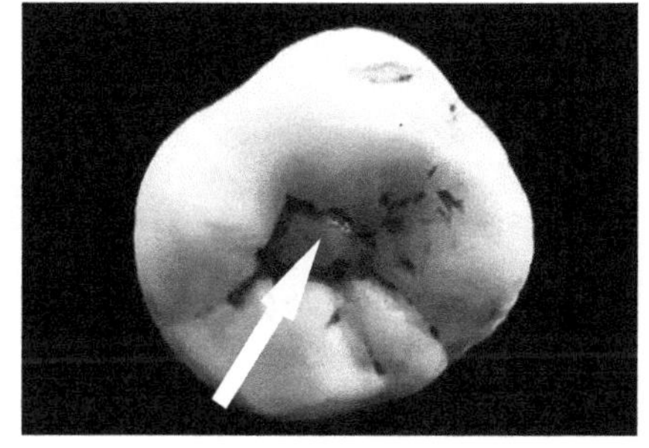

图 10-45 中心结节（LP）

出现：有中心结节出现；

不出现：无中心结节出现。

2. 先天缺失 通常发生在上颌门齿（UI1～2）、上下颌第 2 前臼齿（U/LP2）、上下颌第 3 臼齿（U/LM3），以发生在 UM3 和 LM3 多见。对于已经形成但位于颌骨内尚未萌出的 M3，Turner 等认为这也是牙齿退化的一种表现（图 10-46、图 10-47）。先天缺失分为出现和不出现（缺失）两种情况。本调查参照 Turner 等（1991）的观察标准，记录肉眼未能观察到 M3 的情况，记录为 M3 缺失。

出现：M3 萌出，肉眼可见；

不出现（缺失）：肉眼观察不到 M3，M3 为缺失。

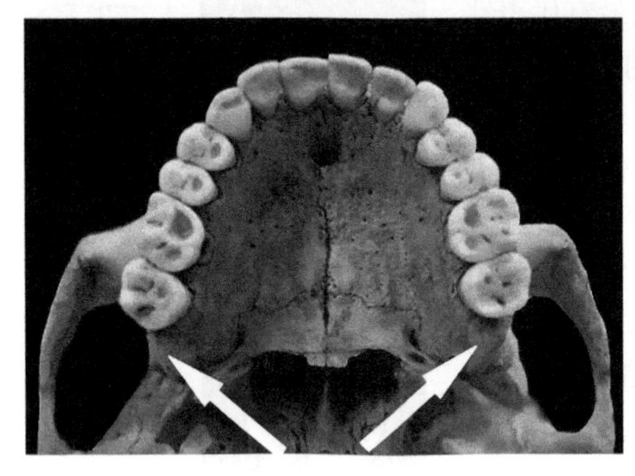

图 10-46 上颌 M3 先天缺失（UM3）

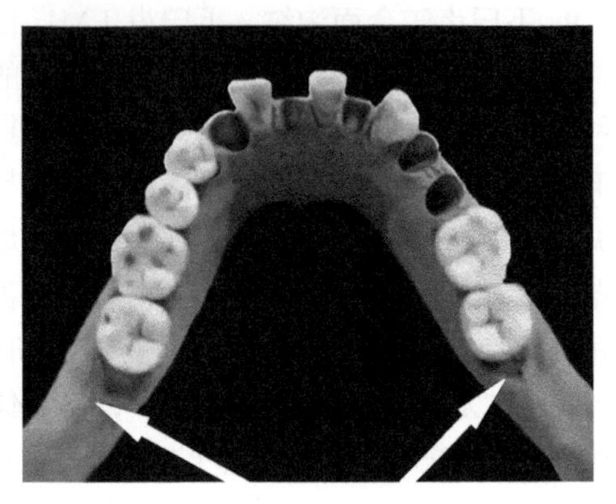

图 10-47 下颌 M3 先天缺失（LM3）

3. 缩小/钉形 通常出现在上下颌第 3 臼齿（U/LM3），U/LM3 的齿形退化变小，失去正常臼齿齿冠形态，缩小或如钉形（图 10-48）。缩小/钉形分为 0～2 级。本调查参照 Turner 等（1991）的观察标准，记录出现等级为 1～2 级。

0 级：齿冠大小正常，并有正常上下颌第 3 臼（U/LM3）的形态；

1 级：臼齿减小，颊舌径为 7～10mm，但齿冠形状几乎正常或有少许缩小；

2 级：臼齿颊舌径小于 7mm，齿冠呈钉形或锥形。

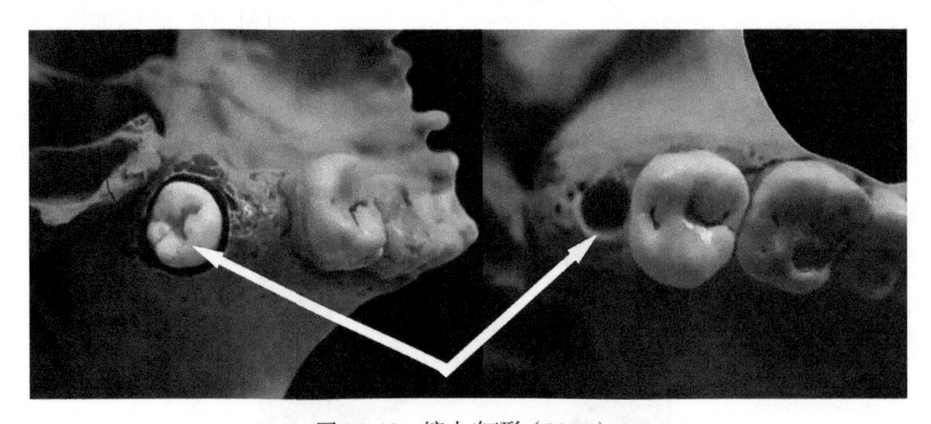

图 10-48 缩小/钉形（LM3）

参考文献

陈永龄. 民族词典. 1987. 上海：上海辞书出版社：1136，1137

陈竺. 2005. 医学遗传学. 北京：人民卫生出版社：104，122

杜传书，刘祖洞. 1983. 医学遗传学. 北京：人民卫生出版社：755，756

郭汉璧. 1991. 人类皮纹学研究观察的标准项目. 遗传，13（1）：38

金泽英作，左竹隆，佐佐木佳世子，等. 2009. 中国云南省五个少数民族人群的牙齿形状. 现代人类学通讯，3：77-84

刘武，朱泓. 1995. 庙子沟新石器时代人类牙齿非测量特征. 人类学学报，14（1）：8-20

人体测量与评价编写组. 1990. 人体测量与评价. 北京：高等教育出版社：187，188

邵大祥. 2013. 标本保存时间及温度对血液生化检测结果的影响分析. 国际检验医学杂志，34（21）：2896，2897

邵象清. 1985. 人体测量手册. 上海：上海辞书出版社：5-9，202-296，303-359

藤田恒太郎，桐野中大，山下靖雄. 1998. 牙齿解剖学. 第 22 版. 东京：金原出版株式会社：13-14，98

万学红，卢雪峰. 2018. 诊断学. 第 9 版. 北京：人民卫生出版社：371-408

吴汝康，吴新智，张振标. 1984. 人体测量方法. 北京：科学出版社：102-136

席焕久. 2018. 生物医学人类学. 北京：科学出版社：136

席焕久，陈昭. 2010. 人体测量方法. 第 2 版. 北京：科学出版社：23，32-50，145-200，248-269

颜复生，林应标，郭满容，等. 2009. 血液标本的保存方法与保存时间对生化检测结果的影响. 海南医学，（1）：99，100

于频. 1978. 系统解剖学. 第 4 版. 北京：人民卫生出版社：4，5

赵清江，宋昊岚，周君，等. 2003. 血标本放置时间对生化检测结果的影响. 华西医学，18（2）：218，219

张海国. 2011. 肤纹学之经典和活力. 北京：知识产权出版社：1-12

张海国. 2012. 肤纹学研究中的技术标准和项目标准. 人类学学报，31（4）：424-431

张海国. 2021. 中国民族肤纹. 北京：科学出版社：51-200

郑连斌，李咏兰，席焕久. 2017. 中国汉族体质人类学研究. 北京：科学出版社：105-108

钟世镇. 2003. 系统解剖学. 北京：高等教育出版社：2，3

中国肥胖问题工作组数据汇总分析协作组. 2002. 我国成人体重指数和腰围对相关疾病危险因素异常的预测价值：适宜体重指数和腰围切点的研究. 中华流行病学杂志，23（1）：5-10.

Adhikari K，Fuentes-Guajardo M，Quinto-Sánchez M，et al. 2016. A genome-wide association scan implicates DCHS2，RUNX2，GLI3，PAX1 and EDAR in human facial variation. Nat Commun，7：11616

Arya R，Duggirala R，Comuzzie AG. 2002. Heritability of anthropometric phenotypes in caste populations of visakhapatnam，India. Hum Biol，74（3）：325-344

Betts JG，Desaix P，Johnson E，et al. 2022. Anatomy and physiology. Houston：OpenStax，Rice University：64

Cummins H，Midlo C. 1976. Finger Prints，Palms and Soles. New York：Dover Publications：31

Datta U，Mitra M，Singhrol CS. 1989. A study of nine anthroposcopic traits among the three tribes of the Bastar District in Madhya Pradesh，India. Anthrop Anz，47：57-71

Gao W，Tan J，Huls A，et al. 2017. Genetic variants associated with skin aging in the Chinese Han population. J Dermatol Sci，86（1）：21-29.

Gagnon D，Ganio MS，Lucas RA，et al. 2012. Modified iodine-paper technique for the standardized determination of sweat gland activation. J Appl Physiol，112：1419-1425

Kamberov YG，Wang S，Tan J，et al. 2013. Modeling recent human evolution in mice by expression of a selected EDAR variant. Cell，152：691-702

Kimura R，Yamaguchi T，Takeda M，et al. 2009. A common variation in EDAR is a genetic determinant of shovel-shaped incisors. Am J Hum Genet，85：528-535

Lee SH，Jeong SK，Ahn SK. 2006. An update of the defensive barrier function of skin. Yonsei Med J，47（3）：293-306

Park JH，Yamaguchi T，Watanabe C，et al. 2012. Effects of an Asian-specific nonsynonymous EDAR variant on multiple dental traits. J Hum Genet，57：508-514

Parra J，Paye M. 2003. EEMCO guidance for the *in vivo* assessment of skin surface pH. Skin Pharmacol Appl Skin Physiol，16（3）：188-202

Piérard GE，Piérard FC，Marks R，et al. 2000. EEMCO guidance for the *in vivo* assessment of skin greasiness. Skin Pharmacol Physiol，13（6）：372-389

Plato CC，Fox KM，Garruto RM. 1984. Measures of lateral functional dominance：hand dominance. Hum Biol，56：259-275

Reddy BM，Pferrer A，Crawford MH，et al. 2001. Population substructure and patterns of quantitative variation among the Gollas of Southern Andhra Pradesh，India. Hum Biol，73（2）：291-306

Reed T，Borgaonkar DS，Conneally PM，et al. 1970. Dermatoglyphic nomogram for the diagnosis of Down' s syndrome. J Pediatr，77（6）：1024-1032

Schaumann B，Alter M，1976. Dermatoglyphics in Medical Disorders. New York，Heidelberg，Berlin：Springer-Verlag：104

Scott GR，Turner CG. 1997. The Anthropology of Modern Human Teeth. Cambridge：Cambridge University Press：15-73

Startevant AH. 1940. A new inherited character in man. Proc National USA，26：100-102

Turner CG. 1985. Expression count：a method for calculating morphological dental trait frequencies by using adjustable weighting coefficients with standard ranked scales. Am J Phys Anthropol，68：263-267

Turner CG，Nichol CR，Scott GR. 1991. Scoring procedures for key morphological traits of the permanent dentition：the Arizona State University dental anthropology system//Kelley M，Larsen CS，eds. Advances in Dental Anthropology. New York：Wiley-Liss，13-31

Zhang HG，Chen YF，Ding M，et al. 2010. Dermatoglyphics from all Chinese ethnic groups reveal geographic patterning. PLoS ONE，5（1）：e8783

Ziering C，Krenitsky G. 2003. The Ziering whorl classification of scalp hair. Dermatol Surg，29（8）：817-821

彩　　图

彩图 1　冯·卢尚肤色模型（复旦大学收藏模型）

彩图 2　费希尔 - 萨勒发色表（复旦大学收藏模型）

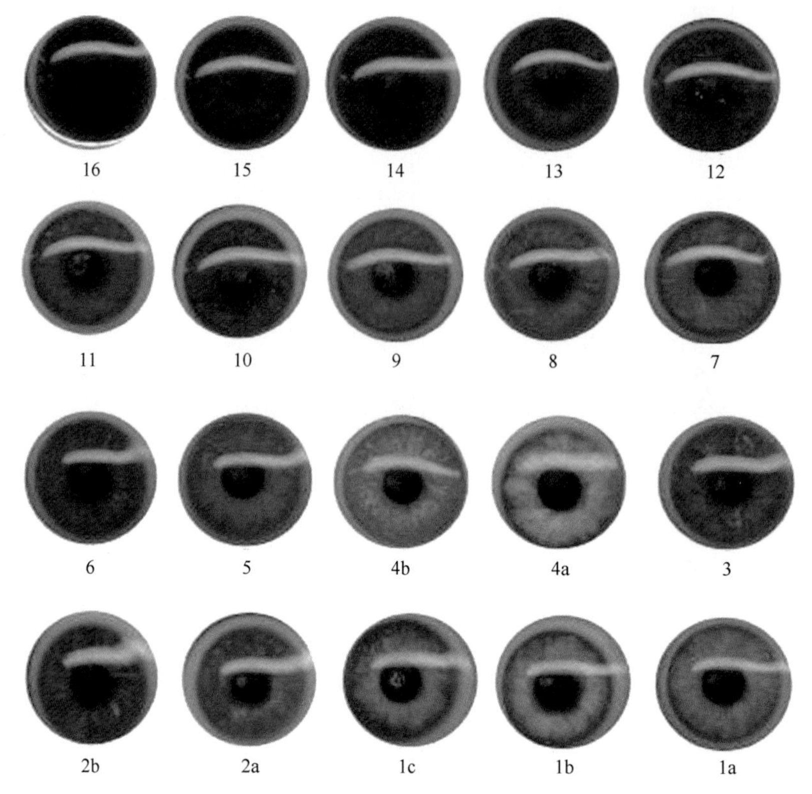

彩图 3　马丁 - 舒尔茨眼色表（复旦大学收藏模型）

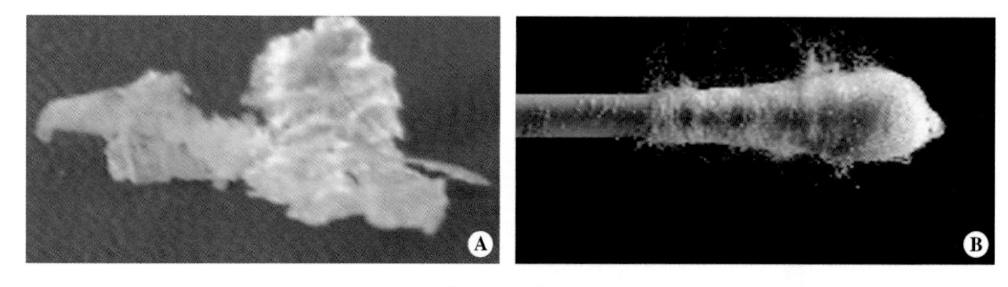

彩图 4　耵聍

A. 干性；B. 湿性（油性）

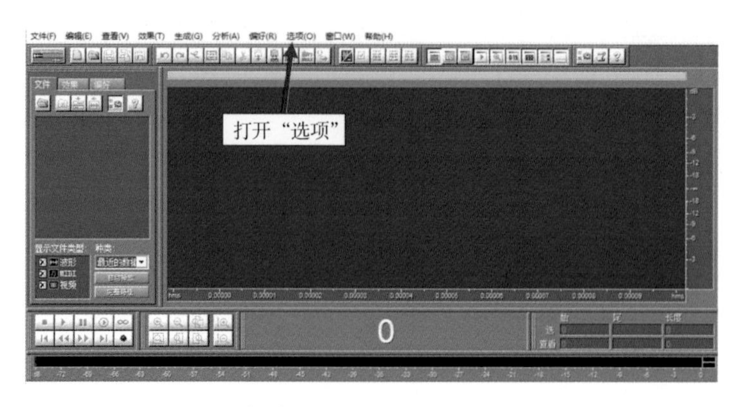

彩图 5　Cool Edit Pro 界面

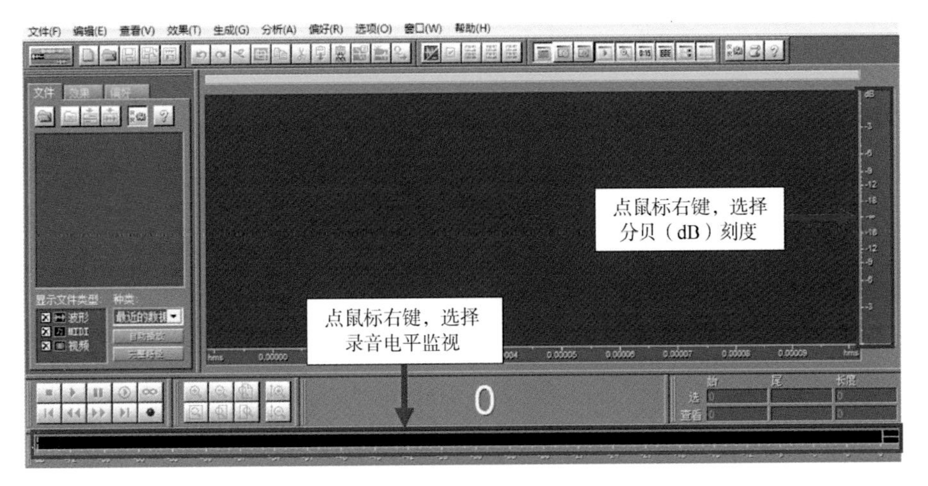

彩图 6　设置录音电平监视声音波幅的单位

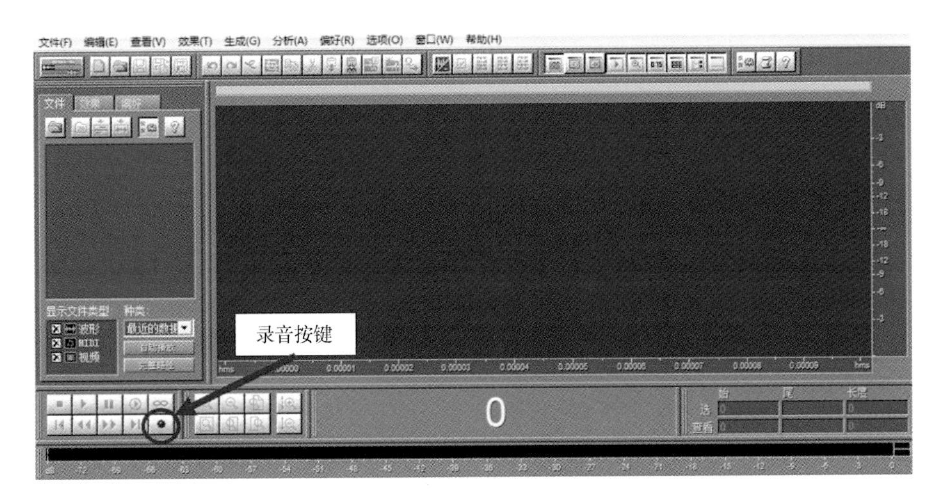

彩图 7　点击录音按键

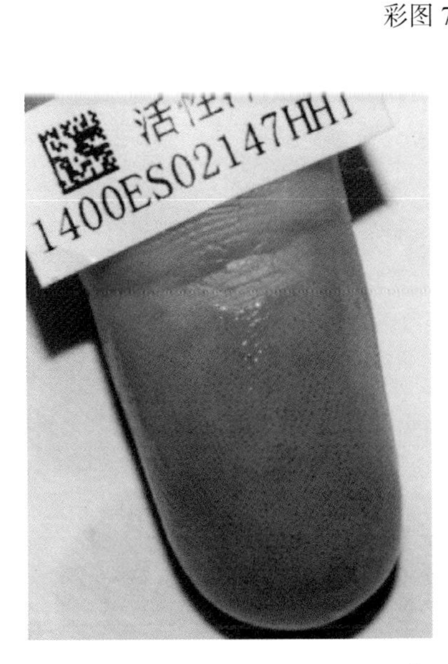

彩图 8　手指上的活性汗腺拍照准备

彩图 9　干燥器中充满紫色碘蒸气

彩图 10　装入塑料密封袋中的纸片

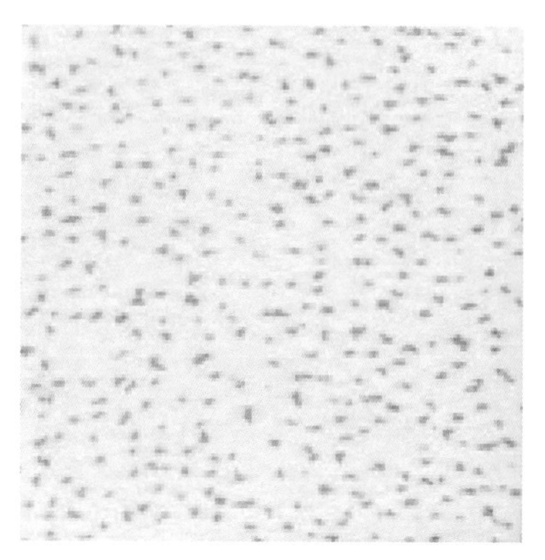

彩图 11　拍摄的活性汗腺照片（Gagnon et al.，2012）

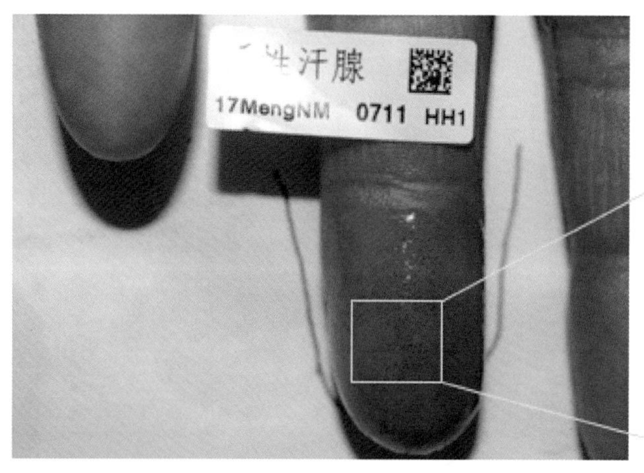

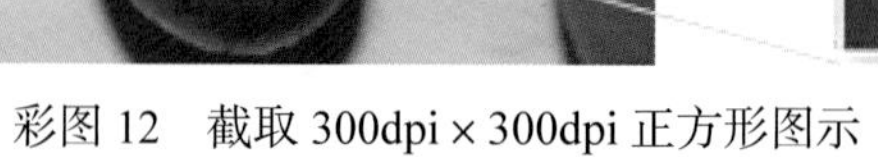

彩图 12　截取 300dpi × 300dpi 正方形图示

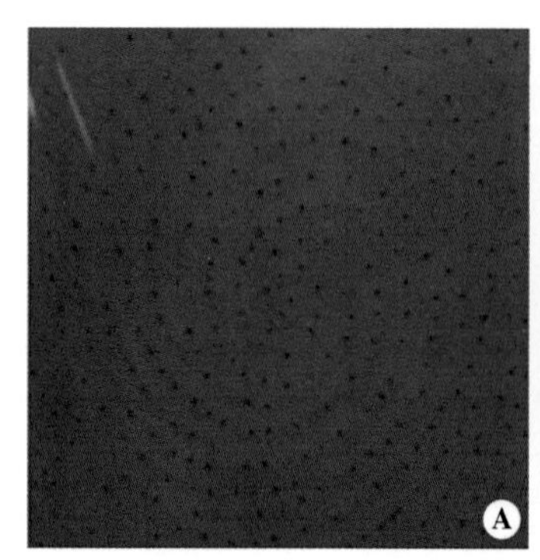

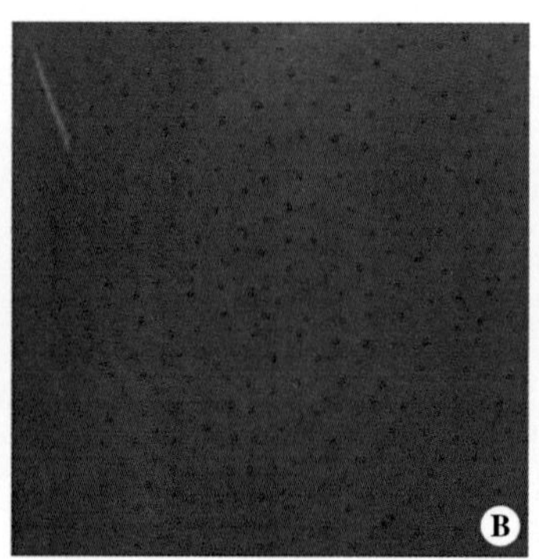

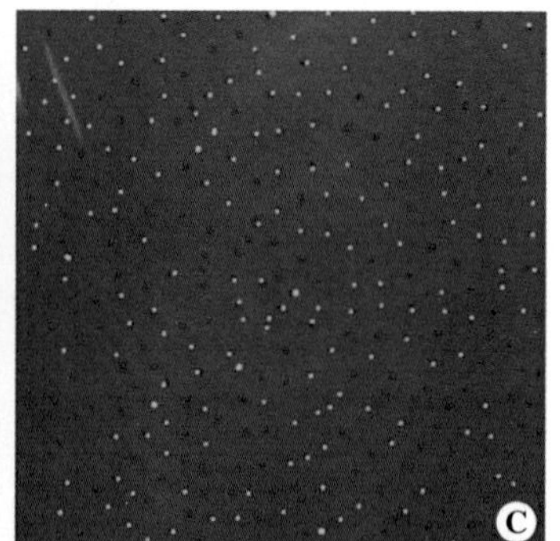

彩图 13　MATLAB 和手工标记的汗腺点

A. 原始汗腺分布图；B. 半自动汗腺标点图；C. 人工校正汗腺标点图